LEÇONS

DE

GÉOMÉTRIE ANALYTIQUE.

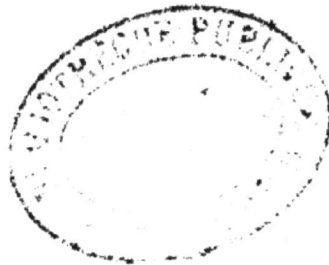

Paris. — Imprimé par E. Thunot et Ce, rue Racine, 26.

LEÇONS

DE

GÉOMÉTRIE ANALYTIQUE

A DEUX ET A TROIS DIMENSIONS,

à l'usage

DES CANDIDATS A L'ÉCOLE POLYTECHNIQUE ET A L'ÉCOLE NORMALE,

PRÉCÉDÉES D'UNE INTRODUCTION

RENFERMANT LES PREMIÈRES NOTIONS SUR LES COURBES USUELLES,

à l'usage des candidats au baccalauréat ès sciences;

OUVRAGE ENTIÈREMENT CONFORME
aux Programmes officiels de l'enseignement scientifique des Lycées,

PAR CH. ROGUET,

PROFESSEUR DE MATHÉMATIQUES.

PARIS.

CARILIAN-GŒURY ET Vor DALMONT,

LIBRAIRES DES CORPS IMPÉRIAUX DES PONTS ET CHAUSSÉES ET DES MINES,

Quai des Augustins, n° 49.

—

1854.

AVERTISSEMENT.

L'ouvrage, que je publie aujourd'hui, est le résumé des Leçons de Géométrie analytique que je professe depuis plusieurs années dans l'une des principales écoles préparatoires de Paris (l'institution dirigée par M. Barbet). Après réforme radicale introduite récemment dans l'enseignement scientifique, j'ai dû chercher à développer dans cet ouvrage les idées qui ont dirigé la rédaction des nouveaux programmes ; je me suis même attaché avec soin à conserver dans les détails l'ordre indiqué par ces programmes, et la table des matières est la reproduction du texte officiel.

J'ai réuni dans un Appendice un petit nombre de questions utiles pour les candidats à la licence, mais qui ne sont point exigées pour l'admission aux Écoles polytechnique et normale.

L'Introduction, placée en tête de l'ouvrage, renferme les notions sur les courbes usuelles, qui font l'objet de l'enseignement géométrique dans les classes de rhétorique et qui sont exigées des candidats au baccalauréat ès sciences.

TABLE DES MATIÈRES.

INTRODUCTION.

NOTIONS SUR QUELQUES COURBES USUELLES.

GÉOMÉTRIE ANALYTIQUE A DEUX DIMENSIONS.

CHAPITRE PREMIER.

DES ÉQUATIONS ET DES FORMULES DE LA GÉOMÉTRIE.

CHAPITRE II.

DES COORDONNÉES RECTILIGNES.

CHAPITRE III.

DES ÉQUATIONS DU PREMIER DEGRÉ A DEUX VARIABLES.

CHAPITRE VII.

DE L'HYPERBOLE.

CHAPITRE VIII.

DE LA PARABOLE.

CHAPITRE XII.

DES SECTIONS CONIQUES ET CYLINDRIQUES.

APPENDICE

A LA GÉOMÉTRIE ANALYTIQUE A DEUX DIMENSIONS.

GÉOMÉTRIE ANALYTIQUE A TROIS DIMENSIONS.

CHAPITRE PREMIER.

THÉORIE DES PROJECTIONS.

CHAPITRE IV.

SURFACES DU SECOND DEGRÉ.

CHAPITRE V.

COMPLÉMENT DE LA THÉORIE DES SURFACES DU SECOND DEGRÉ.

CHAPITRE VI.

DES SURFACES CONIQUES ET CYLINDRIQUES.

FIN DE LA TABLE DES MATIÈRES.

LEÇONS

DE

GÉOMÉTRIE ANALYTIQUE.

INTRODUCTION.

NOTIONS SUR QUELQUES COURBES USUELLES.

DÉFINITION DE L'ELLIPSE, PAR LA PROPRIÉTÉ DES FOYERS. — TRACÉ
DE LA COURBE PAR POINTS ET D'UN MOUVEMENT CONTINU. — AXES.
— SOMMETS. — CENTRE. — RAYONS VECTEURS.

1. L'*ellipse* est une courbe plane telle que la somme des
distances de chacun de ses points à deux points fixes soit
constante. Les deux points fixes sont appelés *foyers* de
l'ellipse.

La distance des foyers est toujours moindre que la somme
des distances de ces points à un même point de la courbe,
car dans un triangle un côté est moindre que la somme des
deux autres.

2. On peut construire aisément autant de points qu'on
veut d'une ellipse, quand on se donne les foyers ainsi que la
somme constante des distances de ces foyers à chaque point
de la courbe; nous désignerons par a la demi-somme de ces
distances, en sorte que $2a$ exprimera la somme entière.

Cherchons d'abord (fig. 1) les points où l'ellipse rencontre

1

la droite qui passe par les foyers F et F'. Soit O le milieu de FF' et supposons que A soit un point de l'ellipse situé sur la droite FF' dans la direction de OF, on aura

$$AF + AF' = 2a,$$

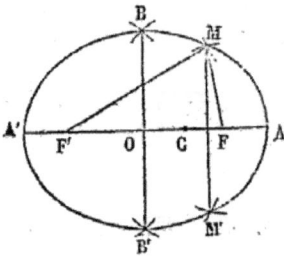

fig. 1.

mais on a $AF = OA - OF$, et $AF' = OA + OF'$ ou $= OA + OF$, car OF est égal à OF', donc,

$$OA - OF + OA + OF = 2a,$$

c'est-à-dire

$$2OA = 2a \qquad \text{et} \qquad OA = a.$$

On verrait de même que si A' est un point de l'ellipse situé sur FF' dans la direction de OF', on a également

$$OA' = a.$$

Il résulte de là que l'ellipse rencontre la droite FF' en deux points seulement, et que l'on obtiendra ces deux points A et A' en portant sur FF' à partir du milieu O deux longueurs OA et OA' égales à a.

Cela posé, comme la somme des distances des foyers à un même point de la courbe est égale à AA', on voit que si l'une de ces distances est égale à AC, l'autre sera A'C. Si donc on prend un point C quelconque sur AA' entre F et F', puis que l'on décrive, des foyers F et F' comme centres, deux circonférences qui aient respectivement AC et A'C pour rayons, les points d'intersection M et M' appartiendront à l'ellipse. Les deux circonférences dont nous parlons se couperont toujours, car il est évident que la distance des centres FF' est

moindre que la somme AA' des rayons et plus grande que la
différence A'C — AC ou 2OC de ces mêmes rayons.

En donnant au point C diverses positions sur FF', on pourra
construire, comme il vient d'être indiqué, autant de points
qu'on voudra de l'ellipse. Quand on connaîtra ainsi des points
de cette courbe assez nombreux et assez rapprochés les uns
des autres, on les joindra par un trait continu, et l'ellipse
sera *tracée par points*.

Il est important de remarquer les deux points que l'on obtient en plaçant le point C au milieu O de FF'; les deux circonférences qui les déterminent ont l'une et l'autre pour
rayon *a*, et elles se coupent en deux points B et B' situés à
égales distances du point O sur la perpendiculaire menée par
ce point à la ligne FF'.

5. On peut aisément *tracer l'ellipse par un mouvement
continu*. Si en effet, après avoir marqué les foyers F et F'
(fig. 1), on prend un fil dont la longueur soit exactement égale
à 2*a*, que l'on fixe aux foyers les extrémités de ce fil et qu'on
le tende par le moyen d'un style muni d'un crayon ou d'un
tire-ligne; en faisant mouvoir le style de A vers B, puis de B
vers A', *etc.*, de manière que le fil soit toujours tendu, l'ellipse se trouvera décrite par le crayon ou le tire-ligne. C'est
par un procédé du même genre que les jardiniers construisent sur le terrain leurs *ovales* de figure *elliptique*. Ils em-
ploient à cet effet une corde dont les extrémités sont fixées
au sol par le moyen de deux piquets.

On voit que l'ellipse est une courbe *continue* et fermée.

4. On nomme *axe* d'une figure plane toute droite qui partage cette figure en deux parties *symétriques*, c'est-à-dire, en
deux parties dont l'une vienne coïncider exactement avec l'autre, lorsqu'on la fait tourner autour de l'axe, comme autour
d'une charnière pour la rabattre sur l'autre partie.

Ainsi un rectangle a deux axes ; ce sont les droites qui joignent les milieux des côtés parallèles ; un losange a aussi deux axes, qui sont sont ses diagonales ; un carré, qui est à la fois rectangle et losange, a par conséquent quatre axes. Le cercle et la ligne droite ont une infinité d'axes ; car tout diamètre est un axe du cercle, toute perpendiculaire à une droite est un axe de cette droite.

5. Il est aisé de démontrer que l'ellipse a deux axes, qui sont la droite menée par les foyers et la perpendiculaire à cette ligne menée par le milieu de la distance des foyers.

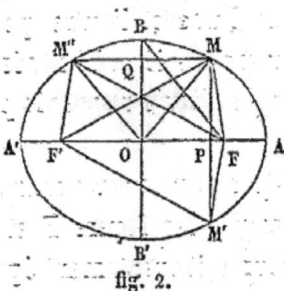

Soient F et F' les foyers d'une ellipse (fig. 2), et BB' la perpendiculaire menée par le milieu O de FF'. Désignons par $2a$, comme précédemment, la somme des distances des foyers à un même point de la courbe.

fig. 2.

1° M étant un point quelconque de la courbe, abaissons MP perpendiculaire sur FF' et prolongeons la d'une quantité M'P = MP, je dis que le point M' appartient à l'ellipse. En effet MF et M'F, MF' et M'F' sont par rapport à MM' des obliques qui s'écartent également du pied de la perpendiculaire FF' ; elles sont donc égales ; d'ailleurs la somme MF + MF' est égale à $2a$, puisque le point M est sur l'ellipse ; donc la somme M'F + M'F' est aussi égale à $2a$, et par conséquent le point M' appartient à l'ellipse. Il suit de là que si l'on fait tourner la partie du plan qui est au-dessus de AA' pour la rabattre sur l'autre partie, chaque point M de ABA' viendra coïncider avec son symétrique M' de AB'A' ; ce qui montre que AA' est un axe de l'ellipse.

2° M étant toujours un point quelconque de l'ellipse, abaissons MQ perpendiculaire sur BB' et prolongeons-la d'une quantité $M''Q = MQ$, je dis que le point M'' appartient à l'ellipse. En effet, joignons OM et OM'', les triangles OMQ et OM''Q sont égaux comme ayant un angle droit compris entre côtés égaux chacun à chacun ; il en résulte que les droites OM et OM'' sont égales, ainsi que les angles MOQ et M''OQ ; par suite les angles MOF et M''OF', MOF' et M''OF sont aussi égaux. On voit d'après cela que les triangles MOF et M''OF', MOF' et M''OF sont égaux comme ayant un angle égal en O compris entre deux côtés égaux chacun à chacun ; d'où il suit que $MF = M''F'$ et $MF' = M''F$. D'ailleurs $MF + MF'$ est égale à $2a$, donc $M''F + M''F'$ est aussi égale à $2a$, et, par conséquent, le point M'' est sur l'ellipse. Il résulte de là que si l'on fait tourner la partie du plan qui est à droite de BB' pour la rabattre sur la partie qui est à gauche, chaque point M de BAB' viendra coïncider avec son symétrique M'' de BA'B' ; ce qui montre que BB' est un deuxième axe de la courbe.

Les deux axes AA' et BB' partagent ainsi l'ellipse en quatre parties égales ; en sorte que la première partie AB ou, comme l'on dit aussi, le premier *quadrant* étant tracé, on pourra tracer facilement les trois autres.

6. On nomme *sommets* de l'ellipse les quatre points A, A', B, B' où cette courbe rencontre ses axes. On appelle *longueurs des axes* les parties des axes comprises dans l'intérieur de la courbe et qui ont pour extrémités les sommets. Le plus souvent même on se sert du simple mot *axe* pour désigner l'une ou l'autre des longueurs AA' et BB' dont il vient d'être question. L'axe AA' est dit le *grand axe* ou quelquefois l'*axe focal*, parce qu'il contient les foyers ; l'axe BB' est le *petit* axe.

Nous avons désigné par $2a$ le grand axe AA' ; nous représenterons le petit axe par $2b$ et la distance des foyers ou distance *focale* par $2c$. D'après cela on voit que le triangle rectangle BOF (fig. 2) a pour hypoténuse a, et que ses autres côtés sont b et c; on a donc.

$$a^2 = b^2 + c^2, \qquad \text{d'où} \qquad c = \sqrt{a^2 - b^2}.$$

Il résulte de là qu'une ellipse est complétement déterminée quand on se donne les deux axes, car on connaît alors la distance des foyers et la somme des distances de ces foyers à un point quelconque de la courbe.

7. On nomme *centre* d'une courbe un point qui partage en deux parties égales toutes les cordes qui y passent. Il est aisé de démontrer que l'ellipse a pour centre le milieu de la dis-

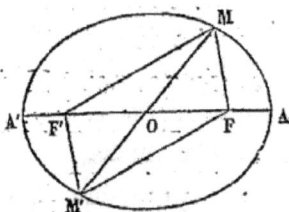

tance des foyers. Effectivement, soient F et F' les foyers d'une ellipse (fig. 3), O le milieu de la droite FF', et M un point de courbe; tirons MO et prolongeons-la d'une quantité M'O = MO, joignons ensuite MF et MF'. Le quadrilatère FMF'M' est un

fig. 3.

parallélogramme, car ses diagonales se coupent en parties égales; donc MF et M'F', MF' et M'F sont égales; d'ailleurs MF + MF' = 2a, donc on a aussi M'F + M'F' = 2a, ce qui prouve que le point M' est sur l'ellipse et par suite que le point O est le milieu de toutes les cordes qui passent par ce point. Le point O est donc le centre de l'ellipse.

8. Lorsqu'un point se meut de manière à engendrer une ligne droite ou courbe, on nomme *rayon vecteur* de ce point mobile sa distance à un point fixe pris à volonté; souvent même on emploie cette dénomination de rayon vecteur pour désigner la distance du point fixe à un point quelconque de la figure situé ou non sur la courbe. Dans la théorie de l'ellipse, on donne généralement le nom de rayons vecteurs aux droites qui joignent les foyers à un point quelconque du plan de la figure.

Ainsi; d'après cette définition, on voit que *la somme des rayons vecteurs de chaque point de l'ellipse est égale au grand axe.*

Il est bon de remarquer que l'ellipse sépare les points du plan dont la somme des rayons vecteurs est supérieure au grand axe, de ceux pour lesquels cette somme est inférieure au grand axe; en d'autres termes; *si* F *et* F′ *sont les foyers d'une ellipse dont le grand axe est* 2a (fig. 4), *on a, pour tout point* P *extérieur,* FP $+$ F′P $>$ 2a; *et, pour tout point* P′ *intérieur à la courbe,* FP′ $+$ F′P′ $<$ 2a.

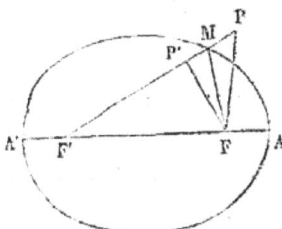

fig. 4.

En effet, dans le premier cas, si l'on joint le point F au point M où F′P rencontre la courbe, le triangle FMP donnera

$$FP + PM > FM.$$

ajoutant F′M de part et d'autre, puis observant que FM $+$ F′M $=$ 2a, il viendra

$$FP + F′P > 2a.$$

Dans le deuxième cas, si l'on prolonge F′P′ jusqu'à sa rencontre avec la courbe et que l'on joigne FM, le triangle FP′M donnera

$$FP′ < FM + P′M;$$

ajoutant F′P′ de part et d'autre, on aura

$$FP′ + F′P′ < 2a.$$

9. La figure de l'ellipse dépend des grandeurs relatives des deux axes, ou, si l'on veut, des grandeurs relatives de la distance focale et du grand axe qui sont les éléments donnés immédiatement. Le rapport $\frac{c}{a}$ de ces deux éléments est ce que

l'on nomme l'*excentricité de l'ellipse*; il est toujours compris
entre 0 et 1. Quant l'excentricité diffère très-peu de l'unité, le
petit axe est très-petit relativement au grand, et la figure de l'ellipse est très-allongée dans le sens du grand axe; on voit que
la courbe se réduit à la droite finie qui joint les foyers dans le
cas limite où l'excentricité devient égale à 1. Au contraire,
si l'excentricité est très-petite, la différence des rayons vecteurs de chaque point de l'ellipse sera relativement très-
petite; chacun de ces rayons différera peu du demi grand axe
et la figure de la courbe sera sensiblement circulaire. On voit
même que l'ellipse se réduit réellement à une circonférence
dans le cas limite où l'excentricité devient nulle. Ainsi la circonférence de cercle est une ellipse dont les deux axes sont
égaux ou dont l'excentricité est nulle.

Les orbites que décrivent la terre et les autres planètes
sont des ellipses dont le soleil occupe un des foyers. Les
excentricités sont généralement assez petites; nous donnons
ici leurs valeurs pour les planètes principales.

Mercure. .	0,2056063	Jupiter . .	0,0481621
Vénus. . .	0,0068618	Saturne. .	0,0561505
La terre. .	0,01679226	Uranus . .	0,0466
Mars. . . .	0,0932168	Neptune. .	0,0087195

DÉFINITION GÉNÉRALE DE LA TANGENTE A UNE COURBE.

10. On nomme généralement *tangente* en un point M d'une

fig. 5.

courbe (fig. 5) la li-
mite MT des posi-
tions successives que
prend une sécante
passant par le point
M et par un second

point M′ de la courbe, lorsque ce second point se rapproche indéfiniment du premier en demeurant constamment sur la courbe.

Le point où une droite est tangente à une courbe se nomme *point de contact* ou simplement *contact*.

Lorsqu'une courbe ne peut jamais être coupée en plus de deux points par une droite, la courbe n'a évidemment qu'un seul point commun avec chacune de ses diverses tangentes. Tels sont, par exemple, le cas de la circonférence, et, comme on le verra, ceux de l'ellipse et de la parabole.

La perpendiculaire menée à la tangente d'une courbe, par le point de contact, est dite *normale* à la courbe en ce point.

LES RAYONS VECTEURS MENÉS PAR LES FOYERS A UN POINT DE L'ELLIPSE FONT, AVEC LA TANGENTE EN CE POINT ET D'UN MÊME CÔTÉ DE CETTE LIGNE, DES ANGLES ÉGAUX.

11. Soient F et F′ les foyers d'une ellipse (fig. 6) et M un point de la courbe; menons par ce point M et par un second point M′ de l'ellipse la sécante KL, et cherchons, conformément à la définition des tangentes, quelle sera la limite de cette sécante, lorsque le point M′, se mouvant sur la courbe, sera venu se confondre avec M. Abaissons F′I perpendiculaire sur KL et prolongeons-la d'une quantité IG = F′I; joignons les points M et M′ à chacun des points F, F′ et G, tirons FG qui coupe KL en O et joignons enfin le point O au foyer F′. Je dis que le point O sera toujours situé entre

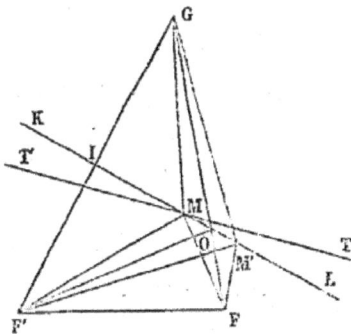
fig. 6.

les points M et M', comme l'indique la figure. En effet, les points M et M', étant sur l'ellipse, on a MF + MF' = M'F + M'F' = 2a ; mais les obliques MF' et MG sont égales; ainsi que M'F' et M'G; donc

$$GM + MF = GM' + M'F ;$$

or, cette égalité serait impossible si les deux points M et M' étaient d'un même côté du point O sur KL, car alors l'une des lignes brisées GMF et GMF envelopperait l'autre, et ces lignes terminées aux mêmes extrémités ne pourraient être égales. On voit donc que si l'on fait tourner la droite KL autour du point M de manière que M' se rapproche indéfiniment de M, le point O, qui restera toujours sur la droite MM' entre les points M et M', se confondra avec M à la limite. Cela posé, la droite KL joint le sommet O du triangle isocèle F'OG avec le milieu de la base; il en résulte que les angles F'OK et KOG sont égaux; d'ailleurs KOG et FOL sont égaux comme opposés par le sommet; donc F'OK = FOL. Ainsi, dans toutes les positions de la droite KL, les rayons vecteurs du point O font avec KL et d'un même côté de cette ligne des angles égaux. A la limite, la droite KL se confond avec la tangente TT', le point O avec M, et l'on a

$$FMT' = FMT ,$$

ce qu'il fallait démontrer (*).

Remarque I. La démonstration qui précède suppose que, dans toutes ses positions, la droite mobile KL laisse d'un même côté les foyers F et F'. Or cette hypothèse est légitime, il suffit pour la réaliser que le point mobile M' soit, à l'origine

---

(*) Cette démonstration, aussi simple que rigoureuse et élégante, m'a été communiquée par M. J. A. Serret.

de son mouvement, du même côté de l'axe focal que le point
M ; effectivement toute droite qui coupe l'axe focal entre les
deux foyers ne peut avoir avec l'ellipse qu'un seul point
commun de chaque côté de l'axe focal, puisque s'il en était
autrement on aurait deux lignes brisées égales terminées aux
foyers et dont l'une envelopperait l'autre, ce qui est absurde.

Remarque II. Le raisonnement dont nous avons fait usage,
complété par ce que renferme la remarque I, prouve qu'*une
droite ne peut rencontrer l'ellipse en plus de deux points.*

D'où il suit que :

1° Une tangente à l'ellipse n'a qu'un seul point commun
avec la courbe ;

2° L'ellipse est tout entière située d'un même côté de
chacune de ses tangentes.

12. *La tangente à l'ellipse en un sommet quelconque est
perpendiculaire à l'axe qui passe par ce sommet.*

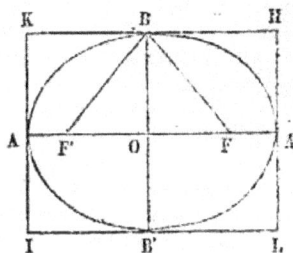

fig. 7.

En effet, considérons d'abord
le sommet A, et soit HL la tangente
en A (fig. 7); les angles FAH et
F′AL étant égaux, chacun d'eux
est droit; donc HL est perpendiculaire sur AA′. Le même raisonnement s'applique à la droite KI
tangente en A′. Soit, en second lieu,
KH la tangente au sommet B; les angles KBF′ et HBF sont
égaux ; mais il est évident que les angles OBF′ et OBF le
sont aussi ; donc OBK = OBH, et KH est perpendiculaire sur
BB′. Le même raisonnement s'applique à la droite IL tangente
en B′.

Il résulte de là que l'ellipse est *inscrite* dans le rectangle
HKIL construit sur les axes.

13. Supposons d'abord qu'il s'agisse de mener la tangente
en un point M d'une ellipse (fig. 8).
Tirons les rayons vecteurs MF et
MF'; prolongeons l'un d'eux, MF
par exemple, d'une quantité MG
égale à l'autre, joignons GF' et
abaissons du point M la perpendiculaire TMP sur F'G; cette perpendiculaire sera la tangente demandée.

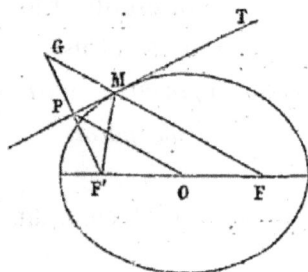

fig. 8.

En effet, le triangle F'MG étant isocèle, la perpendiculaire
abaissée du sommet sur la base partage l'angle F'MG en deux
parties égales; on a donc F'MP = GMP. Mais les angles GMP
et TMF sont égaux comme opposés par le sommet; donc
F'MP = FMT, donc MT est tangente.

Remarque. Si l'on joint le centre O milieu de FF' au point
P qui est le milieu de F'G, la droite OP sera parallèle à FG
et égale à la moitié de FG, c'est-à-dire à *a*. Il résulte de là
que *la distance du centre de l'ellipse aux pieds des perpendiculaires abaissées d'un foyer sur les tangentes est constante et
égale au demi grand axe*; ou, en d'autres termes, *le lieu
géométrique des pieds des perpendiculaires abaissées des foyers
d'une ellipse sur les tangentes est la circonférence décrite sur
le grand axe comme diamètre.*

14. Proposons-nous maintenant de mener une tangente à
l'ellipse par un point T extérieur à la courbe (fig. 9). Supposons
pour un moment, le problème résolu; soient TM la tangente
demandée et M le point de contact. Tirons les rayons vecteurs

MF, MF' et prolongeons l'un d'eux, MF par exemple, d'une quantité MG égale à l'autre; joignons ensuite F'G, F'T et GT. La tangente MT, divisant en deux parties égales l'angle au sommet du triangle isocèle F'MG, sera perpendiculaire à GF' et passera par le milieu P de cette ligne; on aura, par suite, TG = TF';

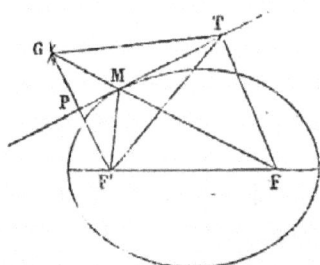

fig. 9.

d'ailleurs FG = 2a; donc le point G peut être déterminé par l'intersection de deux circonférences, l'une décrite du foyer F comme centre avec le rayon 2a, l'autre décrite du point donné T comme centre avec le rayon TF'. Le point G étant connu, on le joindra au foyer F', et l'on abaissera du point T la perpendiculaire TP sur F'G; cette perpendiculaire sera la tangente demandée, et le point M, où elle rencontre FG, sera le point de contact.

En effet, on a, par construction TG = TF', donc TP est perpendiculaire sur le milieu de F'G; donc MF' = MG, et par conséquent MF + MF' = 2a, ce qui prouve déjà que le point M est sur l'ellipse. En second lieu l'angle F'MP = GMP = FMT; donc MT est tangente.

Nous avons vu que le point G est déterminé par l'intersection de deux circonférences; or deux circonférences se rencontrent généralement en deux points, il y a donc deux solutions et par le point donné T on peut mener deux tangentes à l'ellipse. Il est facile, en effet, de démontrer que les deux circonférences décrites des points F et T comme centres, avec des rayons égaux à 2a et à TF' respectivement, se rencontrent toujours en deux points, si, comme nous le supposons, le point T est extérieur à l'ellipse. Joignons FT; le point T étant extérieur à l'ellipse, on a (n° 8) 2a < TF + TF';

d'ailleurs dans le triangle TFF' on a $TF < FF' + TF'$ et,
à fortiori, $TF < 2a + TF'$. Cela prouve que nos deux circonférences se rencontrent toujours en deux points, car la distance des centres est moindre que la somme des rayons, et
le plus grand rayon est moindre que la somme du plus petit
et de la distance des centres.

Si le point T était sur l'ellipse, on aurait $2a = TF + TF'$;
alors le plus grand rayon serait égal à l'autre augmenté de la
distance des centres, et les deux circonférences se toucheraient
intérieurement. Dans ce cas il n'y a plus qu'une seule tangente
et l'on retombe sur la construction donnée précédemment.

Si le point T était intérieur à l'ellipse, on aurait $2a >$
$TF + TF'$; alors l'un des rayons serait plus grand que l'autre
augmenté de la distance des centres; les deux circonférences
seraient intérieures l'une à l'autre, et il n'y aurait plus de
tangente.

15. La propriété démontrée au n° 11 fournit encore un
moyen très-simple de mener à l'ellipse une tangente parallèle
à une droite donnée. Soient F et
F' les foyers de l'ellipse (fig. 10)
et CD la droite à laquelle la tangente doit être parallèle. Si le
problème était résolu, que TP
fût la tangente demandée et M le
point de contact, en joignant FM
et prenant sur cette direction
$FG = 2a$, la ligne F'G serait per-

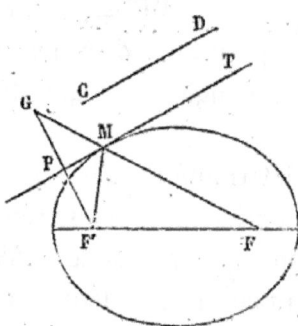

fig. 10.

pendiculaire sur TP et par suite sur CD. Il résulte de là que le
point G peut être déterminé par l'intersection de la perpendiculaire abaissée de F' sur CD avec la circonférence de rayon $2a$
et décrite du point F comme centre. Le point G étant connu,
on le joindra au point F et, par le milieu P de GF', on mènera

TP parallèle à CD ; cette parallèle sera la tangente demandée et le point M où elle rencontrera GF sera le point de contact.

En effet, joignons MF'; la ligne TP étant perpendiculaire sur le milieu de GF' par construction, on a GM = F'M; donc MF + MF' = 2a ; ce qui prouve déjà que le point M est sur l'ellipse. En second lieu l'angle F'MP = GMP = FMT; donc TP est tangente.

Le point G est déterminé par l'intersection d'une droite et d'un cercle, lesquels se coupent généralement en deux points. Il peut donc y avoir deux solutions ; or je dis que les deux solutions ont lieu dans tous les cas, en effet le rayon du cercle 2a est plus grand que FF' et, à fortiori, plus grand que la distance de son centre F à la droite F'G.

Remarque. La construction de la tangente, dans les trois cas que nous venons d'examiner, ne suppose pas que la courbe soit tracée ; il suffit de connaître les foyers et la longueur du grand axe. Quand on construit une ellipse par points, il est convenable de mener les tangentes aux points qu'on a déterminés ; elles permettent d'obtenir un dessin plus exact.

16. *La normale à l'ellipse en un point partage en deux parties égales l'angle des rayons vecteurs de ce point.*

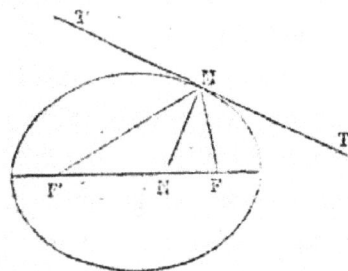

fig. 11.

En effet, soit TT' la tangente à une ellipse en M (fig. 11) et MN la normale ; tirons les rayons vecteurs MF et MF'; on a

$$FMT = F'MT',$$
$$NMT = NMT' = \text{un droit},$$

donc

$$FMN = F'MN ,$$

ce qu'il fallait démontrer.

DÉFINITION DE LA PARABOLE, PAR LA PROPRIÉTÉ DU FOYER ET DE LA DIRECTRICE.—TRACÉ DE LA COURBE PAR POINTS ET D'UN MOUVEMENT CONTINU.—AXE.—SOMMET.—RAYON VECTEUR.

17. La *parabole* est une courbe plane dont chaque point est également distant d'un point fixe et d'une droite fixe. Le point fixe est dit le *foyer* et la droite fixe est dite la *directrice* de la parabole.

18. On peut construire aisément autant de points qu'on veut de la parabole quand on se donne le foyer et la directrice.

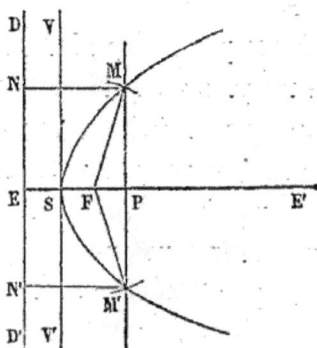

Soient F le foyer et DD′ la directrice (fig. 12). Abaissons du foyer une perpendiculaire EE′ sur la directrice et soit E le point de rencontre. Il est clair que le milieu S de FE appartient à la parabole et que ce point est le seul qui soit commun à EE′ et à la courbe.

fig. 12.

Pour avoir d'autres points, soit P un point quelconque de SE′; menons par ce point MM′ perpendiculaire à EE′, et décrivons, du point F comme centre, une circonférence d'un rayon égal à PE; cette circonférence rencontrera la droite MM′ en deux points M et M′ qui appartiendront à la parabole. Je dis d'abord qu'il y aura rencontre pourvu que le point P soit situé sur la partie indéfinie SE′ de la droite EE′, car alors le rayon EP sera plus grand que la distance du centre F à la droite. En second lieu, les points M et M′ appartiendront à la courbe; car, pour le point M par exemple, on a FM = EP = MN. On aura de cette manière autant de points qu'on voudra de la parabole, et comme le point P peut avoir toutes les positions sur la droite indéfinie SE′, il s'ensuit que la courbe s'étend à l'infini au-dessus et au-dessous de la droite EE′. On voit en outre que la courbe est tout entière située d'un même côté de la droite VV′ menée par le point S parallèlement à la directrice, et qu'elle n'a avec cette droite que le seul point commun S.

Quand on aura ainsi construit des points assez rapprochés les uns des autres, on les joindra par un trait continu, et une portion de la courbe sera tracée par points.

19. On peut aussi tracer d'un mouvement continu une por-tion de parabole aussi éten-due qu'on le veut. Soient DD′ la directrice, F le foyer (fig. 13), et supposons qu'on veuille tracer la portion de parabole comprise entre la di-rectrice et une parallèle KK′ située à une distance de la di-rectrice égale à EH. On pren-dra une équerre ABC dont un des côtés de l'angle droit AC soit égal à EH; on prendra aussi un fil de même lon-gueur; on fixera l'une des extrémités de ce fil au foyer F et l'autre extrémité au sommet C de l'équerre; on placera une rè-gle suivant la directrice et l'on appuiera l'équerre sur la règle de manière que le sommet A soit en E et le sommet C en H. Cela posé, si l'on fait glisser l'équerre de E vers D et que l'on tende le fil par le moyen d'un style appliqué sur CA et muni d'un crayon, la portion SMK de la parabole se trouvera tracée par le crayon. On décrira par le même moyen la portion SK′. Il

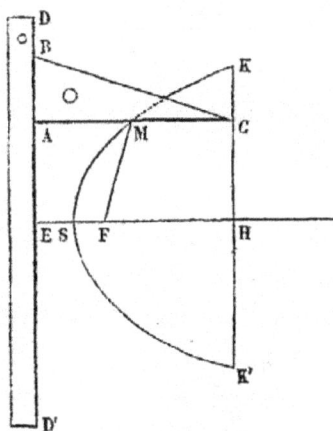

fig. 13.

est aisé de justifier la construction précédente. Considérons
en effet l'équerre dans une quelconque de ses positions, et
soit M le point occupé par le style; le fil forme la ligne brisée
CMF, mais la longueur de ce fil est EH ou CA, donc

$$CM + MF = CM + MA \quad \text{ou} \quad MF = MA \, ;$$

donc le point M a décrit une portion de parabole.

20. Il résulte de ce qui a été dit au n° 18 que la perpendiculaire abaissée du foyer sur la directrice est un *axe* pour la
parabole. Effectivement les perpendiculaires à cette droite
rencontrent la parabole en deux points symétriques par rapport à la droite. Le point où l'axe rencontre la parabole est dit
le *sommet* de la courbe.

21. Dans la théorie de la parabole on nomme *rayon vecteur* la distance du foyer à un point quelconque de la figure.
Ainsi

*Le rayon vecteur d'un point de la parabole est égal à la
distance de ce point à la directrice.*

Il est bon de remarquer que la parabole sépare les points
du plan dont le rayon vecteur est plus grand que la distance à la directrice de ceux pour lesquels ce rayon vecteur
est plus petit que la distance à la directrice. En d'autres termes, si l'on appelle points intérieurs à la courbe ceux qui
comme le foyer sont compris dans l'espace indéfini formé par
les deux branches de la courbe, et points extérieurs ceux qui
ne sont point situés dans cet espace, on a ce théorème :

*Le rayon vecteur d'un point du plan de la parabole est infé-
rieur ou supérieur à la distance de ce point à la directrice,
suivant qu'il est intérieur ou extérieur à la courbe.*

En effet, soient F le foyer et DD' la directrice (fig. 14);
1° P étant intérieur à la courbe, menons PMN perpendicu-

laire à la directrice, et soit M le point de rencontre avec la courbe; le triangle FMP donne PF < MP + MF, mais MF = MN, donc

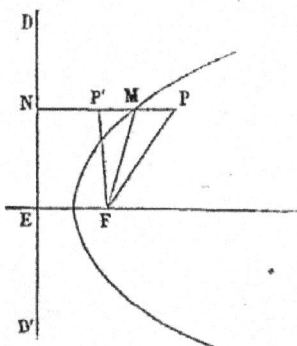

$$PF < PN.$$

2° P' étant un point extérieur à la courbe, menons NP'M perpendiculaire à la directrice, et soit M le point de rencontre avec la courbe; le triangle FMP' donne FM ou MN < PF + P'M, d'où PF > MN — P'M, ou

$$PF > P'N.$$

fig. 14.

LA TANGENTE FAIT DES ANGLES ÉGAUX AVEC LA PARALLÈLE A L'AXE ET LE RAYON VECTEUR, MENÉS PAR LE POINT DE CONTACT.

22. La démonstration de ce théorème est presque identique à celle dont nous avons fait usage au n° 11. Toutefois, pour la dégager de ce qui est accessoire, nous démontrerons à part le lemme suivant sur laquelle elle repose.

Lemme. *Soit ABCD un trapèze rectangle en A et B (fig. 15), si l'on prend un point E dans l'intérieur de ce trapèze, qu'on le joigne au point C et que l'on abaisse EF perpendiculaire sur* AB, *la ligne brisée* CEF *ainsi obtenue sera plus courte que la ligne brisée* CDA.

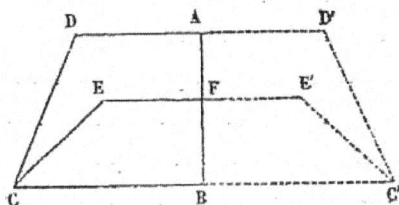

En effet, faisons tourner la figure autour de AB, de ma-

fig. 15.

nière à la rabattre sur la portion du plan qui est situé de l'autre côté de AB. Les points C, D, E viendront se placer en C', D', E'. Or les angles en A et B étant droits, les lignes DAD', CBC' sont droites, et la ligne brisée CDD'C' est plus grande que la ligne enveloppée CEE'C', donc CD + DA, qui est moitié de CDD'C', est plus grand que CE + EF, qui est moitié de CEE'C'.

25. Démontrons actuellement le thorème énoncé. Soient F le foyer, DD' la directrice de la parabole et M le point de la courbe où nous voulons considérer la tangente (fig. 16). Menons par ce point M et par un second point M' de la courbe la sécante KL, et cherchons quelle sera la limite de cette sécante, lorsque le point M' se mouvant sur la courbe

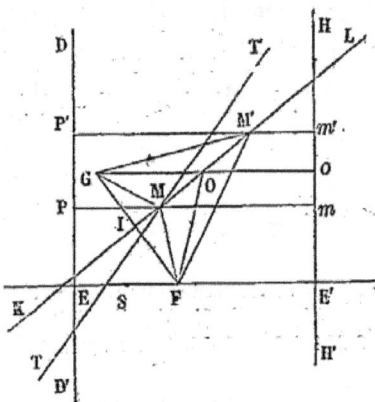

fig. 16.

sera venu se confondre avec M. Abaissons FI perpendiculaire sur KL, et prolongeons-la d'une quantité IG = FI; joignons les points M et M' à chacun des points F et G; puis, par les points M, M' et G, menons MP, M'P', et GO perpendiculaires à la directrice. Soient enfin m, m' et o les points où ces perpendiculaires rencontrent une parallèle HH' à la directrice, située à une distance quelconque de cette directrice, mais cependant assez grande pour que les points M et M' soient l'un et l'autre dans la bande comprise entre DD' et et HH'. Je dis que le point O où GO rencontre KL sera toujours situé entre les points M et M', comme l'indique la figure. En effet, on a MP + Mm = M'P' + M'm' comme parallèles comprises entre parallèles; d'ailleurs MP = MF = MG, de

même $M'P' = M'F = M'G$; donc $MG + Mm = M'G + M'm'$.
Ainsi la ligne brisée GMm est égale à la ligne brisée GM'm'.
Or, d'après le lemme démontré en commençant, cette égalité serait impossible si le point M était entre O et M' ou le
point M' entre O et M. On voit donc que si l'on fait tourner
la droite KL autour du point M, de manière que M' se rapproche indéfiniment de M, le point O se confondra avec M à
la limite. Cela posé, la droite KL joint le sommet O du
triangle isocèle FOG au milieu de la base; il en résulte que
les angles FOK et KOG sont égaux; d'ailleurs KOG et LOo
sont égaux comme opposés par le sommet; donc FOK $=$ LOo.
Ainsi, dans toutes les positions de la droite KL, le rayon
vecteur du point O et la parallèle à l'axe menée par ce point,
font avec KL, et d'un même côté de cette ligne, des angles
égaux. A la limite la droite KL se confond avec la tangente
TT', le point O avec M, et l'on a

$$FMT = mMT',$$

ce qu'il fallait démontrer.

Remarque I. La démonstration suppose que la droite KL ne
rencontre jamais la partie indéfinie FE' de l'axe, mais l'autre
partie indéfinie FE. Cette hypothèse est réalisée, si l'on prend
le point M' du même côté de l'axe que le point M, car il est
facile de démontrer, en s'appuyant sur le lemme du n° 22, que
toute droite qui rencontre la portion de l'axe comprise dans
la courbe, et qui a pour origine le foyer, ne peut avoir qu'un
seul point commun avec la courbe d'un même côté de l'axe.

Remarque II. Ce qui précède fait voir qu'*une droite ne rencontre jamais la parabole en plus de deux points*, d'où il
suit que :

1° Une tangente à la parabole n'a qu'un seul point commun
avec la courbe ;

2º La parabole est tout entière située d'un même côté de chacune de ses tangentes.

Remarque III. On voit encore aisément que la tangente au sommet de la parabole est perpendiculaire à l'axe.

MENER LA TANGENTE A LA PARABOLE : 1º PAR UN POINT PRIS SUR LA COURBE ; 2º PAR UN POINT EXTÉRIEUR. — NORMALE. — SOUS-NORMALE.

24. Supposons d'abord qu'il s'agisse de mener une tangente en un point M d'une parabole (fig 17). Soient F le foyer et DD' la directrice; joignons MF, abaissons FE perpendiculaire sur DD', prenons FT = MF et joignons le point T au point M; la ligne MT sera la tangente demandée.

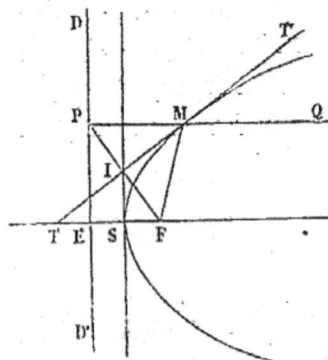

En effet, menons par le point M la droite PQ perpendiculaire sur la directrice; le triangle MFT

fig. 17.

étant isocèle, l'angle TMF = MTF ; d'ailleurs MTF et T'MQ sont égaux comme correspondants, donc TMF = T'MQ; donc MT est tangente.

Remarque. Joignons FP ; le triangle FMP est isocèle, la tangente TT' partage évidemment l'angle au sommet en deux parties égales. Il s'ensuit qu'elle est perpendiculaire sur PF, et que le point I où elle la rencontre est le milieu de PF; par conséquent si du point I on abaisse une perpendiculaire sur EF, cette perpendiculaire passera par le milieu de EF; ce sera donc la tangente au sommet de la parabole. Il résulte de là que *la tangente au sommet de la parabole est le lieu géométrique des pieds des perpendiculaires abaissées du foyer sur les tangentes à la courbe.*

25. Proposons-nous maintenant de mener une tangente à la parabole par un point T extérieur à la courbe (fig. 18). Soient F le foyer et DD' la directrice, si le problème était résolu, que TM fût la tangente demandée et M le point de contact, en abaissant MP perpendiculaire sur la directrice, et joignant PF, PT et TF, la tangente TM serait perpendiculaire sur le milieu I de PF, et l'on aurait TP=TF. Il suit de là que le point P est à l'intersection de la directrice et du cercle décrit du point T comme centre avec le rayon TF. Le point P étant connu, on joindra PF, et on mènera PM parallèle à l'axe; enfin on abaissera TI perpendiculaire sur PF; cette ligne sera la tangente demandée, et le point M où elle rencontrera PM sera le point de contact.

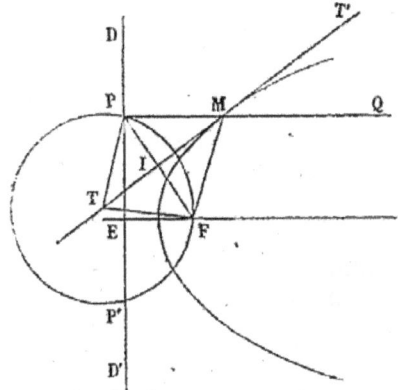

En effet, on a, par construction, TP=TF; donc la perpendiculaire TI abaissée sur PF passe par son milieu, donc MP=MF, ce qui prouve que M est sur la courbe. En second lieu, on a TMF=TMP=T'MQ, donc TM est tangente.

Quand le point T est hors de la parabole, sa distance au foyer est plus grande que sa distance à la directrice; donc le cercle TF coupe la directrice en deux points P, P', et il y a deux tangentes. Quand le point T est sur la parabole, sa distance au foyer est égale à sa distance à la directrice; le cercle TF est tangent à la directrice, et il n'y a qu'une seule tangente. Enfin, quand le point T est intérieur à la parabole, sa distance au foyer est moindre que sa distance à la directrice; le cercle TF ne rencontre pas la directrice, et il n'y a plus de tangente.

26. Enfin supposons qu'il s'agisse de mener à la parabole une tangente parallèle à une droite donnée CK (fig. 19). Soient F le foyer et DD′ la directrice, si TT′ est la tangente demandée et M le point de contact, en abaissant MP perpendiculaire sur la directrice, la droite FP sera perpendiculaire sur TT′, qui la coupera en son milieu I. Il résulte de là que le point P est à la rencontre de la directrice et de la perpendiculaire abaissée du foyer sur la droite donnée CK. Le point P étant connu, on mènera par ce point PM parallèle à l'axe, puis, par le milieu I de PF, une parallèle à CK; la droite TT′ ainsi obtenue sera la tangente demandée, et le point où elle rencontrera PM sera le point de contact.

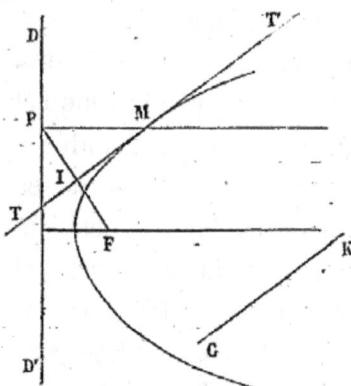

fig. 19.

Le problème admet toujours une solution, et n'en admet qu'une seule. Toutefois cette solution disparaît dans le cas où la droite donnée est parallèle à l'axe.

Remarque. La construction de la tangente, dans les cas que nous venons d'examiner, ne suppose pas que la courbe soit tracée. Il suffit que l'on connaisse le foyer et la directrice.

27. *La normale à la parabole en un point divise en deux parties égales, l'angle formé par le rayon vecteur et la parallèle à l'axe menée par ce point.*

En effet, soient TT′ la tangente à une parabole en M

(fig. 20) et MN la normale; tirons le rayon vecteur MF, et menons perpendiculaire MR à l'axe; on a

$$FMT = QMT', \quad TMN = NMT' = un \; droit,$$

donc

$$FMN = NMQ,$$

ce qu'il fallait démontrer.

28. On nomme pied de la normale (fig. 20) le point N où elle rencontre l'axe. On nomme *sous-normale* la partie RN de l'axe comprise entre le pied de la normale et le pied de la perpendiculaire abaissée sur l'axe du point M par où la normale est menée.

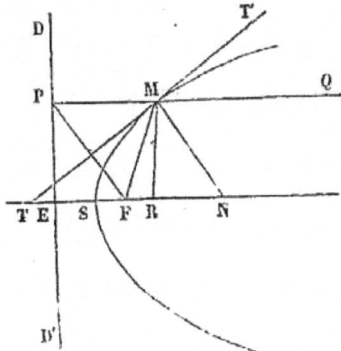

La sous-normale est constante et égale à la distance du foyer à la directrice.

fig. 20.

En effet, soient TT' la tangente, MN la normale, RN la sous-normale. Abaissons MP perpendiculaire sur la directrice, et joignons FP; cette ligne sera perpendiculaire à la tangente TT', et, par suite, parallèle à la normale MN. D'après cela on voit que les triangles MRN et PEF sont égaux, comme ayant un côté égal, PE = MR, adjacent à deux angles égaux chacun à chacun; donc

$$RN = FE.$$

La distance FE qui est le seul élément nécessaire pour déterminer la parabole a reçu le nom de *paramètre*. Ainsi, *la sous-normale est égale au paramètre.*

29. Soient F le foyer, DD' la directrice d'une parabole (fig. 21), et MM' une corde perpendiculaire à l'axe au point R , on aura $MR = M'R = \frac{1}{2} MM'$. Cela posé, le triangle rectangle FMR donne

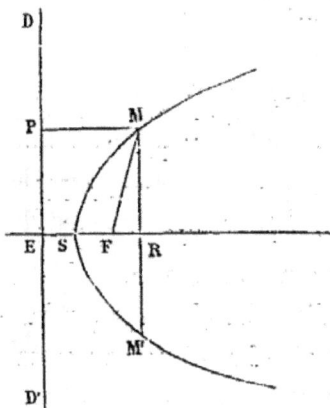

$$\overline{MR}^2 = \overline{FM}^2 - \overline{FR}^2 ;$$

d'ailleurs $FM = MP = ER$; donc

fig. 21.

$$\overline{MR}^2 = \overline{ER}^2 - \overline{FR}^2 = (ER + FR) \times (ER - FR) ;$$

or, si S est le sommet de la parabole et que l'on désigne par p le paramètre EF, on a

$$ER = \frac{p}{2} + SR , \quad FR = SR - \frac{p}{2} ;$$

d'où

$$ER + FR = 2SR , \quad ER - FR = p ;$$

d'après cela la valeur de $\overline{MR}^2$ devient

$$\overline{MR}^2 = 2SR \times p = 2p \times SR ;$$

et, comme $MM' = 2MR$,

$$\overline{MM'}^2 = 8p \times SR.$$

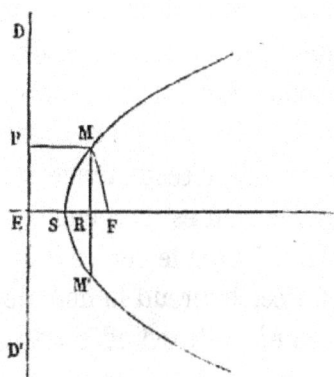

fig. 22.

La figure (21) suppose le point F situé entre S et R; mais la même chose a lieu dans le cas contraire. Supposons, en effet (fig. 22), que le point R soit entre F et S, on a toujours

$$\overline{MR}^2 = (ER + FR) \times (ER - FR);$$

d'ailleurs

$$ER = \frac{p}{2} + SR \, , \; FR = \frac{p}{2} - SR \, ;$$

d'où

$$ER + FR = p \, , \quad ER - FR = 2SR \, ;$$

d'où l'on déduit comme précédemment

$$\overline{MR}^2 = 2p \times SR \qquad \text{et} \qquad \overline{MM'}^2 = 8p \times SR.$$

Ainsi, *le carré d'une corde perpendiculaire à l'axe est égal à la distance de cette corde au sommet multipliée par 8 fois le paramètre.*

DÉFINITION DE L'HÉLICE CONSIDÉRÉE COMME RÉSULTANT DE L'ENROU-
LEMENT DU PLAN D'UN TRIANGLE RECTANGLE SUR UN CYLINDRE
DROIT A BASE CIRCULAIRE.

30. On nomme *surface cylindrique droite* ou simplement *cylindre droit* (fig. 23), la surface engendrée par une droite qui tourne autour d'une droite fixe parallèle à la droite mobile.

La droite fixe est dite l'*axe* du cylindre; la droite mobile dans

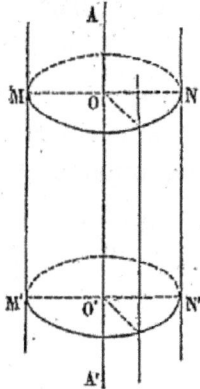

une quelconque de ses positions est dite une *génératrice* ou une *arête* du cylindre.

Chaque point M (fig. 23) de la génératrice engendre une circonférence de cercle MN dont le plan est perpendiculaire à l'axe AA', et dont le centre O est sur cet axe. Ce cercle prend le nom de *section droite* ou de *base* du cylindre; aussi quelquefois désigne-t-on la surface par la dénomination de *cylindre droit à base circulaire*.

fig. 23.

Si l'on coupe le cylindre droit par deux plans MN, M'N' perpendiculaires à l'axe, le solide terminé d'une part par ces deux plans, et d'autre part par la surface cylindrique est le corps qu'on nomme proprement *cylindre*, et dont on s'est occupé dans les Éléments de géométrie.

31. Considérons un cylindre droit dont l'axe soit AA'

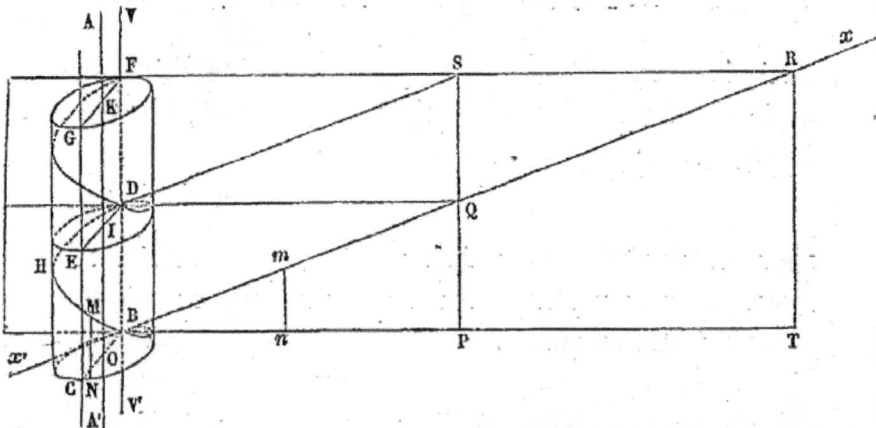

fig. 24.

(fig. 24), et supposons-le terminé par les deux plans BC et DE perpendiculaires à l'axe. Menons par les points B et D,

extrémités d'une arête. quelconque BD, les lignes BP et DQ
perpendiculaires au plan formé par l'arête BD et l'axe AA';
prenons sur ces lignes des longueurs BP et DQ égales à la
circonférence de base du cylindre; enfin joignons PQ et BQ.
Il est évident que les lignes BP et DQ sont tangentes aux circonférences BC et DE, et que le plan du rectangle BDQP n'a
d'autres points communs avec la surface du cylindre que ceux
de l'arête BD. Cela posé, si l'on enroule le rectangle BDQP
sur le cylindre, le côté PQ viendra se placer sur BD, et la
droite BQ hypoténuse du triangle rectangle BPQ formera sur
le cylindre une portion de courbe BHD terminée sur l'arête
BD aux points B et D. Cette courbe se nomme *hélice*.

Mais l'hélice n'est pas une courbe terminée brusquement;
au contraire, elle s'étend indéfiniment dans les deux sens
comme le cylindre auquel elle appartient, et tous ses points
peuvent s'obtenir par le même moyen que ceux de la portion
limitée que nous venons de considérer. Prolongeons la portion du cylindre BCDE d'une quantité égale DEFG; par le
point F, extrémité de l'arête BD, prolongée, menons FR parallèle à BP, et par le point R où cette ligne rencontre BQ
prolongée, abaissons RT perpendiculaire sur BP. A cause de
BD = DF et du parallélisme des droites DQ et FR, la ligne FR
ou BT est double de DQ ou de BR; d'où il suit que si l'on
enroule le plan du rectangle BFRT sur le cylindre, la droite
TR viendra s'appliquer sur BF après qu'on aura fait deux
fois le tour du cylindre; en outre, il est clair qu'après avoir
achevé un tour entier, la ligne QR formera sur le cylindre
une portion de courbe terminée en D et F sur l'arête DF et
qui sera identique avec la portion de courbe déjà formée par
BQ. Et, sans qu'il soit nécessaire de plus d'explications, on
voit que si le cylindre est censé prolongé indéfiniment au-
dessus de BC et que l'on enroule indéfiniment le plan *x*BV

sur le cylindre, la droite indéfinie Bx formera sur la surface
une courbe composée d'une infinité de parties égales entre
elles et toutes terminées sur l'arête VV'. Ces différentes parties
de l'hélice se nomment *spires*, et la distance des plans perpendiculaires à l'axe menés par les extrémités d'une spire est
dite le *pas* de l'hélice.

Enfin, comme on peut aussi concevoir le cylindre indéfiniment prolongé au dessous du plan BC, on voit que si l'on
enroule sur cette surface l'autre portion du plan des lignes
VV' et Bx, c'est-à-dire la portion V'Bx', la droite indéfinie Bx'
formera aussi sur le cylindre une infinité de spires.

On peut dire, d'après cela, que :

*Les hélices sont les courbes dans lesquelles se transforment
les lignes droites tracées sur un plan, quand on enroule ce plan
sur un cylindre droit.*

Il faut remarquer que la circonférence peut être considérée
comme une hélice dont le pas est nul.

Une même ligne droite engendre ainsi toutes les spires
d'une hélice, mais il est quelquefois plus commode de considérer l'hélice comme engendrée au moyen d'une série de
droites parallèles égales et équidistantes. Effectivement, si l'on
prolonge PQ jusqu'à sa rencontre en S avec FR et que l'on
joigne DS, il est clair que DS sera égale et parallèle à BQ et à
QR, et que quand on enroulera le plan de ces lignes sur le
cylindre, les droites DS et QR formeront la même spire sur
la surface; savoir, DS après le premier tour, QR après le
deuxième tour. Ce raisonnement s'applique évidemment à
toutes les spires.

Il résulte de là que :

*L'hélice peut être obtenue en enroulant sur un cylindre
droit, un rectangle indéfini dont la largeur serait égale à la*

circonférence de base du cylindre et sur lequel seraient tracées
une série de droites parallèles et équidistantes.

32. Considérons le point B comme l'*origine* de l'hélice, ou
BHD comme la première spire (fig. 24), en sorte que la deuxième

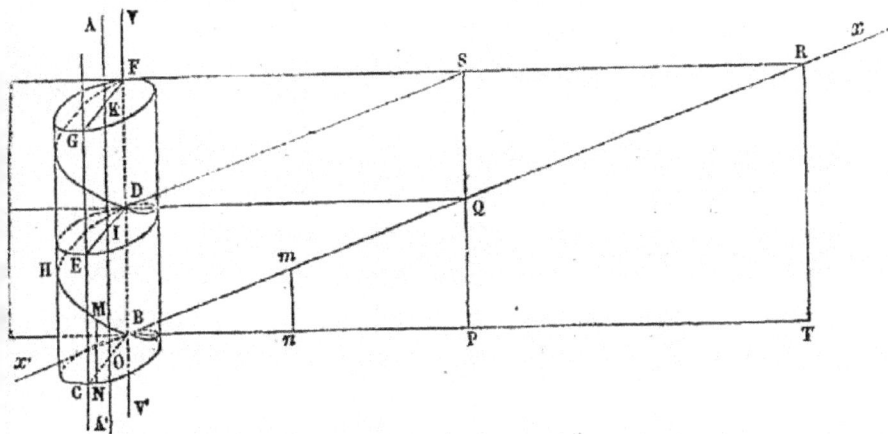

fig. 24.

spire soit celle comprise entre les plans BE et FG ; et ainsi de
suite ; je dis que la distance MN d'un point de la première spire au
plan de la base BC est proportionnelle à l'arc de cercle BN. En
effet, prenons sur BR une longueur B*n* égale à l'arc BN rectifié,
et élevons *nm* perpendiculaire à BP ; il est clair que *mn* = MN,
car en enroulant le plan BD*m* sur le cylindre, le point *m* reste
toujours à la même distance du plan de la base BC. Cela posé,
les triangles semblables B*mn* et BPQ donnent

$$\frac{mn}{Bn} = \frac{PQ}{BP} \quad \text{ou} \quad \frac{MN}{\text{arc BN}} = \frac{PQ}{BP},$$

ce qui démontre la propriété énoncée. Si l'on désigne par *h*
le pas de l'hélice et par *r* le rayon du cylindre, l'égalité précédente devient

$$\frac{MN}{\text{arc BN}} = \frac{h}{2\pi r}, \quad \text{d'où} \quad MN = \frac{h}{2\pi r} \times \text{arc BN}.$$

Cette égalité a lieu aussi pour la deuxième, la troisième, etc., spire, pourvu qu'on ajoute une, deux, etc., circonférences à l'arc BN.

LA TANGENTE A L'HÉLICE FAIT AVEC L'ARÊTE DU CYLINDRE UN ANGLE CONSTANT.

33. Soient BD le pas de l'hélice (fig. 25), BCED la portion du cylindre qui a ce pas pour hauteur, BPQ le triangle rectangle dont l'hypoténuse BQ forme sur le cylindre la spire BHD. Soit M le point ou nous voulons considérer la tangente. Menons par ce point et par un second point M' de la courbe la sécante M'MK, et cherchons quelle sera la limite de cette sé-

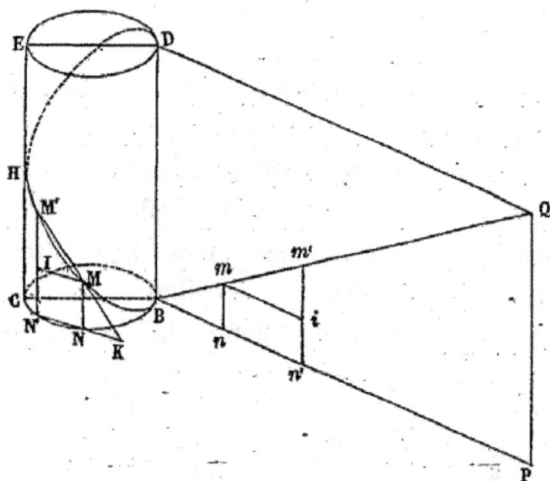

fig. 25.

cante lorsque le point M' se mouvant sur la courbe sera venu se confondre avec M. Menons par les points M et M' les arêtes MN, M'N' qui rencontrent en N et N' la circonférence BC ; joignons NN', prolongeons cette ligne jusqu'à sa rencontre en K avec MM' et menons MI parallèle à NN'. Enfin, prenons sur

BP des longueurs Bn, Bn' égales aux arcs BN, BN' rectifiés ; menons nm et $n'm'$ parallèles à BD, puis mi parallèle à BP. Quand on enroulera le triangle BPQ sur le cylindre, les droites mn et $m'n'$ viendront s'appliquer sur MN et M'N' ; d'où il suit que $mn = $ MN, $m'n' = $ M'N' et par suite $m'i = $ M'I. Cela posé, les triangles semblables MNK et MM'I donnent

$$\frac{NK}{MN} = \frac{MI}{M'I} ;$$

les triangles semblables Bmn et $mm'i$ donnent aussi

$$\frac{Bn}{mn} = \frac{mi}{m'i}.$$

Divisant ces deux proportions terme à terme, et se rappelant que MN $= mn$, M'I $= m'i$, il vient

$$\frac{NK}{Bn} = \frac{MI}{mi} ;$$

mais on a MI $=$ corde NN', $mi = nn' = $ arc NN', donc on a

$$\frac{NK}{Bn} = \frac{\text{corde NN'}}{\text{arc NN'}}.$$

Or, pendant que le point M' se rapproche indéfiniment du point M, le point N' se rapproche indéfiniment de N, et quand MM' est devenue tangente à l'hélice, NN' est tangente au cercle BC en N ; d'ailleurs le rapport d'un arc de cercle à sa corde a pour limite l'unité quand cet arc décroît indéfiniment ; donc

$$lim \frac{NK}{Bn} = 1 \qquad \text{ou} \qquad lim\ NK = Bn.$$

Si donc MT est la tangente à l'hélice en M (fig. 26), et que

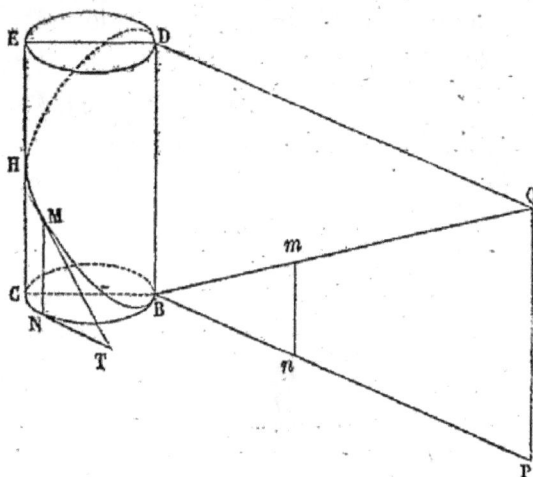

fig. 26.

NT soit la tangente au cercle BC au point N qui est la projection de M sur le plan de ce cercle, on aura

$$NT = Bn \, ;$$

d'ailleurs $MN = mn$; donc les triangles rectangles MNT et mnB sont égaux; il s'ensuit que l'angle $NMT = Bmn = BQP$; donc l'angle que fait la tangente MT avec l'arête MN du cylindre est constant et égal à celui que fait la ligne BQ avec la même arête.

Remarquons encore que N, étant la projection de M sur la base BC et T la trace de la tangente sur le plan de cette base, la longueur NT est égale à l'arc NB rectifié. Cette remarque nous sera utile pour la construction de la tangente.

CONSTRUIRE LA PROJECTION DE L'HÉLICE ET DE LA TANGENTE SUR UN
PLAN PERPENDICULAIRE A LA BASE DU CYLINDRE.

34. Prenons pour plan horizontal de projection celui de
la *base* du cylindre, et pour
plan vertical un plan parallèle à l'axe et au diamètre
qui joint le centre de la base
à l'origine d'une spire. Le
cercle *bhcg* (fig. 27) représente la base du cylindre,
et le rectangle BCED est le
contour apparent, sur le plan
vertical, de la portion du cylindre sur laquelle est tracée la
première spire ; en sorte que B
est l'origine de l'hélice et BD
son pas. Prenons un point *m*
quelconque sur le cercle *bhcg*,
et cherchons la projection ver-

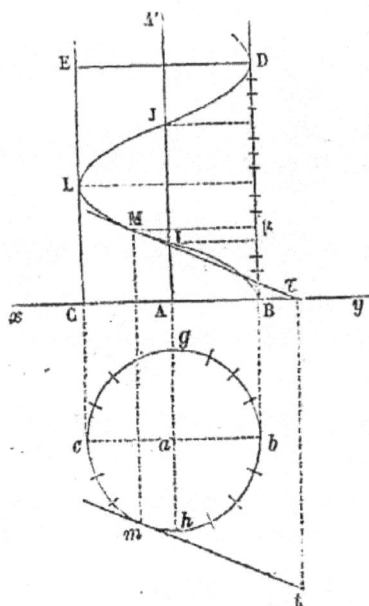

fig. 27.

ticale du point de l'hélice projeté horizontalement en *m*. Si le
problème était résolu et que M fût cette projection verticale,
la ligne *m*M serait perpendiculaire à la ligne de terre et la
hauteur Bμ du point M au-dessus de la ligne de terre serait
donnée par la proportion

$$\frac{B\mu}{\text{arc } bm} = \frac{BD}{\text{circonférence } ab};$$

d'où il suit que le point M sera déterminé par l'intersection
de la perpendiculaire abaissée de *m* sur la ligne de terre avec
la parallèle à cette même ligne menée par le point μ, qu'on détermine par le moyen de la proportion précédente.

Quant à la projection de la tangente à l'hélice au point (*m*, M), il est aisé de l'obtenir; car si par *m* on mène la tangente *mt* à la circonférence *ab* et que l'on prenne *mt* = arc *mb*, on sait que le point *t* sera la trace horizontale de la tangente. Si donc on abaisse *t*τ perpendiculaire sur la ligne de terre, et que l'on joigne Mτ; on aura la projection verticale de la tangente en M.

35. On pourra construire ainsi autant de points qu'on voudra de la projection verticale de l'hélice; joignant ensuite ces points par un trait continu, on aura la projection. Pour effectuer commodément le dessin, voici la marche à suivre : on divisera la circonférence *bhcg* et la ligne BD en un même nombre de parties égales à partir de *b* et de B respectivement, en seize parties égales, par exemple; par chaque point de division du cercle on mènera une perpendiculaire à la ligne de terre, et par le point correspondant de BD une parallèle à la ligne de terre; le point de rencontre de ces deux lignes fera connaître un point de la projection de l'hélice. On aura ainsi seize points qui suffisent pour dessiner la courbe.

Les points I et J, situés sur l'axe AA', correspondent aux points *h* et *g* du diamètre *gh* perpendiculaire à la ligne de terre. Les points B, L, D, situés sur le contour apparent, correspondent aux points *b*, *c*, *b*; il est évident que BD est tangente à la courbe aux points B et D et que CE est tangente au point L.

Ayant ainsi la projection d'une spire, on aura aisément les projections des autres, car toutes ces spires sont identiques.

GÉOMÉTRIE ANALYTIQUE

A DEUX DIMENSIONS.

CHAPITRE PREMIER.

DES ÉQUATIONS ET DES FORMULES DE LA GÉOMÉTRIE.

LOI DE L'HOMOGÉNÉITÉ.

56. Une fonction $F(a, b, c,...)$ de plusieurs quantités $a, b, c,...$ est dite *homogène*, lorsqu'en remplaçant $a, b, c,...$ par ka, kb, kc,... la nouvelle valeur que prend la fonction est égale à la valeur primitive, multipliée par une puissance de k d'un degré quelconque m. L'exposant m de la puissance de k, dont il est question, est dit le *degré d'homogénéité* de la fonction. Pour exprimer qu'une fonction $F(a, b, c,...)$ est homogène et du degré m, il suffit donc d'écrire

$$F(ka, kb, kc,...) = k^m F(a, b, c,...).$$

On voit, d'après cette définition, que les fonctions

$$a^2 + 2ab, \quad \frac{ab}{c} - \sqrt{de}, \quad \sqrt{a} - \sqrt{b}, \quad \log a - \log b,$$

sont homogènes. La première est du degré 2; la deuxième du

degré 1; la troisième du degré $\frac{1}{2}$, et la quatrième du degré zéro.

Une équation est dite *homogène* lorsque, l'un des membres étant nul, l'autre membre est une fonction homogène; ou lorsque les deux membres sont des fonctions homogènes du même degré. On voit qu'une équation homogène n'est pas changée, lorsqu'on multiplie par un même facteur k les diverses quantités qu'elle renferme.

Une équation *algébrique* étant donnée, on peut toujours faire en sorte que l'un de ses membres soit nul et que l'autre membre soit une fonction rationnelle et entière. Si l'équation est homogène et du degré m, chacun de ses termes renfermera m facteurs littéraux; et réciproquement.

37. Les longueurs sont proprement les seules grandeurs que l'on ait à considérer dans les recherches géométriques; car la mesure des surfaces et celle des solides se ramènent immédiatement à la mesure des longueurs. Quand on veut exprimer *analytiquement* une relation entre plusieurs longueurs, on imagine que ces longueurs soient rapportées à une certaine unité, qui, du reste, demeure le plus souvent indéterminée; puis l'on représente par des lettres $a, b,...$ les rapports de ces longueurs à l'unité; enfin l'on écrit, conformément aux règles de l'algèbre, l'*équation* qui a lieu entre les *quantités* $a, b,...$

38. Les équations, auxquelles conduisent ainsi les recherches géométriques, sont toutes homogènes, lorsque l'unité demeure indéterminée. Cette propriété est de la plus haute importance, et nous allons l'établir d'une manière générale à l'égard des équations *algébriques*.

Soit

$$(1) \qquad F(a, b, c,...) = 0$$

une équation algébrique entre les quantités $a, b, c, \ldots$ qui expriment les rapports de plusieurs longueurs à une même unité arbitraire. On peut supposer, comme il a été dit plus haut, que $F(a, b, c, \ldots)$ soit une fonction rationnelle et entière; par conséquent, si elle n'est pas homogène, on pourra grouper ensemble les termes de même degré et la considérer comme la somme de plusieurs fonctions homogènes $\varphi(a, b, c, \ldots)$, $\psi(a, b, c, \ldots)$, $\varpi(a, b, c, \ldots)$ etc., de degrés $m, n, p, \ldots$ respectivement; et l'équation proposée sera

$$(2) \quad \varphi(a, b, c, \ldots) + \psi(a, b, c, \ldots) + \varpi(a, b, c, \ldots) + \ldots = 0.$$

Cela posé, si, après avoir fixé à volonté l'unité linéaire à laquelle toutes les longueurs sont rapportées, on choisit une deuxième unité dont le rapport à la première soit $\frac{1}{k}$, il est clair que les longueurs qui étaient représentées par $a, b, c, \ldots$ le seront maintenant par $ka, kb, kc, \ldots$; et que l'équation (1) ou (2) continuera d'avoir lieu si l'on remplace $a, b, c, \ldots$ par $ka, kb, kc, \ldots$ On a donc

$$\varphi(ka, kb, kc, \ldots) + \psi(ka, kb, kc, \ldots) + \varpi(ka, kb, kc, \ldots) + \ldots = 0.$$

D'ailleurs les fonctions $\varphi, \psi, \varpi, \ldots$ sont homogènes, et des degrés $m, n, p, \ldots$ respectivement; par suite, l'équation précédente peut s'écrire de la manière suivante :

$$k^m \varphi(a, b, c, \ldots) + k^n \psi(a, b, c, \ldots) + k^p \varpi(a, b, c, \ldots) + \ldots = 0.$$

Cette équation devant avoir lieu quel que soit le nombre k qui est essentiellement arbitraire, il faut que l'on ait séparément

$$\varphi(a, b, c, \ldots) = 0, \quad \psi(a, b, c, \ldots) = 0, \quad \varpi(a, b, c, \ldots) = 0, \ldots$$

Il résulte de là que, *si l'équation proposée n'est pas homogène, cette équation a été obtenue en ajoutant entre elles plusieurs équations homogènes de degrés différents.*

Il est clair que si l'on ajoute des équations homogènes de degrés différents, on formera une équation *exacte;* mais une pareille combinaison ne peut avoir aucun objet et doit être rejetée avec soin de toute analyse bien conduite. Nous croyons devoir ajouter à ce sujet quelques développements qui constitueront une sorte de démonstration nouvelle de la loi fondamentale de l'homogénéité.

59. Supposons qu'il s'agisse d'exprimer analytiquement une relation entre plusieurs longueurs. Soient $a, b, c,...$ les rapports de ces longueurs à une unité *arbitraire.* On peut évidemment, pour exprimer la propriété que l'on en a vue, prendre pour unité la première des longueurs considérées, celle qui était représentée par a, par exemple, et qui le sera actuellement par 1. Dans cette hypothèse, les autres longueurs qui étaient représentées par $b, c,...$ etc.., le seront maintenant par $\dfrac{b}{a}$, $\dfrac{c}{a}$,...; et l'équation, exprimant la propriété que possèdent ces longueurs, aura nécessairement la forme

$$f\left(\frac{b}{a},\ \frac{c}{a},...\right)=0;$$

Il est évident qu'elle est homogène.

Remarque. Le théorème de l'homogénéité s'applique à toutes les équations de la géométrie, pourvu que les surfaces et les solides y soient représentés conformément aux règles qu'elle prescrit.

40. Non-seulement les équations de la géométrie sont homogènes, mais les formules ou expressions algébriques que l'on y considère sont toujours nécessairement homogènes ; car une expression algébrique, que l'on forme dans une question de géométrie, est destinée ou à représenter une longueur, ou à être égalée à une autre expression algébrique à l'effet d'obtenir une équation.

41. Ce qui précède, nous devons le répéter, suppose qu'aucune des longueurs, que l'on considère, n'est prise pour l'unité.

S'il en est autrement, on peut obtenir des équations non homogènes ; mais il est facile de rétablir l'homogénéité quand on le désire. Supposons, en effet, qu'on ait plusieurs longueurs dont la première soit représentée par 1, les autres par $a, b, c,...$, et soit une équation

$$(1) \qquad F(a,\ b,\ c,...) = 0.$$

Prenons pour unité linéaire une longueur quelconque, et supposons que

$$\lambda,\ a',\ b',\ c',.....$$

représentent alors les longueurs qui étaient précédemment représentées par 1, $a, b, c...$; on aura évidemment

$$a = \frac{a'}{\lambda},\ b = \frac{b'}{\lambda},\ c = \frac{c'}{\lambda}.....$$

et l'équation (1) deviendra

$$F\left(\frac{a'}{\lambda},\ \frac{b'}{\lambda},\ \frac{c'}{\lambda},...\right) = 0$$

ou, en supprimant les accents,

$$F\left(\frac{a}{\lambda},\ \frac{b}{\lambda},\ \frac{c}{\lambda},\dots\right)=0.$$

On voit par là que, pour rétablir l'homogénéité dans l'équation (1), il suffit d'y mettre $\frac{a}{\lambda}$, $\frac{b}{\lambda}$, $\frac{c}{\lambda}$,... au lieu de a, b, c,... a, b, c n'ayant pas, bien entendu, les mêmes valeurs numériques que précédemment.

CONSTRUCTION DES EXPRESSIONS ALGÉBRIQUES.

42. D'après la théorie qui vient d'être exposée, toute expression algébrique et homogène du premier degré, dans laquelle les diverses lettres représentent des longueurs, est elle-même l'expression d'une longueur. Or, je dis qu'une pareille expression peut toujours être construite géométriquement, c'est-à-dire par la règle et le compas : 1° dans le cas où elle est rationnelle ; 2° dans le cas où elle ne renferme pas d'autres irrationnelles que des radicaux du second degré, ou des radicaux dont l'indice est une puissance de 2.

43. 1° *Construction des formules rationnelles.* La plus simple des fonctions rationnelles qu'on ait à considérer est la fonction monome. Telles sont, par exemple, les fonctions

$$\frac{ab}{c}\ ,\quad \frac{abcd}{efg}\ .$$

La première se construit immédiatement ; elle exprime, en effet, une quatrième proportionnelle aux lignes a, b, c. La deuxième et toutes les fonctions rationnelles de la même forme se construiront, en répétant plusieurs fois l'opération par laquelle on trouve une quatrième proportionnelle à trois lignes données. Prenons en effet la fonction

$$\frac{abcd}{efg}.$$

Construisons une quatrième proportionnelle aux lignes a, b, e, et désignons-la par α, on aura

$$\frac{ab}{e} = \alpha \quad \text{et} \quad \frac{abcd}{efg} = \frac{\alpha cd}{fg}.$$

Construisons pareillement une quatrième proportionnelle aux lignes α, c et f, et désignons-la par 6, on aura

$$\frac{\alpha c}{f} = 6 \quad \text{et} \quad \frac{\alpha cd}{fg} = \frac{6d}{g},$$

et on voit qu'il ne reste plus qu'à construire une quatrième proportionnelle aux lignes 6, d et g.

Cela posé, je dis que la construction d'une fonction rationnelle quelconque peut se ramener à la construction d'une formule monome. Soit par exemple la formule

$$\frac{abc + def - ghk}{mn + pq - rs}.$$

On peut l'écrire ainsi :

$$\frac{ab\left(c + \dfrac{def}{ab} - \dfrac{ghk}{ab}\right)}{m\left(n + \dfrac{pq}{m} - \dfrac{rs}{m}\right)}$$

On peut construire, comme il a été indiqué plus haut, chacune des longueurs représentées par les monomes

$$\frac{def}{ab}, \ \frac{ghk}{ab}, \ \frac{pq}{m}, \ \frac{rs}{m};$$

désignons-les par α, 6, γ, δ, et notre formule deviendra

$$\frac{ab(c+\alpha-6)}{m(n+\gamma-\delta)},$$

formule monome que l'on construira à son tour par le même procédé. Cette méthode s'applique évidemment à toute fonction rationnelle.

44. *Construction des formules irrationnelles.* Considérons l'un des radicaux du second degré qui entrent dans une formule irrationnelle, et supposons d'abord que la quantité soumise à ce radical soit une fonction rationnelle telle que

$$\sqrt{\frac{abcd+efgh-klmn}{pq-rs+tu}};$$

ce radical peut être écrit de la manière suivante :

$$\sqrt{\frac{abc\left(d+\dfrac{efgh}{abc}-\dfrac{klmn}{abc}\right)}{p\left(q-\dfrac{rs}{p}+\dfrac{tu}{p}\right)}},$$

et, en suivant les règles données précédemment, on le ramènera à la forme

$$\sqrt{\frac{abc\alpha}{p6}},$$

ensuite on construira une ligne γ égale à $\dfrac{bc\alpha}{p\delta}$, et le radical sera

ramené à la simple forme $\sqrt{a\gamma}$; en sorte que, si δ désigne la moyenne proportionnelle entre a et γ, on pourra remplacer le radical donné par δ dans la formule où il se trouve.

On pourra, par cette méthode, faire disparaître de la formule proposée tout radical du second degré affectant une quantité rationnelle ; et par cette même opération, plusieurs fois répétée s'il est nécessaire, on ramènera la formule proposée à une formule rationnelle.

Ce qui précède s'applique évidemment aux expressions algébriques contenant des radicaux dont l'indice est une puissance de 2 ; car tout radical de cette espèce peut être remplacé par des radicaux du second degré superposés.

45. Il y a quelques expressions simples pour la construction desquelles il ne convient pas d'appliquer la méthode générale que nous venons de développer ; tels sont, par exemple, les radicaux

$$\sqrt{a^2+b^2}, \qquad \sqrt{a^2+b^2-c^2+d^2},$$

que l'on peut construire aisément au moyen de la propriété du triangle rectangle.

Nous citerons encore l'expression

$$\sqrt{a^2+b^2\pm ab},$$

qui représente le troisième côté d'un triangle dont a et b sont les deux premiers et dont l'angle opposé est de 120° ou de 60°.

46. Lorsqu'on se propose de construire une formule homogène, il n'est pas nécessaire de connaître l'unité; il suffit d'avoir les longueurs représentées par les lettres qui entrent dans la formule. Mais, s'il s'agit d'une expression non homogène, il est indispensable d'avoir la longueur prise pour unité. Considérons une formule non homogène

$$x = 2 + \frac{1}{ab} + c,$$

et supposons connue la longueur prise pour unité; prenons une seconde unité, et soit λ le rapport de la première unité à la seconde. On rendra la formule proposée homogène, en remplaçant comme il a été dit plus haut, x, a, b et c par $\frac{x}{\lambda}$, $\frac{a}{\lambda}$, $\frac{b}{\lambda}$, $\frac{c}{\lambda}$; on aura donc

$$\frac{x}{\lambda} = 2 + \frac{\lambda^2}{ab} + \frac{c}{\lambda}$$

ou

$$x = \frac{2ab\lambda + \lambda^3 + abc}{ab},$$

expression que l'on construira par la méthode indiquée plus haut.

47. Si la formule à construire est entièrement numérique, il n'est pas nécessaire de rétablir l'homogénéité. Prenons pour exemple

$$\sqrt{-1 + \sqrt{5}}.$$

On construira $\sqrt{5}$ en cherchant une moyenne proportionnelle entre la ligne prise pour unité et le quintuple de cette unité; on retranchera l'unité du résultat, et l'on prendra enfin une moyenne proportionnelle entre la ligne obtenue et l'unité.

48. *Construction des racines de l'équation du second degré.*
Supposons que a et b représentent des longueurs données,
et x une longueur inconnue déterminée par l'une des quatre
équations:

(1) $\quad x^2 - ax + b^2 = 0$ $\qquad$ (3) $\quad x^2 + ax + b^2 = 0$

(2) $\quad x^2 + ax - b^2 = 0$ $\qquad$ (4) $\quad x^2 - ax - b^2 = 0$;

il suffit de savoir construire les racines des équations (1) et (2);
puisque les racines des équations (3) et (4) sont respectivement
égales et de signes contraires à celles des équations (1) et (2).

1° L'équation (1) peut s'écrire comme il suit :

$$x(a - x) = b^2.$$

On voit alors que x et $a - x$ sont les deux côtés adjacents
d'un rectangle dont l'aire est b^2 et le périmètre $2a$. Les racines de l'équation seront donc représentées par ces deux
côtés. Pour les trouver, on prendra
$AB = a$ (fig. 28), et sur cette ligne
comme diamètre, on décrira une
demi-circonférence; on élèvera sur
AB la perpendiculaire $AC = b$,

fig. 28.

et, par le point C on mènera une parallèle à AB. Cette parallèle coupera la circonférence en deux points I et K, si b est
moindre que $\frac{a}{2}$; elle touchera la circonférence, si $b = \frac{a}{2}$; enfin
elle ne rencontrera pas la circonférence, si b est plus grand
que $\frac{a}{2}$.

Soit $b < \frac{a}{2}$; abaissons IH perpendiculaire sur AB: les
deux racines de l'équation (1) seront représentées par AH

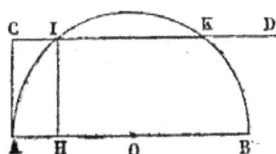

et HB, car on a

$$AH \times (AB - AH) = b^2 \quad \text{ou} \quad HB \times (AB - HB) = b^2.$$

Si $b = \dfrac{a}{2}$, les racines sont toutes deux égales à AO ou $\dfrac{AB}{2}$.

Si l'on a $b > \dfrac{a}{2}$, l'équation proposée a ses racines imaginaires.

2º L'équation (2) peut s'écrire ainsi

$$x(a + x) = b^2.$$

Les lignes inconnues x et $a + x$, qui ont pour différence a, sont les deux côtés d'un rectangle dont l'aire est égale à b^2.

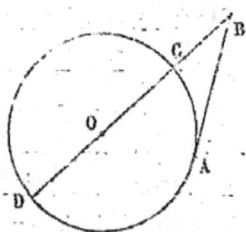

fig. 29.

Décrivons un cercle dont le diamètre soit égal à a (fig. 29); menons à ce cercle une tangente AB égale à b, et construisons le diamètre CD qui passe par le point B : je dis que les racines de l'équation (2) seront représentées l'une par BC, et l'autre par —BD; car on a l'équation

$$BC \times BD = b^2$$

que l'on peut mettre sous l'une et l'autre des deux formes

$$BC \times (a + BC) = b^2. \qquad -BD \times (a - BD) = b^2.$$

CHAPITRE II.

DES CÔORDONNÉES RECTILIGNES.

DÉTERMINATION D'UN POINT SUR UN PLAN, PAR LE MOYEN
DE SES COORDONNÉES RECTILIGNES.

49. Pour fixer les positions des différents points d'une
même ligne droite $x'x$ (fig. 30), on prend un point O sur
cette droite, et l'on rapporte
à une même unité les distances de ce point O à tous les
points que l'on veut considérer sur la droite; en outre,
on affecte les nombres que l'on obtient ainsi du signe $+$
ou du signe $-$, suivant que les distances dont ils expriment
la mesure sont comptées dans un sens ou dans l'autre. Les
distances dont il s'agit se trouvent donc représentées, les
unes par des nombres positifs, les autres par des nombres
négatifs. Pour abréger le langage, on appelle les premières,
longueurs positives, et les autres, *longueurs négatives*. Le
sens dans lequel se comptent les longueurs positives est indifférent.

Il est évident que la position d'un point tel que A ou B
sera complétement déterminée, lorsqu'on connaîtra le nombre
positif ou négatif qui exprime, comme il vient d'être dit, la
distance OA ou OB; pourvu, cependant, que l'origine O soit
connue et que le sens des longueurs positives ait été fixé.

fig. 30.

4

50. Le même principe donne le moyen de fixer d'une manière précise les positions de tous les points d'un plan.

Soient en effet $x'x$ et $y'y$ (fig. 31), deux droites qui se coupent en O sous un angle quelconque ; convenons que les longueurs portées sur $x'x$ ou $y'y$ seront positives, si elles sont dirigées dans le sens de Ox ou de Oy, et négatives dans le cas contraire.

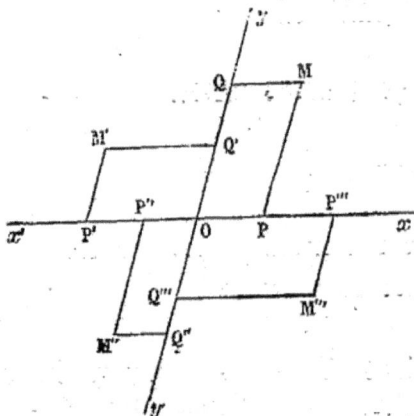

Si, par un point quelconque M du plan, on mène les droites MP et MQ respectivement parallèles aux lignes $x'x$ et $y'y$, la position du point M sera déterminée, lorsqu'on connaîtra les nombres positifs ou négatifs qui représentent OP et OQ. En effet, chacun des points P et Q sera déterminé (n° 49) et, pour avoir le point M, il suffira d'achever le parallélogramme OPMQ. La longueur OP, prise avec le signe qui lui convient, est dite l'*abscisse* du point M; la longueur OQ ou son égale MP, prise également avec le signe qui lui convient, est dite l'*ordonnée* du point M. L'abscisse et l'ordonnée sont aussi désignées par el nom commun de coordonnées. L'abscisse se représente généralement par la lettre x, et l'ordonnée par la lettre y.

Ainsi on a pour le point M

$$x = + \text{OP}, \quad y = + \text{OQ} = + \text{MP} ;$$

pour le point M'

$$x = - \text{OP}', \quad y = + \text{OQ}' = + \text{M'P}' ;$$

fig. 31.

pour le point M″

$$x = -\text{OP}'', \quad y = -\text{OQ}'' = -\text{M}''\text{P}'';$$

et, enfin, pour le point M‴

$$x = +\text{OP}''', \quad y = -\text{OQ}''' = -\text{M}'''\text{P}'''.$$

Les droites $x'x$ et $y'y$ portent le nom d'*axes des coordonnées*; $x'x$ est l'axe des abscisses ou l'axe des x; $y'y$ l'axe des ordonnées ou l'axe des y.

51. En général, lorsque deux quantités sont de nature à fixer la position d'un point sur un plan, on donne à ces quantités le nom de coordonnées du point. Nous n'entrerons, pour le moment, dans aucun détail à ce sujet, et nous nous bornerons à considérer les coordonnées définies plus haut. Ces coordonnées sont dites *rectilignes*. Elles sont *rectangles* ou *rectangulaires* lorsque les axes font un angle droit, *obliques* dans le cas contraire.

REPRÉSENTATION DES LIEUX GÉOMÉTRIQUES PAR DES ÉQUATIONS.

52. Les lignes dont s'occupe la géométrie sont définies par une propriété commune à leurs différents points. Ainsi, dans la suite de cet ouvrage, une ligne sera toujours considérée comme le *lieu géométrique* des points qui ont une certaine propriété commune. Il existe, entre les deux coordonnées de chaque point d'une ligne, une relation ou équation qui exprime analytiquement la propriété par laquelle la ligne est définie. Cette relation est dite l'*équation* de la ligne.

La *Géométrie analytique à deux dimensions* a pour objet l'étude des propriétés des lignes planes, d'après les équations qui les représentent.

Nous allons éclaircir ce qui précède en prenant, pour exemples, les lignes les plus simples : la *ligne droite*, la *circonférence de cercle* et les trois courbes connues sous le nom de sections coniques, savoir : l'*ellipse*, l'*hyperbole* et la *parabole*.

Ligne droite.

55. Soient $x'x$ et $y'y$ (fig. 32), deux axes quelconques; A et B les points où la droite considérée AB rencontre ces axes.

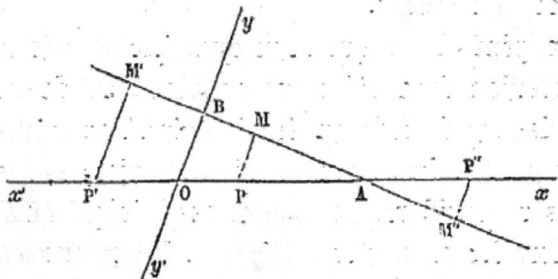

fig. 32.

Prenons, sur cette droite, un point M dont les deux coordonnées soient positives, et menons MP parallèle à Oy; on aura

$$OP = x \quad \text{et} \quad MP = y;$$

or, les triangles semblables MPA et BOA donnent

$$\frac{MP}{PA} = \frac{OB}{OA},$$

ou, en faisant $OA = a$, $OB = b$,

$$\frac{y}{a-x} = \frac{b}{a}, \quad \text{d'où} \quad y = \frac{b}{a}(a-x) = b - \frac{bx}{a},$$

ou

$$\frac{y}{b} + \frac{x}{a} = 1.$$

Telle est l'équation de la droite AB. Mais, pour que cette

conclusion soit pleinement justifiée, il faut montrer que l'équation précédente est satisfaite par les coordonnées d'un point de la droite AB, dont les coordonnées ne sont pas toutes deux positives. Soit d'abord un point tel que M', dont l'abscisse est négative et dont l'ordonnée est positive, on a

$$\frac{M'P'}{P'A} = \frac{b}{a};$$

or

$$M'P' = y, \quad P'O = -x \quad et \quad P'A = -x + a;$$

donc on a, comme précédemment,

$$\frac{y}{a-x} = \frac{b}{a}.$$

Soit enfin M'' un point dont l'abscisse est positive, mais dont l'ordonnée est négative; on a

$$\frac{M''P''}{P''A} = \frac{b}{a};$$

or

$$M''P'' = -y, \quad P''A = x - a;$$

donc

$$\frac{-y}{x-a} = \frac{b}{a} \quad ou \quad \frac{y}{a-x} = \frac{b}{a};$$

comme dans les deux premiers cas.

Ainsi l'équation

$$\frac{y}{b} + \frac{x}{a} = 1$$

est satisfaite par les coordonnées de chaque point de la droite AB; c'est donc l'équation de cette ligne.

Remarque. Nous avons supposé que les points A et B sont situés sur les parties O*x* et O*y* des axes *x'x* et *y'y*; mais une marche, semblable à celle que nous avons suivie, peut être employée dans les différentes hypothèses que l'on peut faire sur la position de la droite donnée relativement aux axes. Nous reviendrons, au surplus, avec détail, sur l'équation de la ligne droite.

Circonférence de cercle.

54. Prenons deux axes rectangulaires (fig. 33), passant par le centre du cercle.

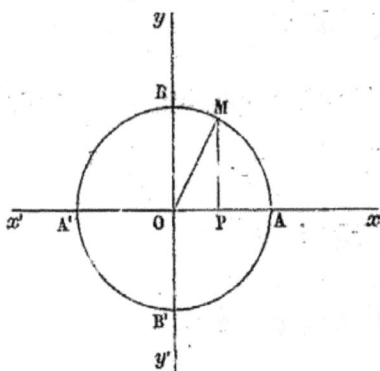

fig. 33.

Menons l'ordonnée MP d'un point quelconque M de la circonférence, et tirons le rayon OM; le triangle rectangle OMP donne :

$$\overline{MP}^2 + \overline{OP}^2 = \overline{OM}^2 ;$$

or $MP = +y$ ou $= -y$, suivant que le point M est sur la demi-circonférence ABA' ou sur AB'A'; pareillement $OP = +x$ ou $= -x$, suivant que le point M est sur BAB' ou sur BA'B'. Donc, en désignant par r le rayon du cercle, on a pour chacun des points de la circonférence

$$(\pm x)^2 + (\pm y)^2 = r^2 \quad \text{ou} \quad x^2 + y^2 = r^2.$$

Telle est l'équation de la circonférence.

Ellipse.

55. L'ellipse (n° 1) est une courbe plane telle que la somme des distances de chacun de ses points à deux points fixes, appelés *foyers*, soit constante.

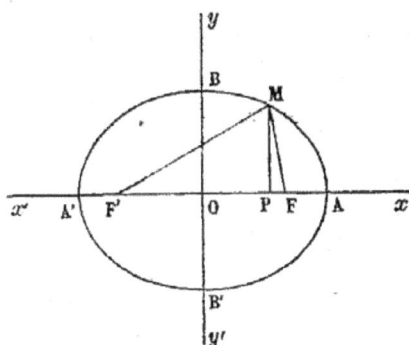

fig. 34.

Prenons deux axes rectangulaires (fig. 34), dont l'un, celui des x, passe par les foyers F et F', et l'autre par le milieu de la droite F'F. Nous désignerons par $2c$ la distance des foyers, et par $2a$ la somme des distances de ces foyers à un même point de la courbe. Soit M un point situé sur le premier quadrant AB de l'ellipse ; menons l'ordonnée MP et tirons les droites F'M, FM ; les triangles rectangles F'MP et FMP donnent :

$$\overline{F'M}^2 = \overline{MP}^2 + \overline{F'P}^2, \quad \overline{FM}^2 = \overline{MP}^2 + \overline{FP}^2,$$

d'où, en retranchant,

$$\overline{F'M}^2 - \overline{FM}^2 = \overline{F'P}^2 - \overline{FP}^2,$$

ou

$$(F'M - FM) \times (F'M + FM) = (F'P - FP) \times (F'P + FP) ;$$

or, on a

$$OP = x, \quad MP = y, ;$$

$$F'P = c + x, \quad FP = c - x \quad \text{ou} \quad = x - c ;$$

il suit de là que l'une des longueurs F'P + FP et F'P — FP

est égale à $2c$, et que l'autre est égale à $2x$; enfin,

$$F'M + FM = 2a;$$

donc

$$F'M - FM = \frac{2cx}{a};$$

des deux équations précédentes, on tire

$$F'M = a + \frac{cx}{a} \quad \text{et} \quad FM = a - \frac{cx}{a}.$$

Cela posé, l'équation

$$\overline{F'M}^2 = \overline{MP}^2 + \overline{F'P}^2,$$

peut s'écrire :

$$\left(a + \frac{cx}{a}\right)^2 = y^2 + (c + x)^2,$$

ou

$$a^2 y^2 + (a^2 - c^2)x^2 = a^2(a^2 - c^2),$$

ou, en faisant $a^2 - c^2 = b^2$,

$$a^2 y^2 + b^2 x^2 = a^2 b^2.$$

Telle est l'équation de l'ellipse en coordonnées rectangulaires.

Nous avons supposé les coordonnées du point M positives, mais il est facile de s'assurer que la précédente équation a lieu pour tous les points de l'ellipse. Cela résulte, au surplus, de ce que cette courbe (n° 5) est symétrique par rapport à chacun des axes coordonnés.

Hyperbole.

56. L'hyperbole est une courbe plane telle que la différence des distances de chacun de ses points à deux points fixes, appelés *foyers,* soit constante.

Prenons deux axes rectangulaires , dont l'un, celui des x, passe par les foyers F et F' (fig. 35), et l'autre par le milieu de la droite FF. Nous désignerons par $2c$ la distance FF , et par $2a$ la différence des distances des foyers à un même point de la courbe. Soit M un point de l'hyperbole, dont nous supposerons les deux

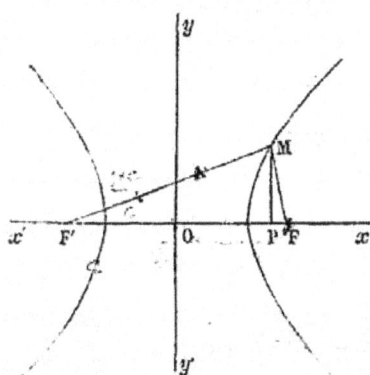

fig. 35.

coordonnées positives; menons l'ordonnée MP et tirons les droites F'M, FM; les triangles rectangles F'MP et FMP donnent

$$\overline{F'M}^2 = \overline{MP}^2 + \overline{F'P}^2,$$
$$\overline{FM}^2 = \overline{MP}^2 + \overline{FP}^2;$$

d'où, en retranchant,

$$\overline{F'M}^2 - \overline{FM}^2 = \overline{F'P}^2 - \overline{FP}^2,$$

ou

$$(F'M - FM) \times (F'M + FM) = (F'P - FP) \times (F'P + FP);$$

or, on a

$$OP = x, \quad MP = y,$$
$$F'P = c + x, \quad FP = c - x \text{ ou } = x - c;$$

il suit de là que l'une des longueurs F'P + FP et F'P — FP est égale à $2c$, et que l'autre est égale à $2x$; enfin

$$F'M - FM = 2a;$$

donc

$$F'M + FM = \frac{2cx}{a};$$

des deux équations précédentes , on tire

$$\mathrm{F'M} = \frac{cx}{a} + a \quad \text{et} \quad \mathrm{FM} = \frac{cx}{a} - a.$$

Cela posé, l'équation

$$\overline{\mathrm{F'M}}^2 = \overline{\mathrm{MP}}^2 + \overline{\mathrm{F'P}}^2$$

peut s'écrire

$$\left(\frac{cx}{a} + a \right)^2 = y^2 + (c+x)^2,$$

ou

$$a^2 y^2 - (c^2 - a^2) x^2 = -a^2 (c^2 - a^2),$$

ou, en faisant $c^2 - a^2 = b^2$,

$$a^2 y^2 - b^2 x^2 = -a^2 b^2.$$

Telle est l'équation de l'hyperbole en coordonnées rectangulaires.

Nous avons supposé les coordonnées du point M positives, mais il est facile, de s'assurer que la précédente équation a lieu pour tous les points de la courbe.

Parabole.

57. La parabole (n° 17), est une courbe plane, dont chaque point est également distant d'un point fixe, appelé *foyer*, et d'une droite fixe, appelée *directrice*.

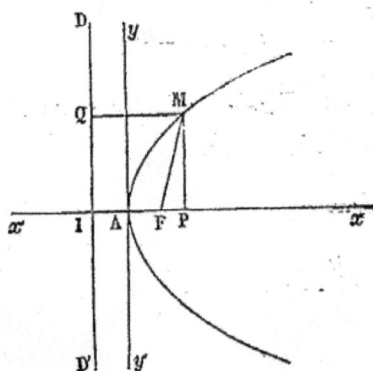

fig. 36.

Soient F le foyer et DD' la directrice (fig. 36). Nous prendrons pour axe des x la perpendiculaire abaissée du foyer sur la directrice, et pour axe des y la parallèle à la directrice menée par le point A, milieu de la distance du foyer à la directrice. Soit M un point de la parabole; menons l'ordonnée MP et tirons FM; on a, dans le triangle FMP,

$$(1) \qquad \overline{FM}^2 = \overline{MP}^2 + \overline{FP}^2 ;$$

si l'on désigne par p le *paramètre*, c'est-à-dire la distance FI, on aura $FM = MQ = x + \dfrac{p}{2}$; on a d'ailleurs $MP = \pm y$ et $FP = \pm \left(x - \dfrac{p}{2} \right)$. Par conséquent, l'équation (1) donnera

$$\left(x + \frac{p}{2} \right)^2 = y^2 + \left(x - \frac{p}{2} \right)^2 ,$$

ou

$$y^2 = 2px.$$

Telle est l'équation de la parabole en coordonnées rectangulaires.

TRANSFORMATION DES COORDONNÉES RECTILIGNES.

58. Dans l'étude des lieux géométriques, il est souvent utile de changer les axes coordonnés qu'on avait d'abord choisis, et de rapporter tous les points que l'on considère à d'autres axes, soit pour simplifier les équations, soit pour chercher à découvrir plus aisément les propriétés des figures. Aussi la théorie que nous allons exposer est-elle de la plus haute importance; elle a pour objet les formules par lesquelles on exprime les coordonnées qui se rapportent à deux axes, en fonction des coordonnées relatives à deux autres axes.

59. *Changement d'origine.* Nous considérerons d'abord le

cas le plus simple de la transformation des coordonnées,
celui où les nouveaux axes sont respectivement parallèles aux
axes primitifs.

Soient donc $x'x$ et $y'y$ (fig. 37) deux axes de coordonnées

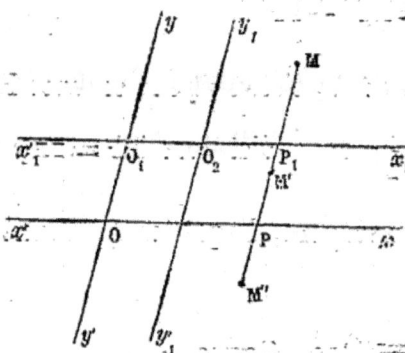

rectilignes ; x et y les
coordonnées d'un point
M.

Prenons sur $y'y$ un
point quelconque O_1 dont
l'ordonnée soit égale à b,
et menons, par le point
O_1, la droite $x_1'x_1$ parallèle à $x'x$; supposons enfin que x_1 et y_1 soient les

fig. 37.

coordonnées du point M relativement aux axes $x_1'x_1$ et $y'y$;
il est évident que l'on aura

$$x = x_1, \quad y = y_1 + b,$$

quels que soient les signes des quantités qui figurent dans
ces équations.

Pareillement, si l'on prend sur $x_1'x_1$ un point O_2 dont
l'abscisse soit a relativement aux axes primitifs, et que l'on
désigne par x' et y' les coordonnées du point M relativement
aux axes $x_1'x_1$ et $y_1'y_1$, on aura

$$x_1 = x' + a, \quad y_1 = y'.$$

Ces relations et les précédentes donnent

$$x = x' + a, \quad y = y' + b.$$

Telles sont les formules qui servent à passer d'un système
d'axes rectilignes à un autre système d'axes parallèles et de

même direction ; a et b y désignent les coordonnées de la nouvelle origine par rapport aux anciens axes.

60. *Changement de la direction des axes.* Supposons que l'on veuille passer des axes Ox et Oy (fig. 38), aux axes Ox_1 et Oy_1 ayant la même origine. Désignons par θ l'angle yOx; par α et α' les angles x_1Ox et y_1Ox; par x et y les anciennes coordonnées d'un point quelconque M;

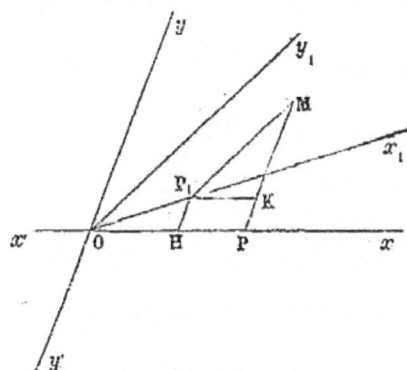

fig. 38.

par x_1 et y_1 les nouvelles coordonnées du même point. On aura, si les quantités x, y, x_1, y_1 sont positives,

$$OP = x \, . \; MP = y, \; OP_1 = x_1 \text{ et } MP_1 = y_1.$$

Menons les droites P_1K et P_1H parallèles à $x'x$ et $y'y$ respectivement, on aura

$$OP = OH + HP = OH + P_1K$$
$$MP = KP + KM = P_1H + KM$$

ou

$$x = OH + P_1K, \quad y = P_1H + KM;$$

cela posé, le triangle OP_1H donne

$$\frac{OH}{OP_1} = \frac{\sin OP_1H}{\sin OHP_1}, \quad \text{ou} \quad \frac{OH}{x_1} = \frac{\sin(\theta - \alpha)}{\sin\theta},$$

$$\frac{P_1H}{OP_1} = \frac{\sin P_1OH}{\sin OHP_1}, \quad \text{ou} \quad \frac{P_1H}{x_1} = \frac{\sin\alpha}{\sin\theta};$$

d'où

$$OH = \frac{x_1 \sin(\theta - \alpha)}{\sin \theta} \quad \text{et} \quad P_1 H = \frac{x_1 \sin \alpha}{\sin \theta}.$$

Pareillement le triangle MP_1K donne

$$\frac{P_1 K}{MP_1} = \frac{\sin P_1 MK}{\sin P_1 KM}, \quad \text{ou} \quad \frac{P_1 K}{y_1} = \frac{\sin(\theta - \alpha')}{\sin \theta},$$

$$\frac{MK}{MP_1} = \frac{\sin MP_1 K}{\sin P_1 KM}, \quad \frac{MK}{y_1} = \frac{\sin \alpha'}{\sin \theta}$$

d'où

$$P_1 K = \frac{y_1 \sin(\theta - \alpha')}{\sin \theta} \quad \text{et} \quad MK = \frac{y_1 \sin \alpha'}{\sin \theta}.$$

Il vient, par suite,

$$x = \frac{x_1 \sin(\theta - \alpha) + y_1 \sin(\theta - \alpha')}{\sin \theta}$$

$$y = \frac{x_1 \sin \alpha + y_1 \sin \alpha'}{\sin \theta}.$$

L'angle θ est compris entre 0 et $180°$, mais chacun des angles α et α' peut varier de 0 à $360°$.

Les formules précédentes n'ont été établies que dans l'hypothèse $\alpha < \alpha' < \theta$; de plus, nous avons supposé positives les quatre coordonnées x, y, x_1, y_1; mais on peut s'assurer que ces formules sont générales, en appliquant à tous les divers cas qui peuvent se présenter les raisonnements dont nous venons de faire usage; nous n'entrerons pas, pour le moment, dans le détail de cette discussion, et nous admettrons la généralité des formules, sur lesquelles nous reviendrons d'ailleurs dans la suite de cet ouvrage.

61. *Cas général de la transformation des coordonnées rectilignes.* Supposons qu'on veuille passer d'un système d'axes à un autre système d'axes d'origine et de directions différentes. On pourra faire le changement en deux fois; transporter d'abord les axes parallèlement à eux-mêmes à la nouvelle origine, puis changer ensuite leur direction. Il est évident, d'après cela, que si x et y désignent les anciennes coordonnées d'un point, x_1 et y_1 les nouvelles coordonnées du même point, on aura

$$x = a + \frac{x_1 \sin(\theta - \alpha) + y_1 \sin(\theta - \alpha')}{\sin \theta},$$

$$y = b + \frac{x_1 \sin \alpha + y_1 \sin \alpha'}{\sin \theta};$$

formules où a, b, θ, α, α' ont la même signification que précédemment.

62. *Formules de transformation relatives au cas des coordonnées rectangulaires.* Si les nouvelles coordonnées sont rectangulaires, on a

$$\alpha' = \alpha + 90^\circ,$$

et les formules générales du n° 61 deviennent :

$$x = a + \frac{x_1 \sin(\theta - \alpha) - y_1 \cos(\theta - \alpha)}{\sin \theta},$$

$$y = b + \frac{x_1 \sin \alpha + y_1 \cos \alpha}{\sin \theta}.$$

Si au contraire les anciennes coordonnées sont rectangulaires, on a : $\theta = 90^\circ$; et les formules du n° 61 deviennent :

$$x = a + x_1 \cos \alpha + y_1 \cos \alpha',$$

$$y = b + x_1 \sin \alpha + y_1 \sin \alpha'.$$

Enfin, si les nouvelles coordonnées sont rectangulaires, en même temps que les anciennes, il faut faire

$$\alpha' = \alpha + 90^\circ,$$

dans les formules précédentes, qui deviennent :

$$x = a + x_1 \cos\alpha - y_1 \sin\alpha,$$
$$y = b + x_1 \sin\alpha + y_1 \cos\alpha.$$

Toutes ces diverses formules se simplifient, dans le cas où l'origine des coordonnées reste invariable. On a effectivement alors

$$a = 0, \quad b = 0.$$

Remarque. Les anciennes coordonnées d'un point sont, dans tous les cas, des fonctions linéaires des coordonnées nouvelles. C'est sur cette remarque importante que repose la classification des lignes algébriques dont nous allons nous occuper.

63. *Classification des lignes algébriques.* Une ligne est dite algébrique ou transcendante, suivant que son équation est elle-même algébrique ou transcendante. Les lignes algébriques, dont nous aurons surtout à nous occuper, se classent naturellement d'après le degré de leur équation en coordonnées rectilignes. Ainsi une ligne est dite du premier, du deuxième, *etc.* degré, suivant que l'équation algébrique qui la représente est elle-même du premier, du deuxième, *etc.* degré. Mais une pareille classification ne serait d'aucune importance, si le degré d'une ligne pouvait avoir diverses valeurs, suivant que cette ligne serait rapportée à tels ou tels axes de coordonnées. Nous allons montrer qu'il n'en est point ainsi et que le degré d'une ligne algébrique reste le même, quels que soient les axes auxquels on la rapporte. Considérons, en

effet, une ligne qui, rapportée à deux axes rectilignes, soit
représentée par une équation du degré m,

$$f(x, y) = 0.$$

Désignons par x_1 et y_1 les coordonnées de cette même ligne
rapportée à deux autres axes quelconques. Puisque x et y
sont des fonctions linéaires de x_1 et y_1, la substitution de ces
fonctions à x et y dans l'équation n'en élèvera pas le degré. Je
dis de plus que le degré ne sera pas abaissé; car autrement,
en remettant au lieu de x_1 et y_1 leurs valeurs qui sont à leur
tour des fonctions linéaires de x et de y, le degré se trouverait
élevé, ce qui est impossible.

64. Lorsqu'une équation algébrique du degré m, ramenée
à la forme

$$f(x, y) = 0,$$

résulte de la multiplication de plusieurs autres équations de
degrés inférieurs, l'ensemble des lignes représentées par
celles-ci constitue le lieu de l'équation proposée. Ainsi dans
la catégorie des lignes du degré m, il faut comprendre,
comme cas particuliers, toutes les lignes de degrés inférieurs. En particulier, l'équation du deuxième degré, que
l'on obtient en multipliant entre elles deux équations du
premier degré, représente un lieu qui est formé de deux
lignes du premier degré, mais qui participe également des
lieux du deuxième. Cette considération, dont on fait souvent
usage, est d'une haute importance. Les équations qui appartiennent proprement au degré m, c'est-à-dire, celles qu'on
ne peut décomposer en plusieurs autres, sont nommées *équations irréductibles*.

65. La propriété caractéristique des lignes du degré m
consiste en ce qu'une droite ne peut les rencontrer en plus

de m points. En effet, prenons pour axe des x la droite dont il s'agit; en faisant $y = 0$ dans l'équation de la courbe, l'équation en x, que l'on obtiendra, aura pour racines les abscisses des points d'intersection de la courbe avec la droite; mais cette équation est au plus du degré m, et par suite elle a au plus m racines réelles; ce qui démontre la propriété énoncée.

Remarque I. Cette démonstration suppose que, pour $y = 0$, l'équation de la courbe ne se réduit pas à

$$0 = 0.$$

Lorsqu'il en est ainsi, le premier membre de l'équation proposée est divisible par y, et l'équation se décompose en deux autres dont l'une,

$$y = 0,$$

est celle de la droite donnée.

Remarque II. Les lignes du premier degré, ne pouvant être rencontrées par une droite qu'en un seul point, sont nécessairement des lignes droites.

CHAPITRE III.

DES ÉQUATIONS DU PREMIER DEGRÉ A DEUX VARIABLES.

CONSTRUCTION DES ÉQUATIONS DU PREMIER DEGRÉ.

66. La forme générale des équations du premier degré, à deux variables x et y, est :

$$Ay + Bx + C = 0.$$

Nous savons déjà (n° 65) que cette équation ne peut représenter qu'une ligne droite. C'est ce que nous allons du reste établir directement, en étudiant les divers cas qu'elle présente.

67. Nous commencerons par examiner le cas où l'un des coefficients A et B est nul; l'équation ne renferme alors qu'une seule variable.

1° Soit $A = 0$; l'équation proposée se réduit à

$$Bx + C = 0;$$

et l'on en tire

$$x = -\frac{C}{B}.$$

Soit A (fig. 39) le point de l'axe des x dont l'abscisse est $-\dfrac{C}{B}$;

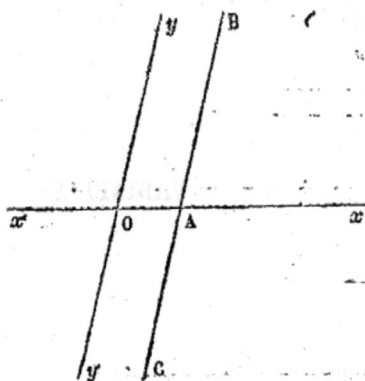

je dis que l'équation proposée représente la droite BC, menée par le point A parallèlement à l'axe des y. On a effectivement pour tous les points de cette droite,

$$x = -\frac{C}{B},$$

fig. 39.

et ce sont évidemment les seuls points du plan qui aient cette abscisse.

Si l'on a $C = 0$, l'équation se réduit à

$$x = 0;$$

et représente l'axe des y.

2° Soit $B = 0$; l'équation proposée se réduit à

$$Ay + C = 0,$$

et l'on en tire

$$y = -\frac{C}{A}.$$

On voit aisément que cette équation représente une parallèle à l'axe des x, qui coupe l'axe des y en un point dont l'ordonnée est $-\dfrac{C}{A}$. De plus cette droite se réduit à l'axe des x, si l'on a $C = 0$.

68. Nous supposerons maintenant que l'équation proposée

$$Ay + Bx + C = 0,$$

renferme effectivement les deux variables x et y; mais nous examinerons d'abord le cas où l'on a $C=0$.

En faisant $-\dfrac{B}{A}=a$, l'équation devient

$$y=ax.$$

On y satisfait en posant $x=0$ et $y=0$, d'où il suit que l'origine est un point du lieu qu'elle représente. En outre, comme elle donne :

$$\frac{y}{x}=a,$$

on voit : 1° que, pour chaque point du lieu, le rapport de l'ordonnée à l'abscisse est constant et égal a; 2° que les deux coordonnées ont toujours le même signe, si a est positif, tandis qu'elles sont constamment de signes contraires, si a est négatif; donc tous les points du lieu seront dans les angles

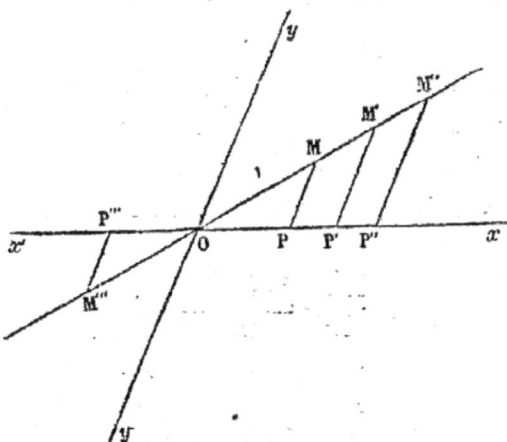

fig. 40.

$y0x$ et $y'0x'$, si a est positif (fig. 40); et dans les angles $y'0x'$ et $y'0x$, si a est négatif.

Nous raisonnerons dans l'hypothèse de a positif, et nous verrons ensuite quelle modification il faut apporter lorsqu'on passe au cas de a négatif.

Soit donc $a > 0$; pour $x = 1$, on a $y = a$. Prenons OP $= 1$, menons PM parallèle à l'axe des y, et portons sur cette ligne, à partir de P, dans le sens Oy, une longueur PM $= a$; le point M sera un point du lieu représenté par l'équation proposée. Cela posé, je dis que chaque point du lieu est situé sur la droite OM; en effet, donnons à x une valeur quelconque OP′, menons P′M′ parallèle à Oy, et prenons P′M′ $= a \times$ OP′; le point M′ sera un point du lieu. Or, le rapport de l'ordonnée à l'abscisse étant constant et égal à a, on a $\dfrac{\text{M′P′}}{\text{OP′}} = \dfrac{\text{MP}}{\text{OP}}$; il s'en suit que les triangles OMP, OM′P′ sont semblables, comme ayant un angle égal compris entre côtés proportionnels; donc les angles MOP, M′OP′ sont égaux et les trois points O, M, M′ sont en ligne droite. Ce raisonnement s'applique sans modification aux points dont l'abscisse est négative.

Réciproquement, les coordonnées d'un point quelconque de la droite OM satisfont à l'équation proposée. En effet, soit M″ un point de la droite OM; menons l'ordonnée M″P″; on aura, par les triangles semblables M″OP″ et MOP,

$$\frac{\text{M″P″}}{\text{OP″}} = \frac{\text{MP}}{\text{OP}} = a,$$

ou

$$\text{M″P″} = a \times \text{OP″},$$

ce qui montre qu'on satisfait à l'équation proposée en faisant $x = \text{OP″}, y = \text{M″P″}$.

Ce qui précède s'applique textuellement au cas de *a* négatif; la seule différence est qu'au lieu de prendre la longueur MP correspondante à $x = 1$ dans le sens Oy, il faut la porter dans le sens opposé. La ligne droite OM (fig. 41) sera alors le lieu représenté par l'équation proposée.

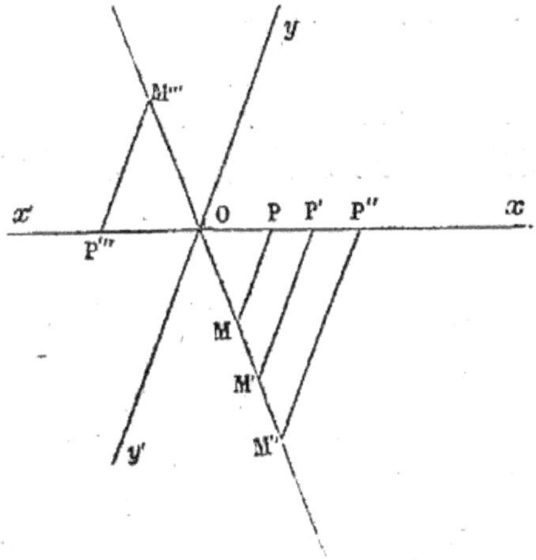

Nous pouvons donc conclure que toute équation du premier degré, de la forme

$$y = ax,$$

fig. 41.

représente une droite qui passe par l'origine des coordonnées.

69. Considérons enfin le cas général de l'équation

$$Ay + Bx + C = 0,$$

où aucun coefficient ne se réduit à zéro.

Faisons $-\dfrac{B}{A} = a$, et $-\dfrac{C}{A} = b$, l'équation devient

$$y = ax + b.$$

Il est évident qu'on obtiendra le lieu qu'elle représente, en construisant l'équation

$$y = ax,$$

qui, comme nous l'avons vu, appartient à une droite passant par l'origine, et en augmentant ensuite chaque ordonnée d'une quantité égale à *b*. Ce lieu sera donc une deuxième droite,

menée parallèlement à la première par le point de l'axe des y
qui a b pour ordonnée. Cette ordonnée b est dite l'*ordonnée
à l'origine* de la droite.

On voit que l'équation du premier degré à deux variables
représente, dans le cas général, une droite qui rencontre les
deux axes.

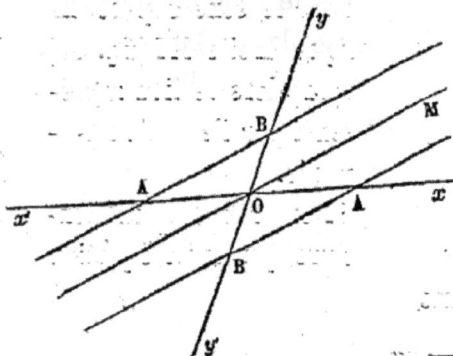 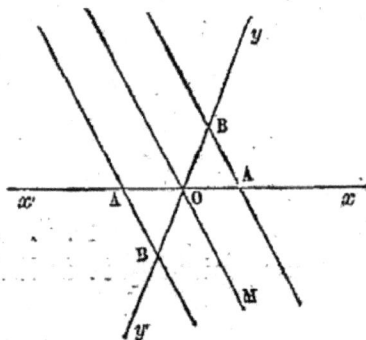

fig. 42.   fig. 43.

La figure 42 est relative au cas de $a > 0$, $b > 0$, et au cas
de $a > 0$, $b < 0$; la figure 43 se rapporte au cas de $a < 0$, $b > 0$,
et au cas de $a < 0$, $b < 0$.

70. Réciproquement, *toute ligne droite est représentée par
une équation du premier degré.* Nous allons démontrer généralement cette proposition dont nous nous sommes déjà occu-
pés au n° 53.

On voit d'abord que toute droite parallèle à l'axe des y est
représentée par une équation de la forme

$$x = \alpha.$$

En effet, soient BC (fig. 39) la droite donnée et α l'abscisse du point où elle rencontre l'axe des x; il est évident que,
pour chaque point de BC, on a

$$x = \alpha.$$

Cette équation est donc celle de la droite.

On verrait de même qu'une parallèle à l'axe des x a une équation de la forme

$$y = 6.$$

Considérons, en deuxième lieu, une droite telle que OM (fig. 40 et 41) qui passe par l'origine des coordonnées. Prenons OP $= 1$, menons PM parallèle à l'axe des y et faisons PM $= a$; la droite OM sera (n° 68) le lieu de l'équation

$$y = ax.$$

Considérons enfin une droite telle que AB (fig. 42 et 43), qui rencontre l'axe des y en un point B dont l'ordonnée soit b. Menons, par l'origine, OM parallèle à AB et soit

$$y = ax ,$$

l'équation de OM; la droite AB (n° 69) sera le lieu de l'équation

$$y = ax + b.$$

71. La direction de la droite représentée par l'équation $y = ax + b$, ne dépend que de la quantité a. Cette quantité a reçu le nom de *coefficient angulaire* ou d'*inclinaison*. L'ordonnée à l'origine b est souvent désignée par la dénomination de *coefficient linéaire*.

72. On peut donner, à l'équation du premier degré, deux formes qu'il importe de remarquer. Soit

$$Ay + Bx + C = 0,$$

l'équation d'une droite rapportée à des axes quelconques. On aura l'abscisse a du point, où cette droite coupe l'axe des x, en faisant $y = 0$ dans son équation ; on obtient ainsi :

$$a = -\frac{C}{B} \quad \text{d'où} \quad B = -\frac{C}{a}.$$

On aura, de même, l'ordonnée b du point où la droite coupe l'axe des y, en faisant $x = 0$ dans son équation ; on obtient ainsi :

$$b = -\frac{C}{A} \quad \text{d'où} \quad A = -\frac{C}{b}.$$

Remplaçant, dans l'équation proposée, A et B par les valeurs qu'on vient d'écrire et divisant ensuite par C, l'équation devient

(1) $$\frac{y}{b} + \frac{x}{a} = 1.$$

C'est l'une des deux formes que nous avons annoncées.

En second lieu, désignons par p la distance OP de l'origine à la droite donnée AB (fig. 44) ; par α et 6 les angles compris entre 0 et 180° que forme la direction OP avec les directions Ox et Oy ; les triangles rectangles OAP et OBP donnent

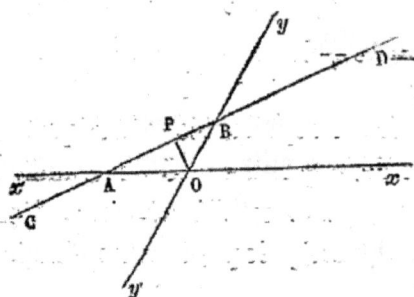

fig. 44.

$$p = a \cos \alpha = b \cos 6.$$

Ces équations ont lieu dans tous les cas, car a et $\cos \alpha$ sont toujours de mêmes signes, ainsi que b et $\cos 6$. Si l'on tire les valeurs de a et b, et qu'on les porte dans l'équation (1), celle-ci devient :

(2) $$x \cos \alpha + y \cos 6 = p,$$

Si les axes sont rectangulaires, on a $6 = \pm(90° - \alpha)$ et l'équation (2) devient :

$$x \cos \alpha + y \sin \alpha = p.$$

Cette dernière forme de l'équation de la ligne droite est très-fréquemment employée.

Exemples.

75. 1° Soit

$$2x + 3 = 0;$$

cette équation représente une parallèle à l'axe des y, menée par le point de l'axe des x qui a pour abscisse $-\dfrac{3}{2}$.

2° Soit

$$2y - 5x = 0,$$

on en tire :

$$y = \frac{5}{2}x;$$

on obtiendra la droite représentée par cette équation en joignant l'origine au point dont les coordonnées sont

$$x = 1 \quad \text{et} \quad y = \frac{5}{2};$$

3° Soit

$$3y - 2x + 1 = 0.$$

On tire de cette équation :

$$y = \frac{2}{3}x - \frac{1}{3};$$

on construira d'abord la droite

$$y = \frac{2}{3}x,$$

et, par le point de l'axe des y dont l'ordonnée est $-\frac{1}{3}$, on

mènera une parallèle à cette droite.

On peut aussi construire l'équation proposée en cherchant les points où la droite, qu'elle représente, rencontre les axes. Pour $y = 0$ on a $x = \frac{1}{2}$, et pour $x = 0$ on a $y = -\frac{1}{3}$. La droite qui joint les deux points ainsi obtenus, est la droite demandée.

PROBLÈMES SUR LA LIGNE DROITE.

74. PROBLÈME I. *L'équation d'une droite étant donnée, trouver l'angle que fait cette droite avec l'axe des abscisses.*

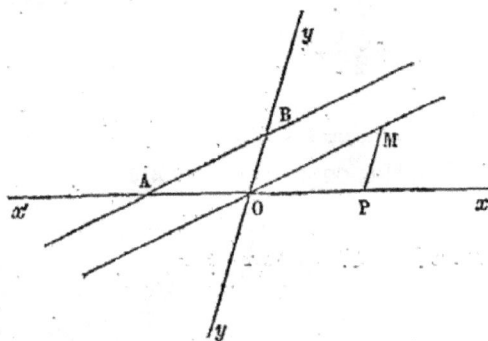

fig. 45.

Soient AB la droite donnée (fig. 45), et

$$y = ax + b,$$

son équation; la droite OM menée par l'origine, parallèlement à AB,

aura pour équation

$$y = ax,$$

et, si MP est l'ordonnée d'un point M de OM, on aura

$$\frac{MP}{OP} = a;$$

or le triangle OMP donne

$$\frac{MP}{OP} = \frac{\sin MOP}{\sin OMP};$$

donc, en désignant par θ et α les angles MOx et yOx, il viendra

$$a = \frac{\sin \alpha}{\sin (\theta - \alpha)}.$$

La figure 45 suppose $a > 0$, c'est-à-dire $\theta > \alpha$, mais la formule précédente est indépendante de cette hypothèse. Supposons, en effet, $a < 0$ (fig. 46),

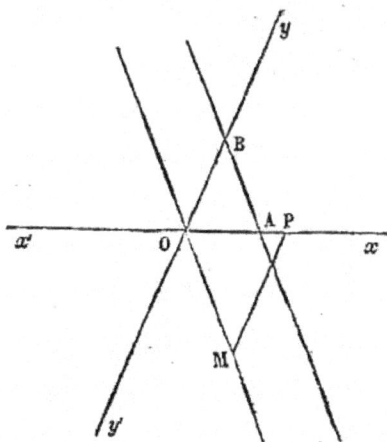

fig. 46.

le triangle OMP donne

$$\frac{MP}{OP} = \frac{\sin MOP}{\sin OMP} = \frac{\sin (180° - \alpha)}{\sin (\alpha - \theta)} = \frac{\sin \alpha}{\sin (\alpha - \theta)},$$

d'ailleurs on déduit de l'équation $y = ax$,

$$a = \frac{-MP}{OP};$$

donc

$$-a = \frac{\sin \alpha}{\sin (\alpha - \theta)}, \quad \text{ou} \quad a = \frac{\sin \alpha}{\sin (\theta - \alpha)},$$

comme dans le cas de a positif.

On tire de cette équation, en chassant le dénominateur et divisant ensuite par $\cos \alpha$,

$$\tan \alpha = \frac{a \sin \theta}{1 + a \cos \theta}.$$

Il faut bien remarquer que, dans cette formule, α désigne toujours l'angle formé par la direction des abscisses positives avec celle des deux directions de la droite donnée qui s'étend du côté des y positives. Cet angle peut varier de 0 à 180°.

Si les axes sont rectangulaires, on a

$$\theta = 90°$$

et la valeur de $\tan \alpha$ se réduit à

$$\tan \alpha = a.$$

75. Problème II. *Connaissant l'angle qu'une droite fait avec l'axe des x ainsi que l'ordonnée à l'origine, trouver l'équation de cette droite.*

Soient b l'ordonnée à l'origine et α l'angle que la droite donnée fait avec l'axe des x; l'équation sera, dans le cas général (n° 74),

$$y = \frac{\sin \alpha}{\sin (\theta - \alpha)} \, x + b,$$

et, dans le cas des axes rectangulaires,

$$y = x \tang \alpha + b.$$

76. Problème III. *Trouver l'équation de la droite menée, par un point donné, parallèlement à une droite donnée.*

Soient $M(x', y')$ le point donné (*) et $y = ax$ la droite donnée qu'on peut supposer menée par l'origine.

La droite cherchée (n° 70) aura une équation de la forme

$$(1) \qquad y = ax + b,$$

et, puisqu'elle passe par le point M, on aura :

$$(2) \qquad y' = ax' + b,$$

cette dernière équation détermine b, et il ne reste plus qu'à porter sa valeur dans l'équation (1). L'élimination de b se fait immédiatement, en retranchant les équations (1) et (2) l'une de l'autre; on obtient ainsi l'équation demandée, savoir :

$$y - y' = a(x - x').$$

Remarque. En considérant a comme susceptible de prendre toutes les valeurs possibles, la précédente équation représentera toutes les droites qu'on peut mener par le point (x', y').

77. Problème IV. *Trouver l'équation de la droite qui passe par deux points donnés.*

Soient (x', y') et (x'', y'') les deux points donnés. La droite cherchée, passant par le point (x', y'), aura une équation de la forme

$$y - y' = a(x - x');$$

(*) Par cette notation $M(x', y')$, nous désignons le point M dont les coordonnées sont x' et y'.

mais, parce qu'elle passe aussi par le point (x'', y''), on aura :

$$y'' - y' = a(x'' - x') \quad \text{d'où} \quad a = \frac{y'' - y'}{x'' - x'};$$

l'équation de la droite cherchée est donc :

$$y - y' = \frac{y'' - y'}{x'' - x'}(x - x').$$

Remarque I. Cette analyse semble en défaut dans le cas de $x'' = x'$; mais on sauve cette difficulté, en chassant le dénominateur $x'' - x'$ de l'équation précédente, et en faisant ensuite $x'' = x'$. On voit d'ailleurs immédiatement que, dans ce cas, la droite cherchée est une parallèle à l'axe des y dont l'équation est

$$x = x'.$$

Remarque II. On a souvent besoin de connaître le coefficient angulaire de la droite qui passe par deux points donnés (x', y'), (x'', y''); il est important de se rappeler que ce coefficient angulaire a pour valeur $\frac{y'' - y'}{x'' - x'}$.

78. PROBLÈME V. *Trouver la distance de deux points dont on connaît les coordonnées.*

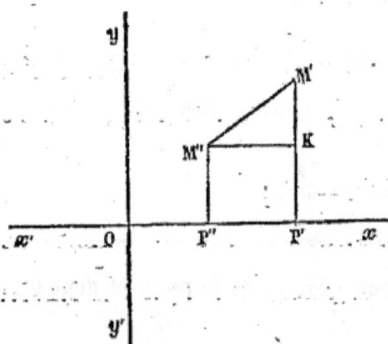

fig. 47.

Supposons d'abord les axes rectangulaires, et soient $M'(x', y')$, $M''(x'', y'')$ les deux points donnés, que nous supposerons situés dans l'angle yOx (fig. 47); menons les ordonnées M'P' et M''P'' et, par le point M'', la droite M''K parallèle à l'axe des x; le triangle rectangle M'M"K donnera :

$$\overline{M'M}^2 = \overline{M'K}^2 + \overline{M'K}^2 = \overline{P'P''}^2 + \overline{M'K}^2,$$

ou, en remplaçant P'P" et M'K par leurs valeurs $x' - x''$ et $y' - y''$,

$$\overline{M'M}^2 = (x' - x'')^2 + (y' - y'')^2.$$

Il est aisé de vérifier que cette formule a lieu pour toutes les positions qu'on peut assigner aux points M" et M'. En désignant donc par R la distance M"M', on aura, dans tous les cas,

$$R^2 = (x' - x'')^2 + (y' - y'')^2 \text{ d'où } R = \sqrt{(x' - x'')^2 + (y' - y'')^2}.$$

Considérons maintenant le cas des axes obliques et supposons toujours, pour fixer les idées, les deux points $M'(x', y')$, $M''(x'', y'')$ situés dans l'angle yOx.

Menons les ordonnées M"P", M'P' (fig. 48), et la droite M'K parallèle à $x'x$. On aura, dans le triangle M"M'K,

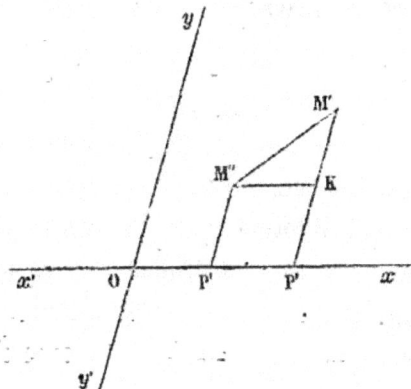

fig. 48.

$$\overline{M'M}^2 = \overline{M'K}^2 + \overline{M'K}^2 - 2M''K \times M'K \times \cos M''KM'.$$

Remplaçant M"K et M'K par leurs valeurs, $x' - x''$ et $y' - y''$, et désignant par θ l'angle yOx, par R la distance M"M', il vient

$$R^2 = (x' - x'')^2 + (y' - y'')^2 + 2(x' - x'')(y' - y'') \cos \theta,$$

d'où

$$R = \sqrt{(x'-x'')^2 + (y'-y'')^2 + 2(x'-x'')(y'-y'')\cos\theta}.$$

Il est facile de vérifier que cette formule est générale.

79. Problème VI. *Étant données les équations de deux droites, trouver les coordonnées de leur intersection.*

Soient

$$y = ax + b$$
$$y = a'x + b'$$

les équations de deux droites. Les coordonnées de leur intersection doivent satisfaire aux équations précédentes; et, réciproquement, le point dont les coordonnées satisfont à ces équations appartient aux deux droites.

Des équations précédentes, on tire :

$$x = \frac{b'-b}{a-a'} \quad \text{et} \quad y = \frac{ab'-ba'}{a-a'},$$

ce sont les coordonnées du point cherché.

Si a est égal à a' et que b soit différent de b', les valeurs de x et de y sont infinies. Dans ce cas, les droites sont parallèles, et leurs équations n'ont pas de solution commune.

Si l'on a en même temps $a = a'$ et $b = b'$, les valeurs de x et de y ont la forme $\frac{0}{0}$. Dans ce cas les deux droites coïncident.

80. Problème VII. *Étant données les équations de deux droites, trouver l'angle de ces droites :*

1° Supposons les axes rectangulaires, et soient

$$y = ax \quad \text{et} \quad y = a'x$$

les équations des droites données AB et A′B′ (fig. 49), me-

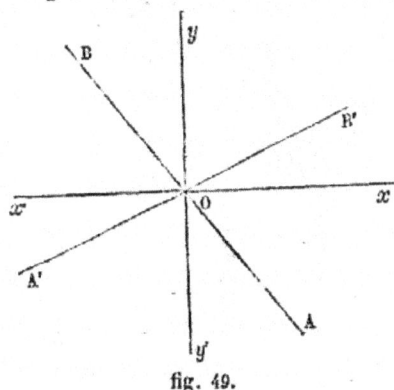

fig. 49.

nées par l'origine, parallèlement aux droites don-
nées.

Désignons par V l'angle
BOB′, formé par les par-
ties de ces droites qui sont
situées au-dessus de l'axe
des x, et soit

$$BOx = \alpha \quad \text{et} \quad B'Ox = \alpha'.$$

On aura

$$V = \alpha - \alpha',$$

et, par suite,

$$\tang V = \frac{\tang \alpha - \tang \alpha'}{1 + \tang \alpha \tang \alpha'}, \quad \text{ou} \quad \tang V = \frac{a - a'}{1 + aa'}.$$

Cette formule détermine l'angle V, puisque cet angle est
compris entre 0 et 180°.

Remarque. Pour que l'angle V soit droit, il faut et
il suffit que l'on ait

$$1 + aa' = 0 ;$$

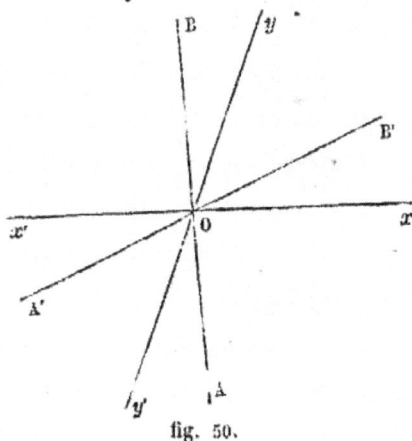

fig. 50.

2° Supposons les axes
obliques et désignons par
θ (fig. 50) l'angle que
forment les directions Ox
et Oy.

On a (n° 74)

$$\tang \alpha = \frac{a \sin \theta}{1 + a \cos \theta}$$

et $\tang \alpha' = \dfrac{a' \sin \theta}{1 + a' \cos \theta}$, puis

$$\tan V = \dfrac{\dfrac{a \sin\theta}{1 + a\cos\theta} - \dfrac{a'\sin\theta}{1 + a'\cos\theta}}{1 + \dfrac{aa'\sin^2\theta}{(1 + a\cos\theta)(1 + a'\cos\theta)}},$$

ou

$$\tan V = \dfrac{(a - a')\sin\theta}{1 + aa' + (a + a')\cos\theta}.$$

Remarque. La condition, pour que les droites données soient perpendiculaires, est dans ce cas :

$$1 + aa' + (a + a')\cos\theta = 0.$$

81. PROBLÈME VIII. *Trouver l'équation de la perpendiculaire menée par un point donné sur une droite donnée.*

Soient $M(x', y')$ le point donné et

$$y = ax + b$$

l'équation de la droite donnée. La perpendiculaire cherchée, passant par le point donné, a une équation de la forme (n° 75) :

$$y - y' = a'(x - x').$$

et, comme elle est perpendiculaire à la droite donnée, on a, si les axes sont rectangulaires,

$$aa' + 1 = 0$$

d'où

$$a' = -\frac{1}{a};$$

l'équation demandée est donc, dans ce cas,

$$y - y' = -\frac{1}{a}(x - x').$$

Si les axes sont obliques, le coefficient inconnu a' sera donné par l'équation

$$1 + aa' + (a + a')\cos\theta = 0,$$

d'où l'on tire :

$$a' = \frac{-1 - a\cos\theta}{a + \cos\theta};$$

l'équation demandée est donc

$$y - y' = \frac{-1 - a\cos\theta}{a + \cos\theta}(x - x').$$

82. PROBLÈME IX. *Trouver la distance d'un point donné à une droite donnée.*

Soient θ l'angle des axes, $M(x', y')$ le point donné et

$$(1) \qquad y = ax + b$$

l'équation de la droite donnée.

L'équation de la droite menée par le point M, perpendiculairement à la droite donnée, est

$$(2) \qquad y - y' = a'(x - x');$$

en faisant, pour abréger,

$$a' = -\frac{1 + a\cos\theta}{a + \cos\theta}.$$

L'équation (1) peut s'écrire ainsi :

$$y - y' = a(x - x') - (y' - ax' - b),$$

et, en la combinant avec l'équation (2), on obtient :

$$x - x' = \frac{y' - ax' - b}{a - a'}, \qquad y - y' = a'\frac{y' - ax' - b}{a - a'}.$$

Les valeurs de x et y, données par ces équations, sont les coordonnées du pied de la perpendiculaire abaissée du point donné sur la droite donnée ; si donc on désigne par R la grandeur de cette perpendiculaire, on aura :

$$R^2 = (x - x')^2 + (y - y')^2 + 2(x - x')(y - y')\cos\theta =$$
$$\left(\frac{y' - ax' - b}{a - a'}\right)^2 (1 + a'^2 + 2a'\cos\theta),$$

ou, en remplaçant a' par sa valeur

$$R^2 = \frac{(y' - ax' - b)^2 \sin^2\theta}{1 + 2a\cos\theta + a^2},$$

et

$$R = \frac{(y' - ax' - b)\sin\theta}{\sqrt{1 + 2a\cos\theta + a^2}}.$$

Dans cette expression, le radical doit être pris avec le signe $+$ ou le signe $-$, suivant que $y' - ax' - b$ est positif ou négatif.

Si les axes sont rectangulaires, la formule se simplifie et devient :

$$R = \frac{y' - ax' - b}{\sqrt{1 + a^2}}.$$

85. Si l'équation de la droite donnée avait la forme

$$Ay + Bx + C = 0,$$

on en tirerait :

$$y = -\frac{B}{A}x - \frac{C}{A},$$

et la distance R, du point (x', y') à cette droite, se déduirait de la formule que nous venons de trouver, en remplaçant a par $-\frac{B}{A}$ et b par $-\frac{C}{A}$; il vient ainsi :

$$R = \frac{(Ay' + Bx' + C)\sin\theta}{\sqrt{A^2 - 2AB\cos\theta + B^2}};$$

et, pour le cas des axes rectangulaires.

$$R = \frac{Ay' + Bx' + C}{\sqrt{A^2 + B^2}}.$$

Dans le cas des axes rectangulaires, et si la droite donnée a pour équation

$$y\sin\alpha + x\cos\alpha = p,$$

la distance du point (x', y') à cette droite sera simplement

$$R = \pm (y'\sin\alpha + x'\cos\alpha - p).$$

Ici nous mettons le signe $\pm$ parce que toute trace de radical a disparu.

84. On voit, par ce qui précède, qu'une fonction linéaire, telle que

$$Ay + Bx + C$$

représente, à un facteur constant près, la distance du point dont x et y sont les coordonnées, à la droite qui a pour équation

$$Ay + Bx + C = 0.$$

Cette remarque est très-importante.

ÉQUATION DU CERCLE.

85. On obtient immédiatement l'équation de la circonférence de cercle, en exprimant que la distance du centre à un point quelconque de la courbe est égale au rayon.

Soient donc x et y les coordonnées d'un point de la circonférence, a et b les coordonnées du centre, et R le rayon; on aura (n° 78) :

(1) $(x - a)^2 + (y - b)^2 + 2(x - a)(y - b) \cos \theta = R^2.$

C'est l'équation générale de la circonférence, dans l'hypothèse où les axes font entre eux un angle égal à θ.

Si les axes sont rectangulaires, on a θ = 90°, et l'équation précédente devient :

(2) $(x - a)^2 + (y - b)^2 = R^2.$

Lorsqu'on prend pour axes deux diamètres perpendiculaires, on a $a = 0$, $b = 0$, et l'équation se réduit à

(3) $x^2 + y^2 = R^2,$

comme on l'a déjà trouvé (n° 54).

Enfin il est bon de remarquer la forme de l'équation de la circonférence, lorsqu'on prend pour axes une tangente quelconque et le diamètre qui passe par le point de contact. Supposons, par exemple, que l'axe des y soit tangent et que l'axe des x passe par le centre, il faudra faire dans l'équation (2)

$$a = R, \qquad b = 0,$$

et cette équation devient alors :

$$(x - R)^2 + y^2 = R^2,$$

ou, en développant,

$$y^2 + x^2 - 2Rx = 0.$$

86. L'équation de la circonférence est du second degré, mais elle ne constitue qu'un cas très-particulier des équations du second degré, dont la forme générale est

$$(1) \qquad Ay^2 + Bxy + Cx^2 + Dy + Ex + F = 0.$$

Il est facile de trouver les conditions qui doivent être remplies pour que la précédente équation appartienne à une circonférence de cercle. Pour que cela ait lieu, il faut que l'équation (1) puisse être identifiée avec l'équation

$$(x - a)^2 + (y - b)^2 + 2(x - a)(y - b)\cos\theta - R^2 = 0$$

qui, en développant, devient :

$$(2) \quad y^2 + 2xy\cos\theta + x^2 - 2(b + a\cos\theta)y - 2(a + b\cos\theta)x$$
$$+ a^2 + b^2 + 2ab\cos\theta - R^2 = 0,$$

par suite, il faut que les coefficients des termes semblables soient proportionnels. En exprimant cette condition, on trouve :

$$(3) \qquad \frac{B}{A} = 2\cos\theta, \qquad \frac{C}{A} = 1,$$

$$(4) \qquad \begin{cases} \dfrac{D}{A} = -2(b + a\cos\theta) \\[2mm] \dfrac{E}{A} = -2(a + b\cos\theta) \\[2mm] \dfrac{F}{A} = a^2 + b^2 + 2ab\cos\theta - R^2. \end{cases}$$

Les équation (3) donnent :

$$(5) \qquad A = C, \qquad B = 2A\cos\theta;$$

ce sont les conditions nécessaires et suffisantes pour que l'équation (1) représente une circonférence. Lorsqu'elles sont remplies, les trois équations (4) feront connaître les coordonnées du centre et le rayon du cercle.

Dans le cas des axes rectangulaires, on a $\cos\theta = 0$, et les équations de condition (5) se réduisent à

$$A = C, \qquad B = 0.$$

Ainsi pour qu'une équation du second degré appartienne à une circonférence, dans le cas des coordonnés rectangulaires, il faut et il suffit : 1° que les coefficients des carrés des variables soient égaux; 2° que l'équation ne renferme pas le rectangle xy des variables.

Questions résolues.

87. QUESTION I. *Trouver l'équation générale des droites, qui passent par le point de rencontre de deux droites données par leurs équations.*

Nous représenterons simplement par

(1) $A = 0, \quad B = 0,$

les équations des droites données; A et B seront alors des fonctions linéaires de x et y. Cela posé, je dis que l'équation cherchée est

(2) $A + mB = 0,$

m désignant un coefficient indéterminé.

En effet, on voit d'abord que l'équation (2) représente une droite, quel que soit m, puisqu'elle est du premier degré ; en deuxième lieu cette droite passe par le point de rencontre des droites (1), car l'équation (2) est évidemment satisfaite par les valeurs de x et y qui satisfont aux équations (1). Enfin l'équation (2) représente toutes les droites qui passent par le point de rencontre des droites (1) ; car, à cause de l'indétermination de m, on peut assujettir la droite (2) à passer par tel point que l'on voudra.

88. QUESTION II. *Démontrer, par les principes de la géométrie analytique, que les perpendiculaires abaissées des sommets d'un triangle sur les côtés opposés se coupent en un même point.*

Prenons deux axes rectangulaires quelconques, et soient

$$y - ax - \alpha = 0, \quad y - bx - 6 = 0, \quad y - cx - \gamma = 0,$$

ou, pour abréger,

$$A=0, \quad B=0. \quad C=0,$$

les équations des côtés BC, AC, AB du triangle ABC (fig. 51).

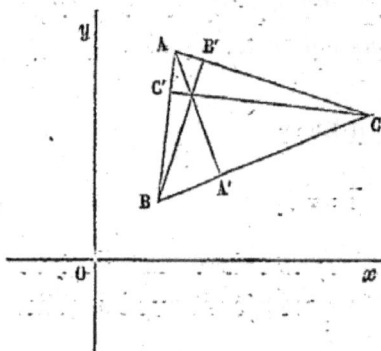

fig. 51.

Toute droite AA', qui passe par le point A, a une équation de la forme

$$B+mC=0,$$

ou

$$(1+m)y-(b+mc)x-(\beta+m\gamma)=0.$$

Le coefficient angulaire est $\dfrac{b+mc}{1+m}$; si donc AA' est perpendiculaire sur BC, on a (n° 80)

$$\frac{b+mc}{1+m}\times a+1=0, \quad \text{d'où} \quad m=-\frac{ab+1}{ac+1},$$

et l'équation de la droite AA' sera

$$B-\frac{ab+1}{ac+1}C=0 \quad \text{ou} \quad (ac+1)B=(ab+1)C.$$

Cette analyse montre clairement que les trois perpendiculaires AA', BB', CC', abaissées des sommets du triangle ABC sur les côtés opposés, ont respectivement pour équations

$$(ac+1)B=(ab+1)C,$$
$$(ab+1)C=(bc+1)A,$$
$$(bc+1)A=(ac+1)B.$$

Or il est évident que les valeurs de x et y, qui satisfont à deux quelconques de ces équations, satisfont aussi à la troisième, ce qui prouve que les droites qu'elles représentent se coupent au même point.

89. Question III. *Trouver l'équation de la ligne qui divise en deux parties égales l'angle de deux droites données par leurs équations.*

Soient

$$y - ax - b = 0, \quad y - a'x - b' = 0$$

les équations des droites données uu' et vv' (fig. 52). rapportées aux axes Ox et Oy qui font entre eux l'angle θ. Soient $M(x, y)$ un point de la droite tt', qui divise l'angle uCv en deux parties égales, MP et MQ les perpendiculaires abaissées de M sur Cv et Cu, on aura :

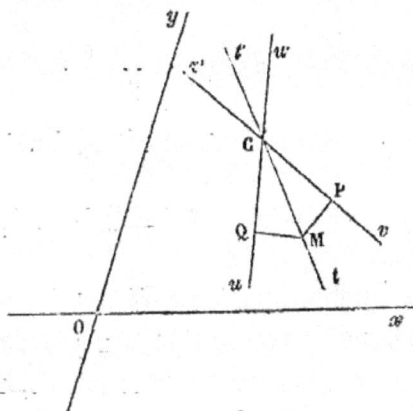

fig. 52.

$$MQ = MP;$$

d'ailleurs

$$MQ = \frac{(y - ax - b) \sin \theta}{\sqrt{1 + 2a \cos \theta + a^2}}, \quad MP = \frac{(y - a'x - b') \sin \theta}{\sqrt{1 + 2a' \cos \theta + a'^2}};$$

donc

$$\frac{y - ax - b}{\sqrt{1 + 2a \cos \theta + a^2}} = \frac{y - a'x - b'}{\sqrt{1 + 2a' \cos \theta + a'^2}}$$

ou

$$y - ax - b = \sqrt{\frac{1 + 2a \cos \theta + a^2}{1 + 2a' \cos \theta + a'^2}} \, (y - a'x - b');$$

c'est, évidemment, l'équation de la droite demandée.

Remarque. Le radical du second membre doit être pris successivement avec le signe $+$ et avec le signe $-$; on obtient ainsi les équations des deux droites qui partagent en deux parties égales les quatre angles formés par les droites données.

90. Question IV. *Trouver l'équation de la droite qui joint les points d'intersection de deux circonférences, données par leurs équations.*

Soient

$$(1) \qquad (x-a)^2 + (y-b)^2 = R^2,$$
$$(2) \qquad (x-a')^2 + (y-b')^2 = R'^2,$$

les équations de deux circonférences, rapportées à des axes rectangulaires quelconques.

En retranchant ces équations membre à membre, il vient :

$$(x-a')^2 - (x-a)^2 + (y-b')^2 - (y-b)^2 = R'^2 - R^2;$$

le lieu, représenté par cette équation, passe évidemment par les points communs aux circonférences (1) et (2); elle est d'ailleurs du premier degré; car, en effectuant les calculs, elle se réduit à

$$2(a-a')x + 2(b-b')y + a'^2 + b'^2 - a^2 - b^2 = R'^2 - R^2,$$

ou

$$(3) \quad (a-a')x + (b-b')y = \frac{1}{2}(a^2+b^2-R^2) - \frac{1}{2}(a'^2+b'^2-R'^2);$$

donc la droite cherchée est celle que représente l'équation (3).

91. Question V. *Étant données trois circonférences, démontrer que les droites qui joignent les points d'intersection de ces circonférences, prises deux à deux, se coupent au même point.*

Soient pour abréger

$$C=0, \quad C'=0, \quad C''=0,$$

les équations des trois circonférences, rapportées à deux axes rectangulaires. Les cordes, communes à ces circonférences considérées deux à deux, ont pour équations:

$$C-C'=0, \quad C-C''=0, \quad C'-C''=0,$$

ou

$$C=C', \quad C=C'', \quad C'=C'';$$

il est évident que ces trois droites se coupent en un même point pour lequel on a:

$$C=C'=C''.$$

92. QUESTION VI. *Trouver l'équation du lieu des sommets des triangles, qui ont un côté* AB *et l'angle opposé à ce côté communs.*

Soit ABC (fig. 53) l'un des triangles dont il s'agit; nous prendrons pour axe des x le côté donné AB, et pour axe des y la perpendiculaire à AB menée par son milieu O; nous ferons

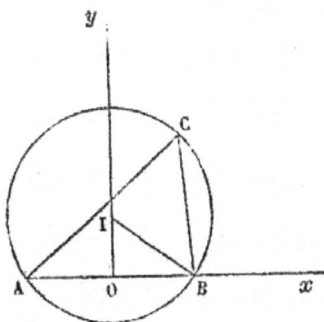

fig. 53.

$$AB=2a \text{ et } ACB=\omega.$$

Si x et y désignent les coordonnées du point C, les droites BC et AC auront pour coefficients angulaires (n° 77):

$$\frac{y}{x-a} \quad \text{et} \quad \frac{y}{x+a};$$

on a donc:

$$\tang \omega = \frac{\dfrac{y}{x-a} - \dfrac{y}{x+a}}{1 + \dfrac{y^2}{x^2-a^2}} = \frac{2ay}{x^2+y^2-a^2};$$

d'où

$$x^2 + y^2 - \frac{2ay}{\tang \omega} - a^2 = 0;$$

c'est l'équation du lieu cherché. On peut l'écrire ainsi :

$$x^2 + \left(y - \frac{a}{\tang\omega}\right)^2 = \frac{a^2}{\sin^2\omega},$$

et l'on voit qu'elle représente une circonférence dont le rayon est égal à $\dfrac{a}{\sin \omega}$ et dont le centre, situé sur l'axe des y, a pour ordonnée $\dfrac{a}{\tang\omega}$.

On déduit facilement, de ce qui précède, la règle donnée en géométrie élémentaire, pour construire sur une droite donnée un segment capable d'un angle donné.

Questions à résoudre.

9. I. Étant donnés un angle yOx et un point P (fig. 54),

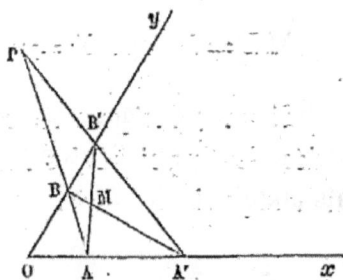

fig. 54.

on mène les sécantes PBA, PB'A' qui coupent respectivement les côtés de l'angle aux points A, B, A', B'; puis on tire les droites AB', A'B qui se coupent au point M. Cela posé, on demande quel est le lieu décrit par le point M, lorsqu'on fait tourner l'une des sécantes autour du point P. On fera voir que ce lieu reste le même, quand on change la position de la sécante considérée comme fixe.

II. Étant donné un angle yOx et un point P, on mène la sécante PBA et l'on détermine, sur cette sécante, un point M tel que l'on ait

$$\frac{MA}{MB} = \frac{PA}{PB}$$

Cela posé, on demande quel est le lieu décrit par le point M quand la sécante tourne autour du point P.

III. Quatre droites considérées trois à trois donnent lieu à quatre triangles; on demande de démontrer que, si dans chacun d'eux on prend le point d'intersection des trois hauteurs, on aura quatre points situés en ligne droite.

IV. Étant donnés m points dans un plan, trouver un point tel que sa distance à une droite quelconque soit égale à la moyenne arithmétique des distances des points donnés à la même droite. (Il est bien entendu que, dans cet énoncé, les distances dont il s'agit sont positives ou négatives suivant qu'elles sont d'un côté ou de l'autre de la droite). Le point dont il s'agit est unique. On le nomme *centre des moyennes distances* des points donnés.

V. Étant donnés m points dans un plan, trouver le lieu géométrique des points dont la somme des carrés des distances aux points donnés est égale à un carré donné. Déduire de là le point dont la somme des carrés des distances aux points donnés est un *minimum*.

VI. Étant donné un angle yOx et un point P (fig. 55), on mène par ce point P une infinité de sécantes, puis on rabat les distances OB, OB', OB''..... en OC, OC', OC''..... sur

une droite Oz menée par le point O; enfin on joint AC, A'C',
A"C".....

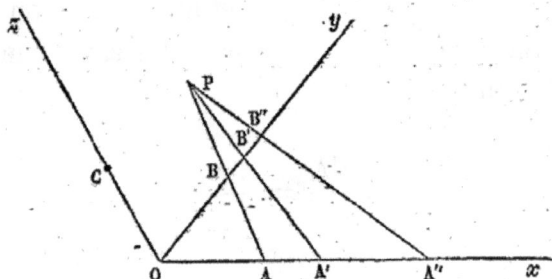

fig. 55.

Cela posé, on demande : 1° de démontrer que les droites
AC, A'C', A"C"..... se coupent toutes en un même point M;
2° de trouver le lieu décrit par ce point M, lorsque la droite
Oz prend toutes les positions possibles autour du point O.

CHAPITRE IV.

DES ÉQUATIONS DU SECOND DEGRÉ A DEUX VARIABLES.

CONSTRUCTION DES ÉQUATIONS DU SECOND DEGRÉ. — DIVISION
EN TROIS GENRES DES COURBES QU'ELLES REPRÉSENTENT.

93. L'équation générale du second degré à deux variables est :

$$(1) \qquad Ay^2 + Bxy + Cx^2 + Dy + Ex + F = 0.$$

Supposons que A ne soit pas nul, et résolvons l'équation (1)
par rapport à y, on aura :

$$(2) \quad y = -\frac{Bx+D}{2A} \pm \frac{1}{2A}\sqrt{(B^2-4AC)x^2+2(BD-2AE)x+D^2-4AF}.$$

Faisant pour abréger

$$B^2 - 4AC = m;\ BD - 2AE = n\ ;\ D^2 - 4AF = p,$$

l'équation (2) devient :

$$(3) \qquad y = -\frac{Bx+D}{2A} \pm \frac{1}{2A}\sqrt{mx^2+2nx+p}.$$

La partie rationnelle $-\dfrac{Bx+D}{2A}$, commune aux deux racines, est l'ordonnée d'une ligne droite

$$(4) \qquad\qquad y=-\frac{Bx+D}{2A}\;;$$

supposons que L'L (fig. 56) soit cette droite. Pour avoir les points du lieu de l'équation (1), qui correspondent à une abscisse OP, il suffira de mener, par le point P, une parallèle à l'axe Oy, et de porter sur cette parallèle, à partir du point N où elle coupe la droite L'L, au-dessus et au-dessous de L'L, deux longueurs NM et NM' égales à la valeur absolue que prend l'expression

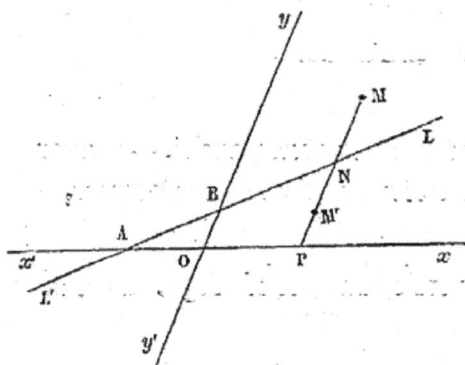

fig. 56.

$$\frac{1}{2A}\sqrt{mx^2+2nx+p}\,,$$

pour la valeur de x qui répond au point P. On aura effectivement en supposant, pour fixer les idées, que les ordonnées des points M et M' soient positives,

$$PM=PN+NM=-\frac{Bx+D}{2A}+\frac{1}{2A}\sqrt{mx^2+2nx+p},$$

$$PM'=PN-NM'=-\frac{Bx+D}{2A}-\frac{1}{2A}\sqrt{mx^2+2nx+p}.$$

On obtiendra tous les points du lieu de l'équation (1), en

exécutant la même construction pour chacune des valeurs de x, auxquelles correspond une valeur réelle de l'expression

$$\frac{1}{2A}\sqrt{mx^2+2nx+p}.$$

La droite L'L, qui divise en deux parties égales toutes les cordes de la courbe menées parallèlement à l'axe des y, est dite *un diamètre* de la courbe. En général, on nomme diamètre d'une courbe toute droite qui divise en deux parties égales un système de cordes parallèles.

La longueur, représentée par l'expression

$$\frac{1}{2A}\sqrt{mx^2+2nx+p},$$

est dite *l'ordonnée comptée à partir du diamètre;* nous la représenterons par Y, en sorte que l'on aura :

$$Y=\frac{1}{2A}\sqrt{mx^2+2nx+p}\quad\text{et}\quad y=-\frac{Bx+D}{2A}\pm Y.$$

94. Pour que la valeur de Y ou de y soit réelle, il faut et il suffit que le trinôme $mx^2+2nx+p$ soit positif ou nul. Or, un polynôme a le même signe que son premier terme pour toutes les valeurs positives ou négatives de la variable qui dépassent une certaine limite. Il est donc naturel de distinguer les trois cas de $m<0$, $m=0$, $m>0$.

1° Soit $m<0$ ou $B^2-4AC<0$. L'ordonnée Y sera imaginaire pour toutes les valeurs positives et négatives de x qui dépassent certaines limites, d'où il suit que le lieu de l'équation (1) est une courbe limitée dans le sens Ox et dans le sens Ox'; et, comme Y ne peut être infinie pour des valeurs finies de x, la courbe sera limitée aussi dans le sens Oy

et dans le sens Oy'. Cette courbe, limitée dans tous les sens, a reçu le nom d'*Ellipse*.

2° Soit $m > 0$ ou $B^2 - 4AC > 0$. L'ordonnée Y sera constamment réelle pour toutes les valeurs positives et négatives de x qui dépassent certaines limites; en outre cette quantité croît indéfiniment avec x, d'où il suit que le lieu de l'équation (1) est une courbe qui s'étend à l'infini de part et d'autre de l'axe des y, au-dessus et au-dessous de l'axe des x. Cette courbe a reçu le nom d'*Hyperbole*.

3° Soit $m = 0$ ou $B^2 - 4AC = 0$. L'ordonnée Y est égale à $\sqrt{2nx + p}$; et, si n est positif, elle est réelle pour toutes les valeurs de x comprises entre $-\dfrac{p}{2n}$ et $+\infty$, mais elle est imaginaire pour toutes les valeurs de x comprises entre $-\dfrac{p}{2n}$ et $-\infty$. La courbe s'étend donc à l'infini dans le sens Ox, mais elle est limitée dans le sens Ox'. Elle serait, au contraire, illimitée dans le sens Ox' et limitée dans le sens Ox, si n était négatif. Dans les deux cas, elle s'étend à l'infini au-dessus et au-dessous du diamètre. Cette courbe a reçu le nom de *Parabole*.

En résumé, l'équation (1) peut représenter trois genres de courbes : les *Ellipses* qui sont limitées de toute part et dont le cercle (n° 86) est un cas particulier; les *Hyperboles* qui ont quatre branches infinies, et les *Paraboles* qui en ont deux (*).

95. Ce qui précède suppose que A ne soit pas nul; nous allons montrer actuellement que, dans l'hypothèse de A = 0, le lieu représenté par l'équation proposée appartient nécessairement à l'un des trois genres dont il vient d'être question.

(*) Nous avons déjà considéré chacune de ces trois courbes, dans le chapitre II, en les définissant par l'une de leurs propriétés géométriques.

Si A est nul et que B ne le soit pas, la quantité déterminante $B^2 - 4AC$ est positive, et la courbe appartient au genre *Hyperbole*; je dis que la courbe a effectivement quatre branches infinies. Cela se voit immédiatement si C n'est pas nul, car, en résolvant par rapport à x, on trouve :

$$x = -\frac{By+E}{2C} \pm \frac{1}{2C}\sqrt{B^2y^2 + 2(BE - 2CD)y + E^2 - 4CF}.$$

Le coefficient de y^2 sous le radical est positif, d'où l'on peut conclure, comme plus haut, que le lieu s'étend à l'infini dans le sens Oy et dans le sens Oy', au-dessus et au-dessous de l'axe des x.

Si l'on a à la fois $A = 0$ et $C = 0$, l'équation se réduit à

$$Bxy + Dy + Ex + F = 0 ;$$

on en tire :

$$y = -\frac{Ex+F}{Bx+D} \quad \text{et} \quad x = -\frac{Dy+F}{By+E};$$

y est réel pour toutes les valeurs positives ou négatives de x, d'où il suit que la courbe s'étend à l'infini dans le sens Ox et dans le sens Ox'; on voit de même que x est réel pour toutes les valeurs positives et négatives de y, d'où il suit que la courbe s'étend à l'infini dans le sens Oy et dans le sens Oy'. La courbe a donc quatre branches infinies.

Si l'on a en même temps $A = 0$ et $B = 0$, il en résulte $B^2 - 4AC = 0$, et la courbe appartient au genre *Parabole*. Effectivement elle n'a que deux branches infinies, si D n'est pas nul; en effet, l'équation proposée donne alors :

$$y = -\frac{C}{D}x^2 - \frac{E}{D}x - \frac{F}{D};$$

on voit que, pour des valeurs de x positives et négatives suffisamment grandes, y a le même signe que $-\dfrac{C}{D}$; d'où il suit que la courbe s'étend indéfiniment de chaque côté de l'axe des x; mais elle est limitée dans le sens Oy si $-\dfrac{C}{D}$ est négatif, et dans le sens Oy' si $-\dfrac{C}{D}$ est positif.

Lorsque D est nul, l'équation, ne contenant plus que la variable x, représente un système de deux droites parallèles à l'axe des y. On a effectivement :

$$x = -\frac{E}{2C} \pm \frac{1}{2C} \sqrt{E^2 - 4CF}.$$

Nous allons maintenant discuter chacun des trois cas distincts que présente l'équation (1).

Discussion de l'Ellipse $(B^2 - 4AC < 0)$.

96. Conservant les notations du n° 93, nous diviserons ce premier cas en trois autres, suivant que les racines du trinôme $mx^2 + 2nx + p$ sont réelles et inégales, égales ou imaginaires.

Considérons, en premier lieu, le cas où les racines du trinôme, dont il s'agit, sont réelles et inégales; désignons ces racines par x' et x''; supposons, en outre, pour fixer les idées, x' et x'' positifs et $x' < x''$. Soient X'X (fig. 57) le diamètre qui a pour équation

$$y = -\frac{Bx + D}{2A},$$

B et B' les points où ce diamètre coupe la courbe; si l'on

mène les ordonnées BP et B′P′, x' et x'' seront les abscisses

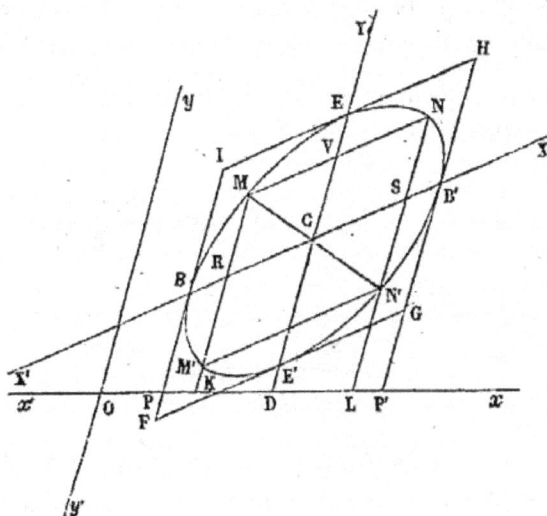

fig. 57.

des points P et P′, et la valeur de Y sera

$$\frac{1}{2A}\sqrt{m(x-x')(x-x'')};$$

comme la quantité m est ici négative, nous la désignerons par $-\mu^2$, et nous écrirons

$$Y=\frac{\mu}{2A}\sqrt{(x-x')(x''-x)}.$$

Pour que Y soit réel, il faut que x soit compris entre x' et x''; la courbe est donc tout entière située entre les parallèles à l'axe des y, menées par les points B et B′. Comme l'un des facteurs $x-x'$, $x''-x$ croît en même temps que l'autre dé- croît, on ne voit pas immédiatement de quelle manière varie leur produit lorsqu'on fait croître x de x' à x''. Mais si l'on remarque que ces facteurs ont une somme constante, et que le produit de deux quantités variables, dont la somme est constante, est d'autant plus grand que la différence de ces variables est plus petite, on reconnaîtra facilement de quelle manière varie Y. Désignons effectivement par $2z$ la différence des facteurs $x - x'$, $x'' - x$; la somme de ces facteurs étant $x'' - x'$, on aura :

$$x - x' = \frac{x'' - x'}{2} + z \text{ et } x'' - x = \frac{x'' - x'}{2} - z,$$

d'où l'on tire :

$$x = \frac{x' + x''}{2} + z,$$

ce qui montre que z n'est autre chose qu'une abscisse, comptée à partir du point D milieu de PP'. Cela posé, la valeur de Y devient :

$$Y = \frac{\mu}{2A} \sqrt{\left(\frac{x'' - x'}{2}\right)^2 - z^2};$$

pour $z = -\frac{x'' - x'}{2}$, on a $Y = 0$; et si l'on fait croître z de $-\frac{x'' - x'}{2}$ à zéro, ou x de x' à $\frac{x' + x''}{2}$, Y croîtra de zéro à $\frac{\mu}{4A}(x'' - x')$. Au contraire, Y décroîtra depuis cette valeur jusqu'à zéro, si l'on continue à faire croître z de zéro à $+\frac{x'' - x'}{2}$, ou x de $\frac{x' + x''}{2}$ à x''. On voit en particulier que la valeur maximum de Y est $\frac{\mu}{4A}(x'' - x')$, et qu'elle correspond à $z = 0$, c'est-à-dire, à $x = \frac{x' + x''}{2}$ qui est l'abscisse du point D.

Il résulte de là que, si l'on mène, par le point D, une parallèle à l'axe des y, que l'on prenne sur cette ligne de part et d'autre de X'X, les distances CE, CE' égales à $\frac{\mu}{4A}\ (x'' - x')$ et, enfin, que l'on mène par les points E, E' les droites IH, FG parallèles à X'X, la courbe sera comprise entre ces deux parallèles et n'aura, avec elles, que les seuls points communs E et E'.

En rapprochant ce résultat de celui que nous avons obtenu plus haut, on voit que la courbe, dont nous nous occupons, est renfermée tout entière dans le parallélogramme FIHG, comme l'indique la figure 57, et qu'elle rencontre les côtés de ce parallélogramme en leurs milieux.

Si l'on prend sur Ox, à partir du point D, deux distances égales DK et DL, moindres que DP, les valeurs de Y correspondantes aux abscisses OK et OL seront égales ; on a donc :

$$MR = M'R = NS = N'S,$$

d'où il suit que les triangles CRM, CN'S sont égaux ; il résulte de là que CN' est le prolongement de MC et que le point C est le milieu de MN'. Le point C, qui divise ainsi en deux parties égales toutes les cordes qui y passent, est dit un *centre* de l'ellipse (n° 7). Remarquons enfin que, MR et NS étant égales et parallèles, le quadrilatère MNSR est un parallélogramme. Il s'ensuit que la corde MN est parallèle à X'X et que cette corde est divisée en deux parties égales par la ligne EE'. La même chose a lieu pour toutes les cordes parallèles à X'X ; par conséquent EE' est un diamètre. Chacun des diamètres X'X et EE' partage en deux parties égales les cordes parallèles à l'autre. Deux diamètres, qui ont cette propriété, sont dits *conjugués*.

97. Si les racines du trinôme $mx^2 + 2nx + p$ sont égales entre elles, on a, en désignant par x' leur valeur et en faisant, comme précédemment, $m = -\mu^2$,

$$Y = \frac{\mu}{2A}(x - x')\sqrt{-1};$$

d'où il suit que Y est constamment imaginaire, à moins qu'on ne fasse $x = x'$. L'équation proposée n'admet donc aucune autre solution réelle que celle qui est commune aux deux équations

$$y = -\frac{Bx + D}{2A} \quad \text{et} \quad x = x'.$$

En d'autres termes, le lieu de l'équation proposée se réduit à un point, dont les coordonnées sont

$$x = x', \quad y = -\frac{Bx' + D}{2A}.$$

Il est bon de remarquer que le premier membre de l'équation proposée est la somme de deux carrés; on a, en effet,

$$y = -\frac{Bx + D}{2A} \pm \frac{\mu}{2A}(x - x')\sqrt{-1},$$

d'où l'on déduit :

$$(2Ay + Bx + D)^2 + \mu^2(x - x')^2 = 0,$$

équation qui n'est autre chose que la proposée sous une autre forme.

Si les racines du trinôme $mx^2 + 2nx + p$ sont imaginaires, comme m est négatif, le trinôme sera constamment négatif, et, par suite, Y sera constamment imaginaire. L'équation proposée n'a donc aucune solution réelle; on dit alors qu'elle représente une *ellipse imaginaire*.

Il est bon de remarquer que le premier membre de l'équation proposée est la somme de trois carrés; car, en faisant comme plus haut $m = -\mu^2$, le trinôme $mx^2 + 2nx + p$ est égal à l'expression $-\mu^2 \left(x - \dfrac{n}{\mu^2} \right)^2 - \mu^2 h^2$, où h^2 désigne une quantité positive; alors on a :

$$y = -\frac{Bx + D}{2A} \pm \frac{\mu}{2A} \sqrt{ -\left[\left(x - \frac{n}{\mu^2} \right)^2 + h^2 \right] },$$

d'où l'on déduit:

$$(2Ay + Bx + D)^2 + \mu^2 \left(x - \frac{n}{\mu^2} \right)^2 + \mu^2 h^2 = 0,$$

équation qui n'est autre chose que la proposée sous une autre forme.

Remarque. Pour que les racines du trinôme $mx^2 + 2nx + p$ soient réelles et inégales, il faut et il suffit qu'on ait :

$$n^2 - mp > 0.$$

Par conséquent, pour que l'équation proposée représente effectivement une courbe, il faut et il suffit que l'on ait en supposant, ce qui est permis, que A soit positif :

$$B^2 - 4AC < 0 \quad \text{et} \quad AE^2 + CD^2 - BDE + F(B^2 - 4AC) > 0.$$

Si la deuxième condition n'est pas remplie, l'équation représente un point réel ou une ellipse imaginaire qui sont les *variétés* de l'ellipse.

Discussion de l'Hyperbole $(B^2 - 4AC > 0)$.

98. Le cas de l'hyperbole, comme celui de l'ellipse, se subdivise en trois autres, suivant que les racines du trinôme $mx^2 + 2nx + p$ sont réelles et inégales, égales ou imaginaires.

Considérons, en premier lieu, le cas où les racines du trinôme, dont il s'agit, sont réelles et inégales; désignons-les par x' et x''; supposons, en outre, pour fixer les idées x' et x'' positifs et $x' < x''$·

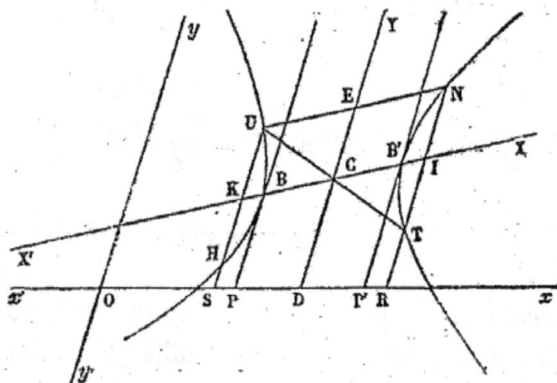

fig. 58.

Soient X'X (fig. 58) le diamètre qui a pour équation

$$y = -\frac{Bx + D}{2A},$$

et B, B' les points où ce diamètre coupe la courbe; si l'on mène les ordonnées BP et B'P', x' et x'' seront les abcisses des points P et P', et la valeur de Y sera

$$\frac{1}{2A} \sqrt{m(x - x')(x - x'')};$$

comme la quantité m est positive, nous la désignerons par μ^2 et l'on aura :

$$Y = \frac{\mu}{2A} \sqrt{(x - x')(x - x'')}.$$

Pour que Y soit réel, il faut que x soit compris entre $-\infty$ et x', ou entre x'' et $+\infty$; la courbe n'a donc aucun point situé entre les deux droites BP, B'P', menées par les points B et B' parallèlement à l'axe des y.

Pour $x = x''$, on a $Y = 0$; et lorsqu'on fait croître x de x'' à $+\infty$, Y croît de zéro à l'infini, car les deux facteurs $x - x'$ et $x - x''$ croissent l'un et l'autre indéfiniment. La courbe, dont nous nous occupons, a donc une branche telle que NB'T qui s'étend à l'infini du côté des abscisses positives, de part et d'autre du diamètre.

Pour $x = x'$, on a encore $Y = 0$; et si l'on fait décroître x de x' à $-\infty$, les deux facteurs $x - x'$, $x - x''$ sont négatifs; en changeant leurs signes, il vient :

$$Y = \frac{\mu}{2A} \sqrt{(x' - x)(x'' - x)} ;$$

on voit que x décroissant de x' à $-\infty$, Y croît de zéro à $+\infty$; la courbe a donc une deuxième branche telle que UBH qui s'étend à l'infini du côté des abscisses négatives, de part et d'autre du diamètre.

L'abscisse du point D milieu de PP' étant $\dfrac{x' + x''}{2}$, posons

$$x = \frac{x' + x''}{2} + z,$$

z sera une abscisse, comptée à partir de D, et la valeur de Y deviendra :

$$Y = \frac{\mu}{2A} \sqrt{z^2 - \left(\frac{x'' - x'}{2}\right)^2}.$$

Cette forme de la valeur de Y permet de constater que la parallèle menée à l'axe des y, par le point D, est un diamètre de l'hyperbole, conjugué au premier diamètre X'X; et, que le point C, où se coupent ces deux diamètres, est un centre de la courbe.

99. Si les racines du trinôme $mx^2 + 2nx + p$ sont égales entre elles, on a, en désignant par x' leur valeur et en faisant, comme précédemment, $m = \mu^2$,

$$Y = \frac{\mu}{2A}(x - x'),$$

et

$$y = -\frac{Bx + D}{2A} \pm \frac{\mu}{2A}(x - x').$$

On voit que, dans ce cas, l'équation proposée représente deux droites, qui se coupent sur le diamètre au point dont l'abscisse est x'; le premier membre de l'équation proposée est alors la différence de deux carrés, car de l'équation précédente, on tire :

$$(2Ay + Bx + D)^2 - \mu^2(x - x')^2 = 0,$$

qui n'est autre que la proposée sous une autre forme.

100. Supposons enfin que les racines du trinôme $mx^2 + 2nx + p$ soient imaginaires.

Dans ce cas Y ne peut s'annuler et la courbe ne rencontre pas le diamètre X'X (fig. 59). En faisant, comme plus haut, $m = \mu^2$, on peut écrire la valeur de Y de la manière suivante :

$$Y = \frac{\mu}{2A}\sqrt{\left(x + \frac{n}{\mu^2}\right)^2 + \frac{p}{\mu^2} - \frac{n^2}{\mu^4}};$$

$\dfrac{p}{\mu^2} - \dfrac{n^2}{\mu^4}$ étant positive, on aura la valeur minimum de Y

en faisant $x = -\dfrac{n}{\mu^2}$; cette valeur est $\dfrac{1}{2A}\sqrt{p - \dfrac{n^2}{\mu^2}}$. Soit D

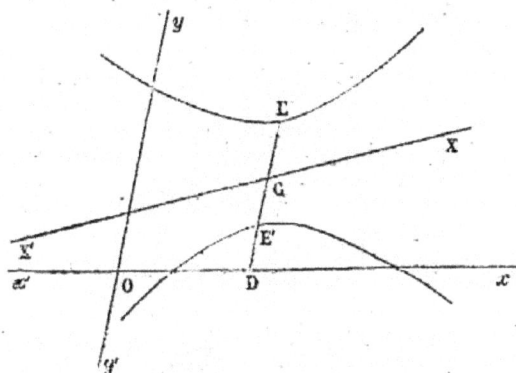

fig. 56.

le point dont l'abscisse est $-\dfrac{n}{\mu^2}$; menons, par ce point, une pa-

rallèle à l'axe Oy et prenons, sur cette parallèle de part et

d'autre du diamètre, $CE = CE' = \dfrac{1}{2A}\sqrt{p - \dfrac{n}{\mu^2}}$; les points E

et E' seront les points de la courbe les plus rapprochés du

diamètre. Enfin si l'on fait varier x de $-\dfrac{n}{\mu^2}$ à $\pm\infty$, la va-

leur de Y croît constamment depuis sa valeur minimum jus-

qu'à l'infini; d'où il suit que la courbe, dont nous nous occu-

pons, a, de chaque côté du diamètre X'X, deux branches qui

s'étendent à l'infini; comme l'indique la figure 59.

Il est aisé de voir, en posant

$$x = -\dfrac{n}{\mu^2} + z,$$

que le point C, où la parallèle à l'axe Oy, menée par le point D, rencontre le diamètre X'X, est un centre de l'hyperbole, et que les droites X'X et E'E sont deux diamètres conjugués. Nous ne croyons pas nécessaire d'insister sur ce point.

Remarque. Suivant que les racines du trinôme $mx^2 + 2nx + p$ sont réelles et inégales, ou imaginaires, on a :

$$n^2 - mp > 0 \quad \text{ou} \quad n^2 - mp < 0;$$

par conséquent, pour que l'équation proposée représente effectivement une hyperbole, il faut et il suffit que l'on ait :

$$B^2 - 4AC > 0 \quad \text{et} \quad AE^2 + CD^2 - BDE + F(B^2 - 4AC) > \text{ ou } < 0.$$

Si la deuxième condition n'est pas remplie, l'équation proposée représente le système de deux droites qui se coupent, système qui constitue une *variété* de l'hyperbole.

101. Le cas de $A = 0$ échappe à la discussion précédente; il importe de l'examiner à part. L'équation proposée se réduit alors à

$$Bxy + Cx^2 + Dy + Ex + F = 0;$$

il faut remarquer qu'on ne peut avoir ici $B = 0$, car il s'en suivrait $B^2 - 4AC = 0$, ce qui est contraire à l'hypothèse que nous discutons. L'équation précédente est du premier degré par rapport à y, et l'on en tire :

$$y = \frac{-Cx^2 - Ex - F}{Bx + D}.$$

Effectuons la division du numérateur par le dénominateur et désignons, pour abréger, le quotient par $mx + n$ et le reste par r, il vient :

$$y = mx + n + \frac{r}{Bx + D}.$$

Soit X'X (fig. 60) la droite qui a pour équation

$$y = mx + n;$$

il est évident qu'on obtiendra les différents points du lieu de l'équation proposée, en ajoutant à chaque ordonnée de la droite X'X la longueur positive ou négative représentée par $\dfrac{r}{Bx + D}$; en d'autres termes, si l'on pose :

$$Y = \frac{r}{Bx + D},$$

Y sera l'ordonnée de la courbe *comptée à partir de la droite* X'X. Supposons, pour fixer les idées, que les quantités r, B et D soient positives; si l'on fait croître x de $-\infty$ à $-\dfrac{D}{B}$, Y reste négatif et décroît de zéro à $-\infty$; la courbe a donc un arc tel que GG' composé de deux branches infi-

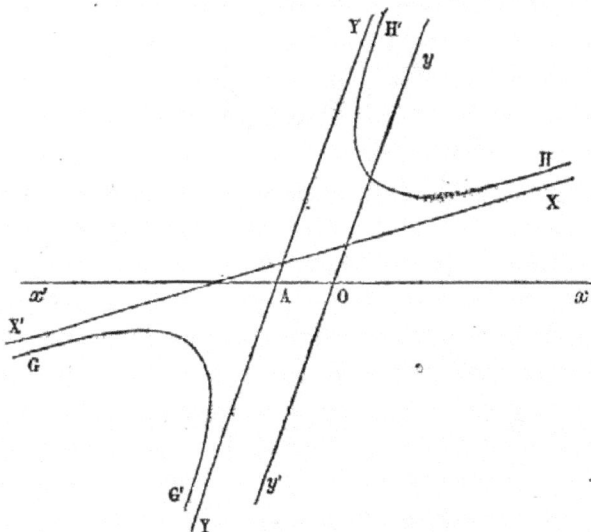

fig. 60.

nies, comme l'indique la figure 60. L'une de ces branches

s'approche indéfiniment de la droite X'X, c'est-à-dire, que la distance d'un point M de la branche de courbe dont il s'agit à la droite X'X décroît indéfiniment de manière à avoir zéro pour limite, lorsque le point M s'éloigne à l'infini. Toute droite, dont une branche de courbe infinie s'approche ainsi indéfiniment, est dite une *asymptote* de la courbe; X'X est donc une asymptote de notre hyperbole. La deuxième branche infinie de l'arc GG' s'approche indéfiniment de la droite Y'Y menée, parallèlement à l'axe Oy, par le point de l'axe des x dont l'abscisse est $-\dfrac{D}{B}$; cette droite Y'Y est donc une deuxième asymptote de l'hyperbole.

Si l'on continue à faire croître x de $-\dfrac{D}{B}$ à $+\infty$, Y devient positif et décroît depuis $+\infty$ jusqu'à zéro; il s'ensuit que notre courbe a un second arc tel que HH' dont les droites XX' et YY' sont encore asymptotes.

Remarque I. Il importe de remarquer le cas de $r=0$. L'équation

$$y = mx + n + \frac{r}{Bx + D}$$

que nous avons déduite de la proposée se réduit à

$$y = mx + n,$$

qui ne représente qu'une droite unique. Mais dans ce cas cette équation ne se déduit de la proposée que par la suppression d'un facteur dont il faut tenir compte. On a effectivement :

$$-(Cx^2 + Ex + F) = (Bx + D)(mx + n),$$

par suite l'équation proposée peut s'écrire :

$$(Bx + D)(y - mx - n) = 0,$$

et elle représente les deux droites

$$Bx + D = 0, \qquad y - mx - n = 0.$$

Remarque II. On peut conclure de ce qui précède, que si l'équation du second degré manque du terme en y^2 ou en x^2, mais qu'elle contienne le rectangle xy, elle représente une hyperbole qui a une asymptote parallèle à l'axe des y ou à l'axe des x. Nous verrons bientôt que cette propriété d'avoir deux asymptotes a lieu indistinctement pour toutes les hyperboles.

Discussion de la parabole $(B^2 - 4AC = 0)$.

102. Conservant les notations du n° 93, soit X'X (fig. 61) le diamètre qui a pour équation

$$y = -\frac{Bx + D}{2A},$$

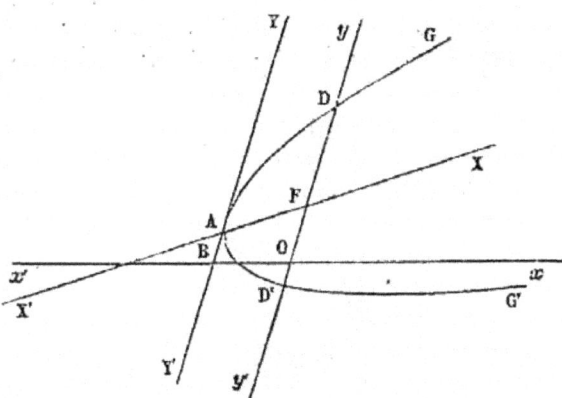

fig. 61.

on a, dans ce cas,

$$Y = \frac{1}{2A} \sqrt{2nx + p}.$$

Supposons d'abord n positif; si l'on fait croître x de $-\infty$

à $-\dfrac{p}{2n}$, Y est imaginaire et il n'y a pas de points correspon-

dants de la courbe; mais, si l'on continue à faire croître x

de $-\dfrac{p}{2n}$ à $+\infty$, la valeur de Y sera constamment réelle et

croîtra de zéro jusqu'à l'infini. La parabole, que nous discutons, est ainsi formée de deux branches infinies AG et AG', qui
partent l'une et l'autre du point A, où le diamètre X'X coupe

la droite qui a pour équation $x = -\dfrac{p}{2n}$. La courbe est donc

illimitée du côté des abscisses positives; elle est limitée au
contraire du côté des abscisses négatives.

La figure 61 suppose que p est positif, la courbe coupe
alors l'axe des y en deux points D et D' pour lesquels on a :

$$Y = \frac{\sqrt{p}}{2A}.$$

Si p est nul, les deux points D et D' se confondent avec le
point A (fig. 62) et la courbe est tout entière située du même

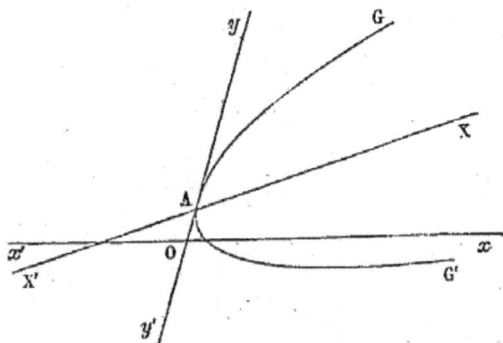

fig. 62.

côté de l'axe des y que les abscisses positives. Si p est négatif, la courbe n'a aucun point commun avec l'axe des y, comme on le voit dans la figure 63.

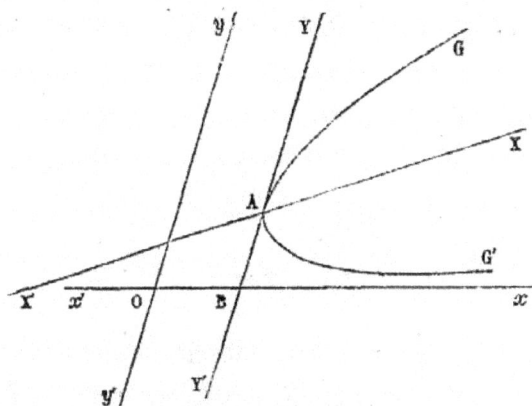

fig. 63.

Lorsque n est négatif, la courbe est limitée du côté des abscisses positives et illimitée du côté des abscisses négatives. Ici, comme dans le cas de n positif, il y a lieu de distinguer les trois hypothèses de $p>0, p=0, p<0$; les trois positions correspondantes de la courbe sont indiquées dans la figure 64.

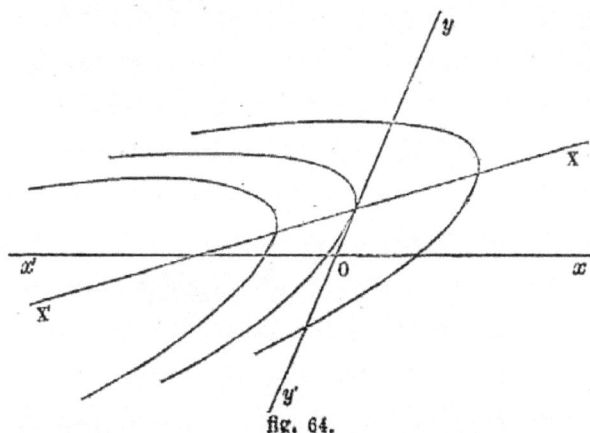

fig. 64.

Enfin lorsque n est nul, on a :

$$Y = \frac{1}{2A}\sqrt{p} \quad \text{et} \quad y = -\frac{Bx+D}{2A} \pm \frac{1}{2A}\sqrt{p};$$

l'équation proposée représente alors deux droites parallèles au diamètre X'X. Ces deux droites sont distinctes si p est positif; elles se confondent l'une et l'autre avec le diamètre lui-même, si p est nul; enfin elles cessent d'exister et deviennent imaginaires si p est négatif.

Remarque I. Pour que l'équation proposée représente effectivement une parabole, il faut et il suffit que l'on ait :

$$B^2 - 4AC = 0 \qquad BD - 2AE \gtrless 0.$$

Si la seconde condition n'est pas remplie, l'équation proposée représente deux droites parallèles qui peuvent se réduire à une seule ou même devenir imaginaires. Ce système de deux droites parallèles est une *variété* de la parabole.

Remarque II. La condition $B^2 - 4AC = 0$, relative au cas de la parabole, exprime que le trinôme $Ay^2 + Bxy + Cx^2$ est un carré.

103. Examinons maintenant le cas de $A = 0$ qui échappe à la discussion précédente. A cause de $B^2 - 4AC = 0$, il faut que l'on ait $B = 0$; l'équation proposée devient alors :

$$Cx^2 + Dy + Ex + F = 0.$$

Si D n'est pas nul, on en tire :

$$y = -\frac{C}{D}\left(x^2 + \frac{E}{C}x + \frac{F}{C}\right).$$

Nous supposerons, pour fixer les idées, que $-\frac{C}{D}$ soit positif, et nous distinguerons trois cas suivant que les racines du trinôme $x^2 + \frac{E}{C}x + \frac{F}{C}$ sont réelles et inégales, égales ou imaginaires.

1° Les racines du trinôme dont il s'agit étant réelles, désignons par x' la plus petite et par x'' la plus grande, il vient :

$$y = -\frac{C}{D}(x-x')(x-x'').$$

On voit que si x croît de $-\infty$ à x', y décroît de $+\infty$ à zéro ; si l'on fait croître x de x' à x'', y part de zéro pour revenir à zéro et il est négatif dans l'intervalle. On peut écrire :

$$y = \frac{C}{D}(x-x')(x''-x),$$

et l'on voit que la somme des facteurs variables $x-x'$, $x''-x$ est constante et égale à $x''-x'$; il suit de là que, x variant de x' à x'', la valeur absolue de y ira d'abord en croissant jusqu'à un certain maximum qui aura lieu pour $x = \dfrac{x'+x''}{2}$; elle décroîtra ensuite jusqu'à zéro. Enfin si l'on continue de faire croître x de x'' à $+\infty$, y redevient positif et croît lui-même jusqu'à l'infini. On obtient ainsi une courbe ayant deux branches infinies, et coupant l'axe des x en deux points (fig. 65), dont les abscisses sont x' et x''.

2° Si les racines du trinôme $x^2 + \dfrac{E}{C}x + \dfrac{F}{C}$ sont égales, en désignant par x' leur valeur, il vient :

$$y = -\frac{C}{D}(x-x')^2;$$

on trouve, comme dans le cas précédent, que la courbe a deux branches infinies, la seule différence consiste en ce que les deux points où la courbe coupe l'axe des x sont réunis en un seul ; ce cas est indiqué sur la figure 65.

3° Si le trinôme $x^2 + \dfrac{E}{C}x + \dfrac{F}{C}$ a ses racines imaginaires, la valeur de y a la forme

$$y = -\frac{C}{D}\left[(x-\alpha)^2 + \mathfrak{b}^2\right].$$

On voit que si x croît de $-\infty$ à α, y décroît de $+\infty$ à $-\dfrac{C}{D}\mathfrak{b}^2$, et que si x continue de croître de α à $+\infty$, y croît lui-même de $-\dfrac{C}{D}\mathfrak{b}^2$ à $+\infty$. La courbe (fig. 65) a encore deux branches infinies, mais elle ne rencontre pas l'axe des x.

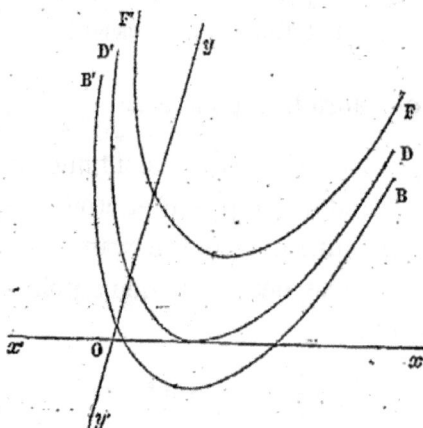

fig. 65.

Nous avons supposé, dans cette discussion, que $-\dfrac{C}{D}$ est positif. Il n'y aurait qu'une modification légère à faire pour le cas de $-\dfrac{C}{D}$ négatif ; nous n'insisterons pas davantage.

Remarque. Si D est nul, l'équation ne renferme plus la variable y ; elle représente alors deux parallèles à l'axe des y, ainsi que nous en avons déjà fait la remarque.

Exemples de discussion de courbes du second degré.

104. Nous croyons devoir présenter ici quelques exemples de discussion d'équations numériques.

Exemple I. Soit l'équation

$$4y^2 - 12xy + 17x^2 + 8y - 28x - 20 = 0$$

$B^2 - 4AC = -128$; le lieu appartient donc au genre *Ellipse*. On tire, de l'équation proposée,

$$y = \frac{3}{2}x - 1 \pm \sqrt{-2(x^2 - 2x - 3)};$$

les racines du trinôme $x^2 - 2x - 3$ sont -1 et $+3$, l'équation représente donc une ellipse réelle qui a pour diamètre la droite

$$y = \frac{3}{2}x - 1,$$

et qui coupe ce diamètre aux points dont les abscisses sont -1 et $+3$ (fig. 66).

fig. 66.

Construisons ce diamètre; en faisant $y=0$ dans son équation, on trouve $x = \frac{2}{3}$; et, en faisant $x=0$, on trouve $y=-1$. Si, donc, on prend $OI = \frac{2}{3}$ et $OF = 1$, la droite IF sera le diamètre demandé. Prenons $OP = 1$, $OP' = 3$, et menons PB, P'B' parallèles à l'axe Oy;

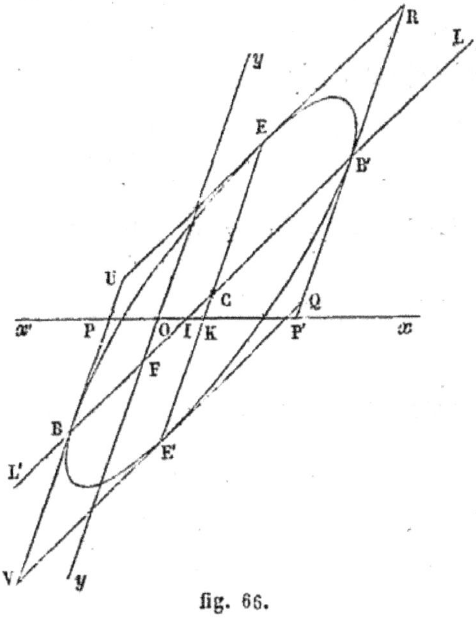

les points B et B′, où ces parallèles rencontrent lë diamètre, appartiennent à la courbe. L'ordonnée comptée à partir du diamètre est ici

$$Y = \sqrt{2(x+1)(3-x)};$$

si l'on fait croître x de -1 à $\dfrac{-1+3}{2}$ ou 1, Y croîtra depuis zéro jusqu'à sa valeur maximum qui est $2\sqrt{2}$. Prenons OK$=1$; menons, par le point K, EE′ parallèle à l'axe des y et prenons sur cette parallèle, à partir du point où elle coupe le diamètre, les longueurs CE, CE′ égales à $2\sqrt{2}$; la courbe, dont nous nous occupons, aura un premier arc tel que EBE′ qu'on obtiendra avec une exactitude aussi grande que l'on voudra, en construisant un nombre de points suffisamment grand. Si l'on fait croître x de 1 à $+3$, Y décroîtra de $2\sqrt{2}$ à zéro, ce qui donne le second arc de courbe EB′E′. La courbe est comprise dans le parallélogramme VURQ. Pour avoir les points où elle coupe les axes, il suffit de faire $y=0$, puis $x=0$ dans son équation. On obtient ainsi :

$$17x^2 - 28x - 20 = 0,$$

qui a pour racines les abscisses des points où la courbe coupe l'axe des x; et

$$4y^2 + 8y - 20 = 0,$$

qui a pour racines les ordonnées des points où la courbe coupe l'axe des y.

Exemple II. Soit l'équation

$$4y^2 - 4xy + 2x^2 + 8y - 6x + 5 = 0;$$

on a ici $B^2 - 4AC = -16$, et on tire, de l'équation proposée,

$$y = \frac{x}{2} - 1 \pm \frac{1}{2} \sqrt{-(x^2 - 2x + 1)};$$

les deux racines du trinôme $x^2 - 2x + 1$ sont égales à 1;
l'équation proposée ne représente donc que le point dont les
coordonnées sont

$$x = 1, \quad y = -\frac{1}{2}.$$

EXEMPLE III. Soit l'équation

$$y^2 - 4xy + 5x^2 - 2y + 4x + 2 = 0,$$

on a $B^2 - 4AC = -4$, et on tire :

$$y = 2x + 1 \pm \sqrt{-(x^2 + 1)};$$

les racines du polynôme $x^2 + 1$ sont imaginaires; par conséquent l'équation proposée représente une ellipse imaginaire.

EXEMPLE IV. Soit l'équation

$$y^2 - 2xy - x^2 + x = 0,$$

on a ici $B^2 - 4AC = +8$; le lieu appartient donc au genre
Hyperbole. On tire de l'équation

$$y = x \pm \sqrt{2x^2 - x};$$

les racines du polynôme $2x^2 - x$ sont 0 et $\frac{1}{2}$; l'équation représente donc effectivement une hyperbole qui coupe le diamètre

$$y = x,$$

aux points dont les abscisses sont 0 et $\frac{1}{2}$. Le diamètre en question se construit aisément, il est la bissectrice de l'angle yOx (fig. 67); prenons $OA = \frac{1}{2}$ et menons, par le point A, la

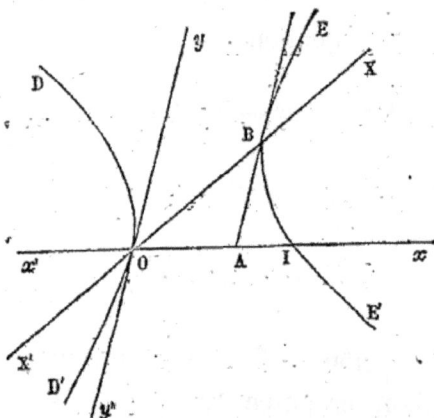

fig. 67.

droite AB parallèle à Oy. Si l'on fait croître x de $\frac{1}{2}$ à $+\infty$, Y croît de zéro à $+\infty$ et la courbe a une branche infinie correspondante EBE'.

Si maintenant on fait décroître x de 0 à $-\infty$, Y croît de zéro à $+\infty$, et la courbe a une deuxième branche infinie correspondante, telle que DOD'.

Il est presque superflu de dire que Y est imaginaire pour les valeurs de x comprises entre 0 et $\frac{1}{2}$.

EXEMPLE V. Soit l'équation

$$y^2 - 4xy - 5x^2 - 2y + 16x - 3 = 0.$$

On a $B^2 - 4AC = +36$; en outre on tire, de l'équation proposée,

$$y = 2x + 1 \pm \sqrt{9x^2 - 12x + 4} = 2x + 1 \pm (3x - 2).$$

Les racines du trinôme $9x^2 - 12x + 4$ sont toutes deux égales à $\frac{2}{3}$, et l'équation proposée représente deux droites qui se coupent en un point situé sur le diamètre

$$y = 2x + 1,$$

et dont les coordonnées sont $x = \frac{2}{3}$, $y = \frac{7}{3}$. Les équations de ces deux droites sont

$$y = 5x - 1,$$
$$y = -x + 3.$$

EXEMPLE VI. Soit l'équation

$$y^2 - 6xy + 8x^2 + 4y - 12x + 3 = 0.$$

On a $B^2 - 4AC = +4$; l'équation proposée donne :

$$y = 3x - 2 \pm \sqrt{x^2 + 1}.$$

Les racines du polynôme $x^2 + 1$ sont imaginaires et l'équation proposée représente une hyperbole qui ne rencontre pas le diamètre

$$y = 3x - 2;$$

soit X'X ce diamètre (fig. 68) ; l'ordonnée Y a, ici, pour valeur,

$$Y = \sqrt{x^2 + 1}.$$

Si l'on fait croître x de $-\infty$ à 0, Y décroît depuis ∞ jusqu'à 1 ; on obtient ainsi deux branches infinies telles que G'I

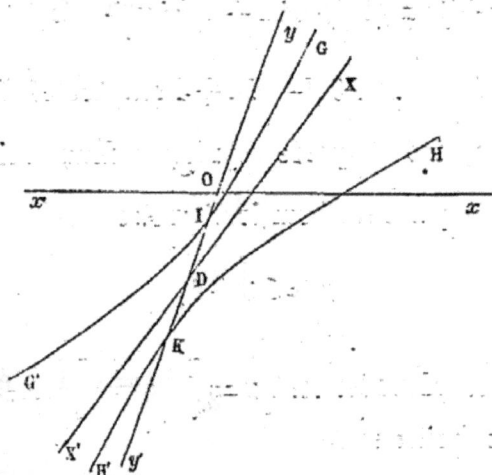

fig. 68.

et H'K. Si l'on continue à faire croître x de zéro à $+\infty$, Y croît depuis 1 jusqu'à l'infini et l'on obtient deux autres branches infinies telles que IG et KH.

Le centre de la courbe est le point D où le diamètre rencontre l'axe des y.

EXEMPLE VII. Soit l'équation

$$xy - x^2 - y - 1 = 0$$

Cette équation, ne renfermant pas de terme en y^2 et contenant le rectangle xy, représente une hyperbole. On en tire :

$$y = \frac{x^2 + 1}{x - 1} = x + 1 + \frac{2}{x - 1}.$$

Soit X'X (fig. 69) la droite qui a pour équation :

$$y = x + 1,$$

et qui, comme nous l'avons vu (n° 101), est une asymptote

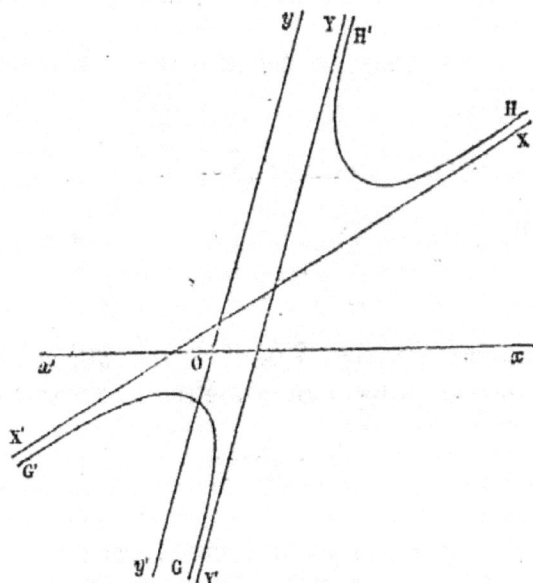

fig. 69.

de l'hyperbole ; l'ordonnée Y, comptée à partir de cette asymptote, a pour valeur :

$$Y = \frac{2}{x - 1}.$$

Si l'on fait croître x de $-\infty$ à 1, Y est constamment né-gatif et décroît de zéro à $-\infty$; on a ainsi un arc de courbe correspondant tel que G'G, composé de deux branches infinies qui ont pour asymptotes l'une X'X, l'autre la droite Y'Y menée parallèlement à l'axe des y, par le point de l'axe des x dont l'abscisse est 1. En continuant à faire croître x de 1 à $+\infty$, Y devient positif et décroît de $+\infty$ à zéro ; on trouve ainsi

9

un second arc tel que H'H qui a les mêmes asymptotes que le premier.

EXEMPLE VIII. Soit l'équation

$$y^2 - 2xy + x^2 + x = 0.$$

On a ici $B^2 - 4AC = 0$; le lieu appartient donc au genre *Parabole*; on en tire :

$$y = x \pm \sqrt{-x}.$$

Le diamètre,

$$y = x,$$

est la bissectrice X'X (fig. 70), de l'angle yOx et l'ordonnée Y, comptée à partir de ce diamètre, a pour valeur :

$$Y = \sqrt{-x}.$$

Si l'on fait croître x de $-\infty$ à zéro, la valeur de Y décroît de ∞ à zéro; on obtient ainsi la courbe G'OG, qui est située toute entière du même côté de l'axe des y que les abscisses négatives. Effectivement l'ordonnée Y est imaginaire pour les valeurs positives de x.

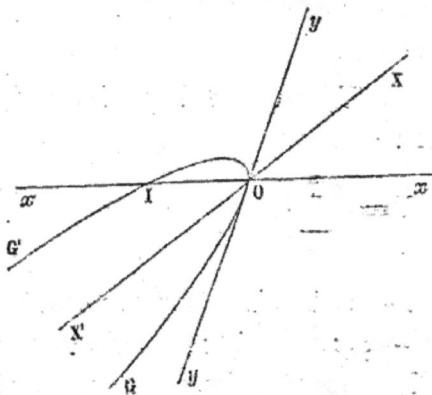

fig. 70.

EXEMPLE IX. Soit l'équation :

$$y^2 - 2xy + x^2 + 4y - 4x + 1 = 0.$$

On a $B^2 - 4AC = 0$, et l'équation donne :

$$y = x - 2 \pm \sqrt{3};$$

ce qui montre qu'elle représente deux droites, parallèles au diamètre $y = x - 2$ et équidistantes de ce diamètre.

EXEMPLE X. Soit l'équation :

$$x^2 - 3y - 5x + 4 = 0.$$

On a $B^2 - 4AC = 0$ et l'équation proposée donne :

$$y = \frac{1}{3}[x^2 - 5x + 4],$$

ou

$$y = \frac{1}{3}(x - 1)(x - 4).$$

On voit que la courbe rencontre l'axe des x aux points B

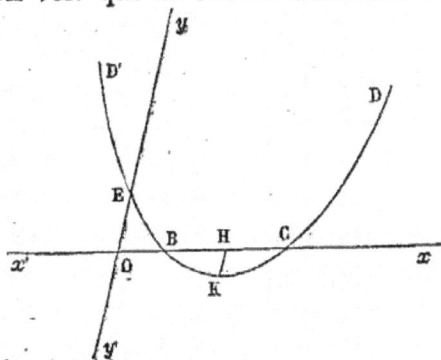

fig. 71.

et C (fig. 71), qui ont pour abscisses 1 et 4. Si l'on fait croître x de $-\infty$ à $+1$, y décroît de $+\infty$ à zéro; on a ainsi l'arc D'EB. Si x croît de 1 à 4, y devient négatif; il décroît d'abord depuis zéro jusqu'à son minimum $-\frac{3}{4}$, minimum qui correspond à $x = \frac{5}{2}$; il croît ensuite depuis ce minimum jusqu'à zéro; on obtient ainsi un arc tel que BKC; enfin si l'on continue à faire croître x de 4 à $+\infty$, y croît de zéro à $+\infty$, et on obtient l'arc indéfini CD.

DU CENTRE, DES DIAMÈTRES ET DES AXES DANS LES COURBES
DU SECOND DEGRÉ.

Du centre.

105. On nomme *centre* d'une courbe (n°ˢ 7 et 96) un point qui divise en deux parties égales toutes les cordes qui y passent.

THÉORÈME. *Si un centre d'une courbe est pris pour origine des coordonnées rectilignes, l'équation de cette courbe ne change pas, quand on y remplace x par — x et y par — y.*

Réciproquement, *si l'équation d'une courbe ne change pas quand on remplace x par — x et y par — y, l'origine des coordonnées est un centre de la courbe.*

1° Supposons que l'origine O (fig. 72) soit un centre d'une courbe; joignons un point quelconque M de cette courbe au centre O, et prolongeons OM d'une quantité OM' = OM; le point M' sera aussi un point de la courbe. De plus, si l'on mène les ordonnées MP, M'P', il est évident que les triangles MOP

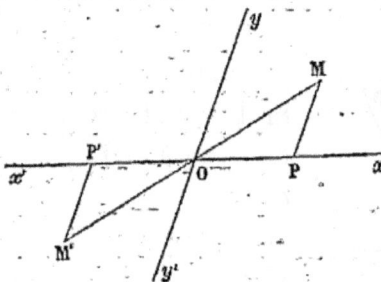

fig. 72.

et M'OP' seront égaux; d'où il suit que les coordonnées du point M' sont égales et de signes contraires à celles du point M. On voit par là que, si l'équation de la courbe admet une solution telle que $x = \alpha, y = 6$, elle admettra aussi la solution $x = -\alpha, y = -6$; en d'autres termes, cette équation et celle qu'on en déduit par le changement de x et y en — x et — y, admettront les mêmes solutions; ce qui démontre la première partie du théorème énoncé.

2° Supposons que l'équation d'une courbe ne soit pas altérée par le changement de x en $-x$ et de y en $-y$. Si cette équation admet la solution $x = \alpha$, $y = 6$, elle admettra aussi, par hypothèse, la solution $x = -\alpha$, $y = -6$. Soient M et M′ (fig. 72) les deux points qui ont respectivement pour coordonnées α et 6, $-\alpha$ et -6; menons MP et M′P′ parallèles à Oy, tirons OM et OM′; il est aisé de voir que les triangles MOP et M′OP′ sont égaux, d'où l'on conclut que OM $=$ OM′ et que MOM′ est une ligne droite; ce qui démontre la deuxième partie du théorème énoncé.

Remarque. Si, en particulier, un centre d'une courbe *algébrique* est pris pour origine des coordonnées, les degrés des termes que renferme l'équation de cette courbe sont tous pairs ou tous impairs; et réciproquement. Ceci suppose, bien entendu, que l'équation soit préparée de manière que l'un de ses membres soit nul et que l'autre membre soit une fonction rationnelle et entière des coordonnées.

106. D'après le théorème qu'on vient d'établir, il suffira, pour trouver le centre ou les centres d'une courbe, de transporter les axes parallèlement à eux-mêmes, de manière que l'origine prenne une position indéterminée; puis de disposer des coordonnées de cette origine de manière à satisfaire, s'il est possible, à la condition que nous avons reconnue être nécessaire et suffisante.

Nous nous bornerons ici à faire l'application de cette théorie aux courbes du second degré. Soit

(1) $Ay^2 + Bxy + Cx^2 + Dy + Ex + F = 0$,

l'équation d'une courbe du second degré. En transportant les axes parallèlement à eux-mêmes de manière que l'origine soit en un point indéterminé (x', y'), l'équation de la courbe devient:

$$Ay^2 + Bxy + Cx^2 + (2Ay' + Bx' + D)y + (By' + 2Cx' + E)x +$$
$$A\bar{y}'^2 + Bx'y' + Cx'^2 + Dy' + Ex' + F = 0.$$

Pour que la nouvelle origine soit un centre de la courbe, il faut et il suffit (n° 105) que l'on ait :

$$2Ay' + Bx' + D = 0,$$
$$By' + 2Cx' + E = 0;$$

les coordonnées du centre sont donc données par les équations

$$(2) \qquad 2Ay + Bx + D = 0,$$
$$By + 2Cx + E = 0.$$

Les premiers membres de ces équations (2) sont les dérivées du premier membre de l'équation (1) prises respectivement par rapport à y et par rapport à x. On en tire :

$$x = \frac{2AE - BD}{B^2 - 4AC} \quad \text{et} \quad y = \frac{2CD - BE}{B^2 - 4AC}.$$

Dans le cas de l'ellipse et dans celui de l'hyperbole, la quantité $B^2 - 4AC$ est différente de zéro ; par conséquent ces courbes ont un centre unique.

Dans le cas de la parabole, $B^2 - 4AC$ est nul et les équations (2) sont incompatibles ; d'où il suit que la courbe n'a pas de centre. A la vérité les valeurs précédentes de x et de y se présentent sous la forme $\frac{0}{0}$, si l'on a en outre $2AE - BD = 0$ et $2CD - BE = 0$; mais alors l'équation (1) représente deux droites parallèles, et la figure qu'elles forment admet évidemment une infinité de centres, dont le lieu est la ligne droite représentée par l'une ou l'autre des équations (2).

Des diamètres.

107. On nomme *diamètre* d'une courbe (n° 93) une ligne droite qui divise en deux parties égales toutes les cordes parallèles à une même droite.

Nous allons démontrer que, dans une courbe du second degré, il existe un diamètre pour chaque système de cordes parallèles; nous donnerons en même temps le moyen de trouver son équation. Soient

$$Ay^2 + Bxy + Cx^2 + Dy + Ex + F = 0.$$

ou, pour abréger,

$$(1) \qquad f(x, y) = 0,$$

l'équation d'une courbe du second degré, et

$$y = mx,$$

l'équation d'une droite, menée par l'origine, parallèlement aux cordes que nous voulons considérer. Soient NN′ (fig. 73) l'une de ces cordes, x' et y' les coordonnées de son milieu M. Si l'on imagine que les axes soient transportés parallèlement à eux-mêmes au point M, l'équation de la courbe deviendra:

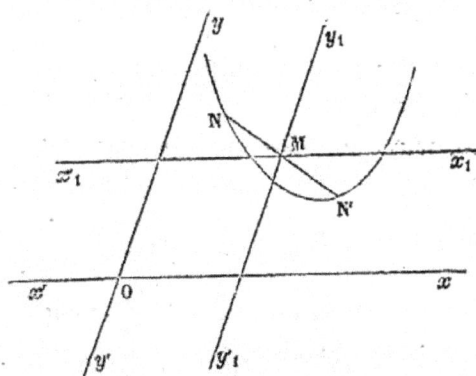

fig. 73.

$$(2) \qquad f(x + x', y + y') = 0,$$

et celle de la droite NN′ sera évidemment

$$(3) \qquad\qquad y = mx.$$

Il suit de là que l'équation du second degré en x,

$$(4) \qquad\qquad f(x + x', mx + y') = 0,$$

qu'on obtient en éliminant y entre (2) et (3), aura pour racines les abscisses des deux points N et N′ ; mais, comme ces abscisses sont égales et de signes contraires, l'équation (4) ne doit pas renfermer la première puissance de x. Égalant donc à zéro le coefficient du terme du premier degré dans l'équation (4), on obtiendra une équation entre x', y' et m, qui représentera le lieu des milieux des cordes parallèles à la droite $y = mx$; on trouve, en faisant le calcul, que cette équation est

$$(2Am + B)y' + (Bm + 2C)x' + Dm + E = 0,$$

ou, en supprimant les accents,

$$(2Am + B)y + (Bm + 2C)x + Dm + E = 0 ;$$

cette équation est du premier degré, elle représente donc une droite, comme on l'avait annoncé.

108. L'équation précédente peut être mise sous la forme suivante :

$$(2Ay + Bx + D)m + By + 2Cx + E = 0 ;$$

on voit que la partie multipliée par m est la dérivée par rapport à y du premier membre de l'équation proposée, tandis que la partie indépendante de m est la dérivée par rapport à x de ce même premier membre. Si donc on désigne par Y la première des dérivées dont il vient d'être question, par X la seconde, l'équation du diamètre, correspondant aux cordes qui ont m pour coefficient angulaire, sera

$$mY + X = 0.$$

Les diamètres, qui correspondent aux cordes parallèles à l'axe des x et aux cordes parallèles à l'axe des y, s'obtiennent en faisant $m=0$ et $m=\infty$ dans l'équation générale,

$$mY + X = 0 \quad \text{ou} \quad Y + \frac{1}{m} X = 0.$$

Il vient ainsi :

$$X = 0 \quad \text{et} \quad Y = 0.$$

Ces deux dernières équations sont précisément celles qui déterminent les coordonnées du centre (n° 106); lorsqu'elles sont satisfaites, l'équation générale des diamètres est également satisfaite quel que soit m. Il s'ensuit que, dans l'ellipse et dans l'hyperbole, tous les diamètres passent par le centre. Réciproquement, toute droite, menée par le centre d'une ellipse ou d'une hyperbole, est un diamètre de cette courbe; en effet une telle droite (n° 87) a une équation de la forme :

$$mY + X = 0,$$

et, par conséquent, elle n'est autre que le diamètre qui partage en deux parties égales les cordes parallèles à la droite

$$y = mx.$$

Dans le cas de la parabole, on a $B^2 - 4AC = 0$ et les deux diamètres particuliers

$$X = 0, \quad Y = 0,$$

sont parallèles. On en déduit aisément que, dans la parabole, tous les diamètres sont parallèles, et que toute droite parallèle à un diamètre est elle-même un diamètre.

Des diamètres conjugués.

109. Deux diamètres sont dits *conjugués*, lorsque chacun d'eux divise en deux parties égales les cordes parallèles à l'autre.

La parabole ne peut avoir de diamètres conjugués, puisque tous les diamètres de cette courbe sont parallèles. Au contraire, à chaque diamètre de l'ellipse ou de l'hyperbole correspond un diamètre conjugué. En effet, soient

$$y = mx + n, \qquad y = m'x + n',$$

les équations de deux diamètres. La condition, pour que le second divise en parties égales les cordes parallèles au premier, est (n° 107)

$$m' = -\frac{Bm + 2C}{2Am + B} \quad \text{ou} \quad 2Amm' + B(m + m') + 2C = 0.$$

Cette équation est symétrique par rapport à m et m'; elle exprime donc aussi la condition pour que le premier diamètre divise en deux parties égales les cordes parallèles au second. Donc la condition pour que les deux diamètres soient conjugués est

$$2Amm' + B(m + m') + 2C = 0.$$

Des axes.

110. On nomme *axe* d'une courbe (n° 4) un diamètre qui est perpendiculaire aux cordes qu'il divise en deux parties égales.

Il est aisé de trouver les axes des courbes du second degré. Soit la courbe :

$$Ay^2 + Bxy + Cx^2 + Dy + Ex + F = 0,$$

rapportée à deux axes faisant entre eux l'angle θ. Désignons par m' le coefficient d'inclinaison d'un axe, par m celui de ses cordes; on aura :

$$2Amm' + B(m + m') + 2C = 0,$$
$$mm' + (m + m')\cos\theta + 1 = 0;$$

on tire de ces équations les valeurs suivantes de mm et de $m+m'$,

$$m + m' = 2\frac{A - C}{B - 2A\cos\theta}, \qquad mm' = \frac{2C\cos\theta - B}{B - 2A\cos\theta},$$

m et m' sont donc les racines de l'équation

$$\zeta^2 - 2\frac{A - C}{B - 2A\cos\theta}\zeta + \frac{2C\cos\theta - B}{B - 2A\cos\theta} = 0.$$

Dans l'ellipse et dans l'hyperbole, chaque diamètre a son conjugué; alors les racines de l'équation en ζ sont les coefficients de deux axes perpendiculaires entre eux; ce sont les seuls que possède la courbe. Si, au contraire, l'équation proposée appartient à une parabole, l'équation en ζ a pour l'une de ses racines le coefficient d'inclinaison de l'axe unique; ce coefficient a pour valeur $-\dfrac{B}{2A}$ ou $-\dfrac{2C}{B}$, puisque tous les diamètres sont parallèles. L'autre racine de l'équation en ζ est le coefficient d'inclinaison des cordes que l'axe divise en deux parties égales.

Remarque. L'une des racines de l'équation en ζ est infinie si l'on a $B = 2A\cos\theta$; dans ce cas l'un des axes de la courbe est parallèle à l'un des axes coordonnés. Mais si l'on a en même temps $B = 2A\cos\theta$ et $A = C$, l'équation en ζ est satisfaite identiquement, d'où il suit que tout diamètre est un axe. Cette conclusion est conforme à ce qui a été dit plus haut; car, dans le cas dont il s'agit, la courbe est un cercle (n° 86).

On nomme *sommets* d'une courbe (n° 6), les points où cette courbe est rencontrée par ses axes.

RÉDUCTION DE L'ÉQUATION DU SECOND DEGRÉ A LA FORME LA PLUS
SIMPLE PAR LE CHANGEMENT DES COORDONNÉES.

111. *Évanouissement des termes du premier degré.* Soit

$$Ay^2 + Bxy + Cx^2 + Dy + Ex + F = 0,$$

l'équation d'une courbe du second degré rapportée à deux
axes rectilignes quelconques. Si $B^2 - 4AC$ n'est pas nul, auquel cas l'équation représente une ellipse ou une hyperbole,
on peut faire disparaître de l'équation les termes du premier
degré en transportant les axes parallèlement à eux-mêmes au
centre de la courbe. Faisant donc cette opération et désignant par x' et y' les coordonnées du centre, l'équation de
la courbe devient :

$$Ay^2 + Bxy + Cx^2 + F' = 0,$$

où l'on fait, pour abréger,

$$F' = Ay'^2 + Bx'y' + Cx'^2 + Dy' + Ex' + F.$$

Cette valeur de F' peut être simplifiée : on a effectivement
(n° 106) :

$$2Ay' + Bx' + D = 0,$$
$$By' + 2Cx' + E = 0;$$

ajoutant ces équations, après les avoir multipliées par y' et
par x' respectivement, il vient :

$$2Ay'^2 + 2Bx'y' + 2Cx'^2 + Dy' + Ex' = 0,$$

ce qui réduit la valeur de F' à

$$F' = \frac{Dy' + Ex'}{2} + F.$$

Si l'équation proposée représente une parabole, la transformation précédente ne peut évidemment être appliquée.

112. *Évanouissement du rectangle.* Soit

$$(1) \qquad Ay^2 + Bxy + Cx^2 + Dy + Ex + F = 0,$$

l'équation d'une courbe du second degré. Si les axes ne sont pas rectangulaires, on commencera par rapporter la courbe à deux nouveaux axes rectangulaires quelconques; par exemple on pourra conserver l'axe des x et changer seulement l'axe des y, ou inversement. Nous admettrons que cette transformation préalable a été exécutée, et que l'équation proposée est relative à deux axes rectangulaires.

Cela posé, rapportons la courbe à de nouveaux axes rectangulaires ayant la même origine que les premiers : les formules de transformation à employer sont

$$x = x_1 \cos \alpha - y_1 \sin \alpha,$$
$$y = x_1 \sin \alpha + y_1 \cos \alpha,$$

et, l'équation de la courbe devient :

$$(2) \qquad A'y_1^2 + B'x_1 y_1 + C'x_1^2 + D'y_1 + E'x_1 + F = 0,$$

en faisant, pour abréger,

$$(3) \quad \begin{cases} A' = A\cos^2\alpha - B\sin\alpha\cos\alpha + C\sin^2\alpha, \\ B' = 2(A-C)\sin\alpha\cos\alpha + B(\cos^2\alpha - \sin^2\alpha), \\ C' = A\sin^2\alpha + B\sin\alpha\cos\alpha + C\cos^2\alpha, \\ D' = D\cos\alpha - E\sin\alpha, \\ E' = D\sin\alpha + E\cos\alpha. \end{cases}$$

On voit, d'après cela, que l'équation (2) ne contiendra pas

le rectangle des variables, si l'on dispose de l'indéterminée α pour faire

$$B' = 0;$$

cette équation revient à

$$(A - C)\sin 2\alpha + B\cos 2\alpha = 0,$$

et l'on en tire :

$$(4) \qquad \tang 2\alpha = \frac{-B}{A - C}.$$

Désignons par $2\alpha'$ l'angle compris entre $0°$ et $180°$ dont la tangente est $\frac{-B}{A - C}$; les valeurs de α qui satisferont à l'équation (4) seront données par la formule

$$\alpha = \alpha' + 90° \times k,$$

où k désigne un entier. En faisant $k = 0$, on a $\alpha = \alpha'$, ce qui donne un certain système d'axes pour lesquels l'équation de la courbe est dépourvue de rectangle; or je dis que ce système est unique. En effet, il est clair que les systèmes d'axes, qui correspondent à $k = 1$, $k = 2$, etc., ne sont autre chose que le système correspondant à $k = 0$, et que l'on ferait tourner autour de l'origine jusqu'à ce que chacun des axes eût décrit $90°$, $180°$, etc. Dans ce mouvement de rotation les axes s'échangent les uns dans les autres, mais il n'y a aucun changement dans leur système.

Il résulte de là que, pour une origine donnée, il existe un système unique d'axes rectangulaires pour lesquels l'équation d'une courbe du second degré est dépourvue du rectangle des variables. Il faut remarquer toutefois que cette conclusion est en défaut dans le cas du cercle. On a effectivement alors $B = 0$ et $A = C$ (n° 86); l'équation (4) devient $\tan 2\alpha = \dfrac{0}{0}$ et elle est satisfaite, quel que soit α. On sait en effet que l'équation de la circonférence, rapportée à deux axes rectangulaires quelconques, ne renferme pas le rectangle des variables.

De l'équation (4), on tire :

$$\sin 2\alpha = \frac{-B}{\sqrt{B^2 + (A-C)^2}}, \qquad \cos 2\alpha = \frac{A-C}{\sqrt{B^2 + (A-C)^2}} \; ;$$

le signe, avec lequel il faut prendre le radical, étant déterminé quand on a fixé celle des valeurs de α que l'on choisit. Cela posé, en combinant la première et la troisième équation (3) par voie d'addition et de soustraction, il vient :

$$A' + C' = A + C$$
$$A' - C' = (A - C)\cos 2\alpha - B \sin 2\alpha = \sqrt{(A-C)^2 + B^2} \; ;$$

d'où il suit que A' et C' sont les valeurs de l'expression

$$\frac{1}{2}\left(A + C \pm \sqrt{(A-C)^2 + B^2}\right).$$

Il est utile de connaître ce résultat; on formerait aisément les valeurs des coëfficients D' et E', mais, comme les formules qui les expriment ne sont d'aucune utilité, nous n'entrerons pas dans ce détail.

115. *Réduction de l'équation du second degré dans le cas de l'ellipse et dans celui de l'hyperbole.* La courbe étant rapportée à deux axes rectangulaires, on fera disparaître de son équation les termes du premier degré, en transportant les axes parallèlement à eux-mêmes au centre de la courbe.

On fera disparaître ensuite le rectangle des variables en changeant la direction des axes. Il est clair que la seconde transformation ne rétablira pas de termes du premier degré, et l'équation de la courbe aura définitivement la forme :

$$My^2 + Nx^2 = H.$$

Les axes coordonnés sont évidemment les axes de la courbe.

114. *Réduction de l'équation de la parabole.* La courbe étant rapportée à deux axes rectangulaires, si l'on fait disparaître le rectangle des variables, le carré de l'une des variables disparaîtra en même temps, puisque la quantité $B^2 - 4AC$ est toujours nulle. Si c'est, par exemple, le carré de x que l'on fait disparaître, l'équation prendra la forme :

$$A'y^2 + D'y + E'x + F = 0.$$

On pourra ensuite faire disparaître le terme en y et le terme indépendant, en transportant les axes parallèlement à eux-mêmes en un point (x', y'), tel que l'on ait :

$$2A'y' + D' = 0 ,$$
$$A'y'^2 + D'y' + E'x' + F = 0 ,$$

et l'équation de la courbe aura définitivement la forme :

$$My^2 + Px = 0.$$

L'axe des x est évidemment l'axe de la parabole.

115. On peut comprendre, dans une même équation à trois termes, toutes les courbes du second degré. Effectivement l'équation

$$My^2 + Nx^2 = H ,$$

qui comprend l'ellipse et l'hyperbole prend la forme :

$$My^2 + Nx^2 + Px = 0,$$

si l'on transporte l'axe des y parallèlement à lui-même, de manière que la nouvelle origine soit à l'un des points où l'axe des x rencontre la courbe. D'ailleurs l'équation précédente donne la parabole, si l'on y fait $N = 0$.

EXERCICES.

Questions à résoudre.

I. La discussion de l'ellipse ou de l'hyperbole, rapportée à deux axes quelconques (n°s 96 et 98), met en évidence l'existence de deux diamètres conjugués, dont l'un est parallèle à l'axe des y. On demande de trouver l'équation de la courbe, en prenant pour axes les deux diamètres conjugués dont il s'agit. (L'ordonnée Y étant immédiatement donnée en x, il suffira d'exprimer x en fonction de X. On peut se dispenser ainsi de recourir aux formules générales de la transformation des coordonnées.)

II. La discussion de l'hyperbole, représentée par une équation privée du terme en y^2 (n° 101), met en évidence l'existence de deux asymptotes. On demande de trouver l'équation de la courbe en prenant les asymptotes pour axes des coordonnées.

III. Étant donnée une courbe du second degré, on mène, par un point P, deux sécantes qui coupent la courbe, la première aux points A et A′, la seconde aux points B et B′; on mène également, par un autre point p, deux sécantes parallèles aux premières et qui coupent la courbe aux points a et a', b et b' respectivement. On demande de prouver que l'on a

$$\frac{PA \times PA'}{PB \times PB'} = \frac{pa \times pa'}{pb \times pb'}.$$

On s'appuiera sur ce fait que : dans l'équation d'une courbe du second degré, les termes en y^2 en xy et en x^2 ne changent pas, quand on transporte les axes parallèlement à eux-mêmes.

IV. Étant donnés un triangle ABC et un point P, on mène, par le point P, une sécante qui coupe les côtés AC et BC aux points A′ et B′ respectivement; enfin, on joint AB′ et BA′ qui se coupent en M. Cela posé, on demande l'équation du lieu décrit par le point M quand la sécante PA′B′ prend toutes les positions possibles autour du point P. On fera voir que le lieu demandé peut être l'une quelconque des trois courbes du second degré ou de leurs variétés. On déterminera la position que doit avoir le point P, pour que le lieu demandé soit une ligne droite ou une circonférence ou une parabole.

V. Trouver le lieu décrit par l'un des sommets d'un triangle donné, lorsque les deux autres sommets se meuvent respectivement sur deux droites données. Dans quel cas le lieu demandé se réduit-il à une ligne droite?

VI. Démontrer que, si trois courbes du second degré ont une corde commune AB, et qu'elles se coupent deux à deux en deux autres points C et D, E et F, G et H, les trois cordes CD, EF et GH concourent en un même point. (On prendra la corde commune AB pour axe des x, et on écrira les équations des trois courbes de manière que, dans chacune d'elles, le coefficient de x^2 soit l'unité. En combinant ces équations par voie de soustraction, on obtiendra les équations des cordes CD, EF, GH.)

CHAPITRE V.

DES TANGENTES ET DES ASYMPTOTES.

LE COEFFICIENT D'INCLINAISON, SUR L'AXE DES ABSCISSES, DE LA TAN-
GENTE A UNE COURBE EST ÉGAL A LA DÉRIVÉE DE L'ORDONNÉE PAR
RAPPORT A L'ABSCISSE.

116. On nomme généralement *tangente* en un point M d'une courbe (fig. 74) la limite MT des positions successives que prend une sécante, passant par le point M et par un second point M' de la courbe, lorsque ce second point se rapproche indéfiniment

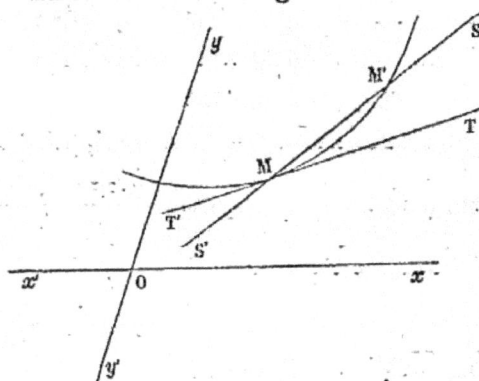

fig. 74.

du premier en demeurant constamment sur la courbe.

Le point, où une droite est tangente à une courbe, se nomme *point de contact* ou simplement *contact*.

La perpendiculaire, menée à la tangente d'une courbe par le point de contact, est dite *normale* à la courbe en ce point.

117. Une courbe étant rapportée à deux axes de coordon-

nées rectilignes, soient x et y les coordonnées d'un point M
de cette courbe; l'ordonnée y est une fonction de l'abscisse
déterminée par l'équation de la courbe. Soient $x+h$ et $y+k$
les coordonnées d'un second point M' de la courbe; le coefficient d'inclinaison de la sécante MM' est $\frac{k}{h}$ (n° 77), par conséquent, le coefficient d'inclinaison de la tangente en M est
égal à la limite vers laquelle tend le rapport $\frac{k}{h}$, quand h tend
vers zéro; cette limite, que nous désignerons par y', est,
comme on l'a vu dans l'algèbre, la dérivée de la fonction y.

Si l'équation de la courbe est résolue par rapport à y, ou
si cette résolution peut se faire, on pourra trouver la dérivée
y' par les règles qui ont été exposées dans l'algèbre, et le
problème des tangentes sera résolu. Mais, si l'équation de
la courbe ne peut pas être résolue par rapport à l'une des
variables qu'elle renferme, les règles qui ont été exposées ne
suffisent plus pour avoir la valeur de y'. Nous allons exposer
une méthode générale pour remplir cet objet.

118. La dérivée $f'(x)$ d'une fonction $f(x)$ de x est, par définition, la limite vers laquelle tend le rapport $\dfrac{f(x+h)-f(x)}{h}$
quand h tend vers zéro. Si donc on fait:

$$\frac{f(x+h)-f(x)}{h} - f'(x) = \varepsilon,$$

ou

$$f(x+h)-f(x) = hf'(x)+h\varepsilon,$$

la quantité ε s'annulera en même temps que h.

Il faut remarquer que la fonction $f(x)$ peut renfermer dans
son expression des quantités variables différentes de x et en

nombre quelconque. En considérant les quantités dont nous parlons comme des constantes, la précédente équation continuera évidemment d'avoir lieu.

Cela posé, soit y une fonction de x, déterminée par une équation de forme quelconque,

$$(1) \qquad F(x, y) = 0,$$

et proposons-nous de trouver la dérivée y' de y. Donnons à x un accroissement h et désignons par k l'accroissement correspondant de y, on aura :

$$(2) \qquad F(x+h,\ y+k) = 0;$$

en retranchant les équations (1) et (2) l'une de l'autre, il vient :

$$F(x+h,\ y+k) - F(x,\ y) = 0,$$

ou

$$(3) \quad [F(x+h, y+k) - F(x, y+k)] + [F(x, y+k) - F(x, y)] = 0.$$

Désignons par $\varphi(x, y)$ la dérivée de $F(x, y)$ considérée comme fonction de x seule, par $\psi(x, y)$ la dérivée de $F(x, y)$ considérée comme fonction de y seule; on aura, d'après ce qui a été rappelé au commencement de ce numéro,

$$F(x+h,\ y+k) - F(x,\ y+k) = h\varphi(x,\ y+k) + h\varepsilon,$$

ε s'annulant avec h. On aura aussi :

$$F(x,\ y+k) - F(x,\ y) = k\psi(x,\ y) + k\varepsilon',$$

ε' s'annulant avec k.

D'après cela, l'équation (3) peut s'écrire :

$$(4) \qquad h\varphi(x, y+k) + k\psi(x, y) + h\varepsilon + k\varepsilon' = 0.$$

En divisant par h et posant $k = \lambda h$, il vient :

$$\varphi(x, y+\lambda h) + \lambda\psi(x, y) + \varepsilon + \lambda\varepsilon' = 0.$$

Passant à la limite, h, ε et ε' s'annulent; λ devient y' et l'on a :

$$\varphi(x,\,y) + y'\psi(x,\,y) = 0,$$

d'où

(5) $$y' = -\frac{\varphi(x,\,y)}{\psi(x,\,y)}.$$

Ainsi, la dérivée de la fonction y s'obtiendra immédiatement, quand on saura trouver les deux dérivées de $F(x,\,y)$ par rapport à x et par rapport à y.

Remarque. Notre raisonnement semble en défaut si la limite y' de λ est infinie; mais on sauve cette difficulté en cherchant la limite de $\dfrac{h}{k}$ au lieu de celle de $\dfrac{k}{h}$. On constate ainsi la généralité de l'équation (5).

119. Il résulte de ce qui précède que, si X et Y désignent les coordonnées de la tangente au point $(x,\,y)$ d'une courbe ayant pour équation

$$F(x,\,y) = 0,$$

l'équation de cette tangente sera

$$Y - y = -\frac{\varphi(x,\,y)}{\psi(x,\,y)}(X - x),$$

ou

$$(Y - y)\psi(x,\,y) + (X - x)\varphi(x,\,y) = 0;$$

$\varphi(x,y)$ et $\psi(x,y)$ étant, nous le répétons, les dérivées de $F(x,y)$, par rapport à x et par rapport à y respectivement.

Dans le cas des axes rectangulaires, l'équation de la normale est évidemment

$$(Y - y)\varphi(x,y) - (X - x)\psi(x,y) = 0.$$

On nomme *longueurs de la tangente et de la normale* les portions de la tangente et de la normale comprises entre le point de contact et l'axe des abscisses. On nomme *sous-tangente* et *sous-normale* les projections des mêmes longueurs sur l'axe des abscisses.

Des tangentes aux courbes du second degré.

120. Soit une courbe du second degré, ayant pour équation

$$Ay^2 + Bxy + Cx^2 + Dy + Ex + F = 0;$$

on a ici : -

$$\psi(x, y) = 2Ay + Bx + D,$$
$$\varphi(x, y) = By + 2Cx + E,$$

et la tangente au point (x, y) a pour équation :

$$(2Ay + Bx + D)(Y - y) + (By + 2Cx + E)(X - x) = 0.$$

On peut donner à cette équation une forme plus simple; car, si l'on fait passer les termes connus dans le second membre, il vient

$$(2Ay+Bx+D)Y+(By+2Cx+E)X=2Ay^2+2Bxy+2Cx^2+Dy+Ex;$$

mais l'équation de la courbe, multipliée par 2 donne :

$$2Ay^2 + 2Bxy + 2Cx^2 + 2Dy + 2Ex + 2F = 0,$$

d'où

$$2Ay^2 + 2Bxy + 2Cx^2 + Dy + Ex = -(Dy + Ex + 2F);$$

l'équation de la tangente sera donc

$$(2Ay+Bx+D)Y+(By+2Cx+E)X+Dy+Ex+2F=0.$$

Théorie générale des asymptotes.

121. Nous avons dit (n° 101) qu'on nomme généralement *asymptote d'une branche de courbe infinie* une droite,
dont les points de la courbe s'approchent indéfiniment,
à mesure qu'ils s'éloignent indéfiniment sur la branche
que l'on considère.
Nous allons établir ici
une méthode géné-
rale pour trouver
les asymptotes d'une
courbe quelconque,
dont on connaît l'é-
quation en coordon-
nées rectilignes.

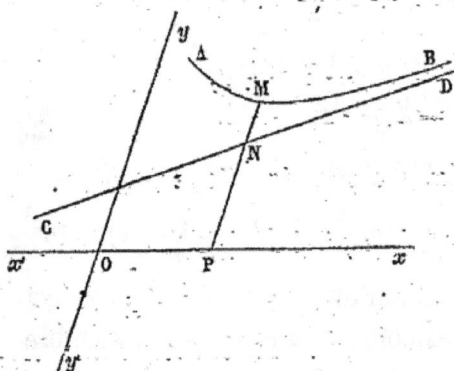

fig. 75.

Toute droite CD,
non parallèle à l'axe des y (fig. 75) et asymptote d'une branche de courbe AB, aura une équation de la forme

$$y = kx + l,$$

où k et l désignent des constantes finies et déterminées; pour
les points de la branche de courbe AB, on aura :

$$y = kx + l + V,$$

V étant une fonction de x, dont la valeur absolue décroît et
a pour limite zéro, quand x augmente à partir d'une certaine
limite jusqu'à l'infini. De cette équation, on tire :

$$k = \frac{y}{x} - \frac{l + \mathrm{V}}{x} \quad \text{et} \quad l = (y - kx) - \mathrm{V} \; ;$$

passant à la limite, c'est-à-dire faisant $x = \pm\infty$, il vient :

$$k = \lim \frac{y}{x} \quad \text{et} \quad l = \lim (y - kx).$$

Ainsi, pour obtenir les asymptotes d'une courbe, dont on a l'équation en coordonnées rectilignes, il faudra d'abord chercher, au moyen de l'équation de la courbe, la limite ou les limites du rapport $\frac{y}{x}$ pour $x = \infty$; ce qui donnera les coefficients angulaires des asymptotes. On obtiendra ensuite l'ordonnée à l'origine de chaque asymptote, dont le coefficient angulaire k aura été ainsi déterminé, en cherchant la limite l de la différence $y - kx$ pour $x = \infty$.

La méthode précédente donne les asymptotes parallèles à l'axe des x, asymptotes pour lesquelles on a $k = 0$; mais elle exclut évidemment les asymptotes parallèles à l'axe des y et pour lesquelles le coefficient angulaire est infini. Si l'on avait représenté généralement par $x = ky + l$ l'équation d'une asymptote, on aurait trouvé, en raisonnant comme nous l'avons fait, $k = \lim \frac{x}{y}$ et $l = \lim (x - ky)$, ce qui aurait permis de trouver les asymptotes parallèles à l'axe des y ; mais on aurait exclu les asymptotes parallèles à l'axe des x.

Au surplus on peut trouver directement et très-simplement les asymptotes parallèles à l'un des axes. Supposons, par exemple, qu'une courbe ait une asymptote parallèle à l'axe des y et dont l'équation soit

$$x = a \; ;$$

il est clair que l'ordonnée de la branche correspondante

augmente indéfiniment quand x tend vers la limite α, et que l'on a $y = \infty$ pour $x = \alpha$. On aura donc les asymptotes parallèles à l'axe des y, en cherchant, au moyen de l'équation de la courbe, les valeurs finies de x pour lesquelles y est infini. Pareillement, la recherche des asymptotes parallèles à l'axe des x se ramène à la détermination des valeurs finies de y pour lesquelles x est infini.

122. Nous allons appliquer la méthode générale qui vient d'être exposée au cas particulier des courbes algébriques. Nous supposerons que le second membre de l'équation de la courbe dont il s'agit soit nul, et que le premier membre soit une fonction entière du degré m des coordonnées x et y. On peut grouper ensemble les termes de même degré, de telle manière que les différents groupes, dont l'équation est composée, soient des fonctions homogènes des degrés m, $(m-1)$, $(m-2)$,..... $2, 1, 0$ respectivement; notre équation peut donc s'écrire ainsi, conformément à ce qui a été dit au n° 36,

$$(1) \quad x^m f\left(\frac{y}{x}\right) + x^{m-1} f_1\left(\frac{y}{x}\right) + x^{m-2} f_2\left(\frac{y}{x}\right) + \cdots + f_m\left(\frac{y}{x}\right) = 0,$$

$f, f_1, f_2, \ldots$ désignant des polynômes dont le dernier est du degré zéro, c'est-à-dire, est une simple constante.

En divisant l'équation (1) par x^m, il vient:

$$f\left(\frac{y}{x}\right) + \frac{1}{x} f_1\left(\frac{y}{x}\right) + \cdots + \frac{1}{x_m} f_m\left(\frac{y}{x}\right) = 0 ;$$

faisant $x = \infty$, et désignant par k, comme plus haut, la limite de $\frac{y}{x}$, il vient:

$$(2) \qquad\qquad f(k) = 0 :$$

telle est l'équation qui fera connaître les coefficients angu-

laires des asymptotes non parallèles à l'axe des y. Considérons, en particulier, l'une des racines réelles k de l'é-
quation (2), et posons $y - kx = u$, d'où $\dfrac{y}{x} = k + \dfrac{u}{x}$; l'équation (1) devient :

$$x^m f\left(k + \frac{u}{x}\right) + x^{m-1} f_1\left(k + \frac{u}{x}\right) + x^{m-2} f_2\left(k + \frac{u}{x}\right) + \ldots = 0 ;$$

développant chacun des polynômes $f\left(k + \dfrac{u}{x}\right)$, $f_1\left(k + \dfrac{u}{x}\right)$, etc.,

suivant les puissances de $\dfrac{u}{x}$, observant que $f(k)$ est nul, et

dénotant les dérivées par des accents, à la manière ordinaire, il vient :

$$(3) \quad x^{m-1}[uf'(k) + f_1(k)] + x^{m-2}\left[\frac{u^2}{1.2} f''(k) + uf_1'(k) + f_2(k)\right] + \text{etc.} = 0.$$

En divisant l'équation (3) par x^{m-1}, faisant ensuite $x = \infty$,
et observant qu'alors $u = l$, il vient :

$$l f'(k) + f_1(k) = 0 , \quad \text{d'où} \quad l = -\frac{f_1(k)}{f'(k)}.$$

Cette valeur de l est infinie si $f'(k)$ est nul et que $f_1(k)$ ne le
soit pas ; dans ce cas, il n'y a point d'asymptote correspondante à la valeur de k que l'on considère. Si $f_1(k)$ est nul en
même temps que $f'(k)$, la valeur de l se présente sous la
forme $\dfrac{0}{0}$, et on ne peut rien conclure de ce qui précède. Mais,
dans ce cas, le coefficient de x^{m-1} dans l'équation (3) est
identiquement nul ; si l'on divise alors l'équation par x^{m-2},
et qu'on fasse ensuite $x = \infty$, il vient :

$$\frac{l^2}{1.2} f''(k) + l f_1'(k) + f_2(k) = 0 ,$$

équation du second degré, qui donnera, en général, deux valeurs pour l. Dans le cas que nous examinons, il y a deux asymptotes parallèles, correspondantes à la valeur de k que l'on considère; cette valeur est une racine double de l'équation (2), puisqu'on a $f(k) = 0$ et $f'(k) = 0$. Il faut remarquer toutefois que les deux asymptotes, dont nous parlons, cessent d'exister, si les racines de l'équation du second degré en l sont imaginaires ou infinies.

Si les trois coëfficients $f''(k)$, $f_1'(k)$, $f_2(k)$ de l'équation en l sont nuls, en même temps que $f'(k)$ et $f_1(k)$, l'équation en l est identique; alors il peut y avoir trois asymptotes parallèles, correspondantes à la valeur de k que l'on considère, et on les détermine en poursuivant la marche que nous croyons avoir suffisamment indiquée.

Remarque I. Si l'équation proposée du degré m ne renferme pas de termes du degré $m-1$, le polynôme f_1 est identiquement nul; on a, par suite, en général, $l = 0$; d'où il suit que les asymptotes passent par l'origine des coordonnées. Or, si la courbe que l'on considère a un centre et que l'on prenne ce centre pour origine des coordonnées, on sait que l'équation de la courbe ne renferme aucun terme du degré $m-1$; d'où l'on peut conclure que, le cas des asymptotes parallèles étant excepté,

Lorsqu'une courbe algébrique a un centre, toutes les asymptotes passent par ce centre.

Remarque II. Dans le cas le plus général d'une équation du degré m, le polynôme f est lui-même du degré m; d'où il suit qu'une courbe algébrique du degré m ne peut avoir plus de m asymptotes. Mais il faut remarquer qu'elle peut en avoir un moindre nombre ; car, pour affirmer qu'il existe une asymptote correspondante à une branche, il ne suffit pas de savoir que les valeurs de k et de l, trouvées par la méthode indiquée plus haut, sont réelles et finies ; il faut en outre être assuré que la branche de courbe en question s'étend à l'infini. Par exemple, en appliquant la méthode générale à la courbe qui a pour équation $y = x \pm \sqrt{\dfrac{1}{x^4} - \dfrac{1}{x^2}}$, on trouverait $k = 1$, $l = 0$, mais il n'en faudrait pas conclure que la courbe a pour asymptote la droite $y = x$; car il est aisé de voir que chacune des branches infinies de cette courbe a pour asymptote l'axe des y.

Remarque III. En appliquant la méthode générale, que nous venons d'exposer, à une équation non irréductible $F(x, y) = 0$, dont le premier membre admet un diviseur linéaire $y - ax - b$, il est évident qu'on trouvera que l'une des valeurs de k est a, et que la valeur correspondante de l est b. Ceci peut constituer une méthode pour trouver les diviseurs linéaires d'un polynôme $F(x, y)$, dans le cas où l'on sait qu'il en existe.

Des asymptotes des courbes du second degré.

123. Conformément à ce qui a été dit au n° 122, nous écrirons l'équation du second degré

$$Ay^2 + Bxy + Cx^2 + Dy + Ex + F = 0,$$

sous la forme :

$$x^2 \left[A \left(\frac{y}{x} \right)^2 + B \left(\frac{y}{x} \right) + C \right] + x \left[D \left(\frac{y}{x} \right) + E \right] + F = 0;$$

soit

$$y = kx + l,$$

l'équation d'une asymptote de la courbe proposée, et conservons toutes les notations du n° 122. Les polynômes, que nous avons désignés alors par $f(k), f_1(k), f_2(k)$, ont ici, pour valeurs,

$$f(k) = Ak^2 + Bk + C, \quad f_1(k) = Dk + E, \quad f_2(k) = F;$$

et, l'on a en outre:

$$f'(k) = 2Ak + B.$$

Les coefficients angulaires k des asymptotes seront donc donnés par l'équation

$$Ak^2 + Bk + C = 0,$$

d'où l'on tire:

$$k = \frac{-B \pm \sqrt{B^2 - 4AC}}{2A};$$

on aura ensuite l par la formule

$$l = -\frac{Dk + E}{2Ak + B}.$$

Si $B^2 - 4AC$ est négatif, les deux valeurs de k sont imaginaires et la courbe n'a point d'asymptote réelle; cela est évident *à priori*, puisque l'ellipse n'a aucune branche infinie.

Si $B^2 - 4AC$ est positif, les deux valeurs de k sont réelles et inégales; par suite la valeur de l est finie, puisque $2Ak + B$ ne saurait être nul. Il s'ensuit que l'hyperbole a deux asymptotes; et ces deux asymptotes passent par le centre de la courbe, ainsi que nous en avons fait la remarque au numéro précédent.

Enfin, si $B^2 - 4AC$ est nul, les deux valeurs de k sont

réelles et égales, leur valeur commune est $-\dfrac{B}{2A}$ et l'on voit

que la valeur de l est infinie. Il s'ensuit que dans la parabole, les asymptotes sont parallèles et situées à l'infini, ou,
pour mieux dire, la parabole n'a point d'asymptotes. A la

vérité, la valeur de l se présente sous la forme $\dfrac{0}{0}$, si l'on a

$\dfrac{E}{D} = \dfrac{B}{2A}$ ou $2AE - BD = 0$; mais alors l'équation proposée

représente deux droites parallèles, ce qui constitue, comme
on l'a vu, une variété de la parabole. Dans ce cas notre méthode générale nous fait retrouver ces deux droites. Effectivement, la valeur de l doit être ici déterminée par l'équation
du second degré,

$$l^2 \frac{f''(k)}{2} + lf'_1(k) + f_2(k) = 0,$$

ou

$$Al^2 + Dl + F = 0,$$

d'où l'on tire :

$$l = \frac{-D \pm \sqrt{D^2 - 4AF}}{2A}.$$

Ainsi les deux asymptotes sont données par l'équation

$$y = \frac{-Bx - D}{2A} \pm \frac{1}{2A} \sqrt{D^2 - 4AF},$$

qui n'est autre que l'équation proposée résolue par rapport
à y.

Remarque. La théorie précédente conduit à une règle très-
simple pour former immédiatement les équations des asymptotes d'une hyperbole, dont on a l'équation en coordonnées
rectilignes. Effectivement les asymptotes ne dépendent aucu-

nement du dernier terme F; d'où il suit que ces asymptotes
ne changeront pas si l'on altère ce coefficient. Or, en altérant
d'une manière convenable la valeur de F, l'équation, qui re-
présentait l'hyperbole proposée, représentera actuellement
le système de deux droites, et ces droites seront précisément
les asymptotes demandées. De là on peut conclure que :

*Pour avoir les asymptotes d'une hyperbole, dont l'équation
renferme un terme en y^2, il faut résoudre l'équation par rapport à y, extraire la racine carrée du trinôme placé sous le
radical, sans avoir égard au reste de l'opération, et remplacer le radical par la racine trouvée.*

124. Il nous reste à examiner le cas où l'une des asymptotes de l'hyperbole est parallèle à l'axe des y. L'équation de
la courbe ne peut contenir de terme en y^2, car autrement y ne
serait infini pour aucune valeur finie de x; soit donc

$$Bxy + Cx^2 + Dy + Ex + F = 0,$$

l'équation de la courbe proposée. On en tire :

$$y = -\frac{Cx^2 + Ex + F}{Bx + D}.$$

y étant infini pour $Bx + D = 0$, il s'ensuit que l'une des
asymptotes a pour équation :

$$Bx + D = 0;$$

quant à l'autre asymptote, on l'obtiendra par la méthode générale qui donne :

$$k = -\frac{C}{B}, \quad l = -\frac{Dk + E}{B} = \frac{CD - BE}{B^2};$$

l'équation de cette seconde asymptote sera donc

$$y = \frac{-Cx}{B} + \frac{CD - BE}{B^2}.$$

EXERCICES.

Questions à résoudre.

I. Étant donnée une courbe du second degré, on mène, par un point A de cette courbe, une corde quelconque AB et une deuxième corde AC perpendiculaire à AB; enfin on joint BC qui coupe au point N la normale en A à la courbe. Cela posé, on demande de démontrer que le point N reste invariable, quand la sécante AB tourne autour du point A.

II. Les mêmes choses étant posées que dans la question précédente, on demande de trouver le lieu décrit par le point N quand le point A se meut sur la courbe donnée.

III. Soient A=0, B=0, C=0, les équations des côtés BC, AC et AB d'un triangle ABC; a, b, c des quantités constantes: on demande de démontrer les propositions suivantes:

1° Toute courbe du second degré, circonscrite au triangle ABC, a une équation de la forme:

$$\frac{a}{A} + \frac{b}{B} + \frac{c}{C} = 0.$$

2° Les tangentes en A, B, C à cette courbe, tangentes qu forment un triangle circonscrit, ont pour équations:

$$\frac{A}{a} + \frac{B}{b} = 0, \quad \frac{A}{a} + \frac{C}{c} = 0, \quad \frac{B}{b} + \frac{C}{c} = 0.$$

3° Les points de concours des côtés du triangle inscrit, avec

11

leurs opposés dans le triangle circonscrit, appartiennent tous trois à une même droite qui a pour équation :

$$\frac{A}{a} + \frac{B}{b} + \frac{C}{c} = 0.$$

4° Les droites, qui joignent les sommets du triangle inscrit aux sommets opposés du triangle circonscrit, se coupent toutes trois en un même point donné par les équations :

$$\frac{A}{a} = \frac{B}{b} = \frac{C}{c}.$$

IV. L'asymptote d'une branche infinie de courbe peut être considérée comme la limite d'une tangente dont le point de contact avec la courbe s'éloigne à l'infini. Démontrer, en se plaçant à ce point de vue, les formules trouvées au n° 121, savoir : $k = \lim \frac{y}{x}$, $l = \lim (y - kx)$.

V. Lorsque l'équation du second degré représente une hyperbole, on peut faire disparaître les termes en x^2, en y^2, en x et en y. Déduire de là : 1° une méthode pour trouver les asymptotes de l'hyperbole; 2° l'équation de l'hyperbole rapportée à ses asymptotes.

VI. Démontrer que toute hyperbole, ayant pour asymptotes les droites $y = ax + b$ et $y = cx + d$, a pour équation :

$$(y - ax - b) (y - cx - d) + m = 0,$$

m désignant une constante.

CHAPITRE VI.

DE L'ELLIPSE.

ÉQUATION DE L'ELLIPSE RAPPORTÉE A SON CENTRE ET A SES AXES.——LES CARRÉS DES ORDONNÉES PERPENDICULAIRES A L'UN DES AXES SONT ENTRE EUX COMME LES PRODUITS DES SEGMENTS CORRESPONDANTS FORMÉS SUR CET AXE.

125. Nous avons vu (n° 113) que l'équation du second degré peut être ramenée, dans le cas de l'ellipse, à la forme

$$My^2 + Nx^2 = H,$$

où x et y désignent des coordonnées rectangulaires. La quantité —4MN étant ici négative, on voit que M et N sont de mêmes signes ; de plus, on peut les supposer positifs, puisqu'on les rendrait tels, dans le cas contraire, en changeant les signes de tous les termes de l'équation. Les coefficients M et N étant positifs, il faut et il suffit que H soit positif, pour que la précédente équation représente effectivement une ellipse ; en effet il est clair que, si $H = 0$, l'équation ne peut représenter que l'origine des coordonnées, et que, si H est négatif, elle représente une ellipse imaginaire. Nous avons déjà eu l'occasion de mentionner ces variétés de l'ellipse, et nous ne nous y arrêterons pas davantage.

Supposons donc M, N et H positifs ; pour avoir les points où la courbe coupe l'axe des x, il faut faire $y = 0$, et il vient $x = \pm \sqrt{\dfrac{H}{N}}$. On obtiendra de même les points où

la courbe coupe l'axe des y, en faisant $x = 0$ dans son

équation; il vient alors $y = \pm \sqrt{\dfrac{H}{M}}$. Nous désignerons par a

et par b les quantités $\sqrt{\dfrac{H}{N}}$ et $\sqrt{\dfrac{H}{M}}$, en sorte que l'on aura

$$N = \frac{H}{a^2}, \qquad M = \frac{H}{b^2}.$$

En remplaçant M et N par ces valeurs et divisant ensuite par H, l'équation de l'ellipse devient :

(1) $$\frac{y^2}{b^2} + \frac{x^2}{a^2} = 1 ,$$

ou

(2) $$a^2 y^2 + b^2 x^2 = a^2 b^2.$$

C'est sous l'une ou l'autre de ces deux formes que nous la considérerons désormais. On en tire :

(3) $$y = \pm \frac{b}{a} \sqrt{a^2 - x^2}.$$

La valeur de y n'est réelle que si la valeur de x reste comprise entre $-a$ et $+a$;

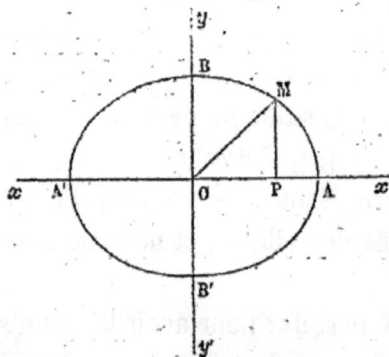
fig. 76.

lorsque x croît de zéro à a ou décroît de zéro à $-a$, la valeur absolue de y décroît de b à zéro. Si donc on prend sur l'axe des x (fig. 76) $OA = OA' = a$ et, sur l'axe des y, $OB = OB' = b$, on voit que l'ellipse sera formée de quatre arcs

AB, BA', A'B' et B'A égaux entre eux, comme l'indique la figure.

De ce que l'équation (1) ou (2) n'est altérée ni par le changement de x en $-x$, ni par celui de y en $-y$, il résulte que l'origine est le centre et que les axes des coordonnées sont les axes mêmes de la courbe. Cela résulte, au surplus, des considérations que nous avons développées dans le chapitre IV. L'équation (1) ou (2) représente donc une ellipse rapportée à son centre et à ses axes. Les lignes A'A$=2a$ et BB'$=2b$ sont dites les *longueurs* des axes ou même simplement les axes. Les points A, A', B, B' sont (n° 110) les sommets de la courbe.

L'ellipse est concave vers chacun de ses axes, comme l'indique la figure 76 : cela résulte de ce que cette courbe ne peut être coupée par une droite qu'en deux points.

126. De l'équation (3) on tire :

$$\frac{y^2}{(a+x)(a-x)} = \frac{b^2}{a^2},$$

or, pour un point M quelconque de l'ellipse, on a (fig. 76) :

$$y = \text{MP}, \quad a+x = \text{A'P}, \quad a-x = \text{AP} ;$$

on a donc :

$$\frac{\overline{\text{MP}}^2}{\text{A'P} \times \text{AP}} = \frac{b^2}{a^2} ;$$

d'où il résulte que : *le rapport du carré d'une ordonnée, perpendiculaire à l'un des axes, au produit des segments correspondants, formés sur cet axe, est une quantité constante.* En d'autres termes : *les carrés des ordonnées perpendiculaires à l'un des axes sont entre eux comme les produits des segments correspondants formés sur cet axe.*

On voit que cet énoncé n'est autre chose que la traduction géométrique de l'équation de l'ellipse.

127. Supposons $a > b$, auquel cas $2a$ est le *grand axe* et $2b$ le *petit axe* de l'ellipse; désignons aussi par r la distance OM (fig. 76), du centre au point M dont x et y sont les coordonnées; on aura $r^2 = x^2 + y^2$ et, par suite,

$$a^2 (r^2 - x^2) + b^2 x^2 = a^2 b^2,$$

d'où

$$r = \sqrt{b^2 + \left(\frac{a^2 - b^2}{a^2}\right) x^2}.$$

Cela montre que la distance au centre d'un point, mobile sur l'ellipse, va constamment en décroissant, quand ce point part de l'un des sommets situés sur le grand axe pour se diriger vers le petit axe.

Remarque. Si $b = a$, l'expression de r se réduit à

$$r = a;$$

d'où il suit que tous les points de l'ellipse sont également distants du centre; cette courbe se réduit alors à une circonférence. Le cercle peut donc être considéré comme une ellipse dont les deux axes sont égaux.

128. Il est bon de remarquer que, pour tout point extérieur à l'ellipse

$$a^2 y^2 + b^2 x^2 - a^2 b^2 = 0,$$

on a :

$$a^2 y^2 + b^2 x^2 - a^2 b^2 > 0,$$

et, pour tout point intérieur,

$$a^2 y^2 + b^2 x^2 - a^2 b^2 < 0.$$

Considérons d'abord le cas d'un point M extérieur. Si les valeurs absolues de ses coordonnées sont supérieures à a et b respectivement, le théorème est évident. Si cela n'a pas lieu, il existera un point M' de la courbe ayant même ordonnée que le point M et une abscisse moindre en valeur absolue, ou même abscisse et une ordonnée moindre en valeur absolue; or, pour ce point M', $a^2 y^2 + b^2 x^2 - a^2 b^2$ est nul, donc cette quantité est positive pour le point M. Un raisonnement semblable prouve la deuxième partie du théorème énoncé.

LES ORDONNÉES PERPENDICULAIRES AU GRAND AXE SONT AUX OR-
DONNÉES CORRESPONDANTES DU CERCLE DÉCRIT SUR CET AXE,
COMME DIAMÈTRE, DANS LE RAPPORT CONSTANT DU PETIT AXE AU
GRAND. — CONSTRUCTION DE LA COURBE PAR POINTS, AU MOYEN
DE CETTE PROPRIÉTÉ.

129. Soit l'ellipse

$$a^2 y^2 + b^2 x^2 = a^2 b^2,$$

rapportée à son centre et à ses axes; on en tire :

$$y^2 = \frac{b^2}{a^2} (a^2 - x^2);$$

supposons $a > b$ et décrivons un cercle sur le grand axe $2a$ comme diamètre; si l'on désigne par Y l'ordonnée de ce cercle correspondante à l'abscisse x, on aura :

$$Y^2 + x^2 = a^2,$$

d'où

$$Y^2 = a^2 - x^2 ;$$

on a, par suite,

$$\frac{y^2}{Y^2} = \frac{b^2}{a^2}, \quad \text{et} \quad \frac{y}{Y} = \frac{b}{a};$$

cela montre que les ordonnées NP et MP de l'ellipse et du cercle, correspondantes à une même abscisse OP (fig. 77),

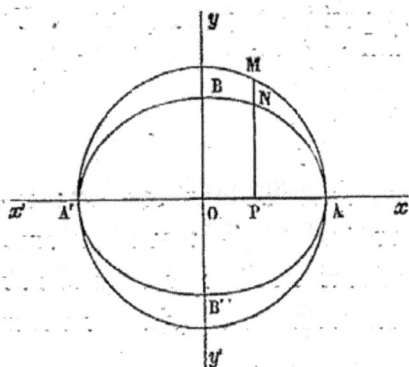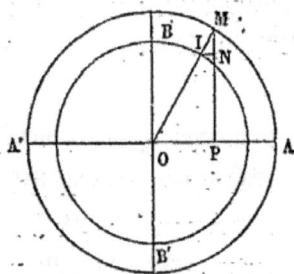

fig. 77.

fig. 78.

sont entre elles dans le rapport constant du petit axe au grand.

150. Cette propriété fournit un moyen très-simple de construire l'ellipse par points, quand on connaît ses deux axes.

Soient, en effet (fig. 78), A'A = 2a le grand axe et B'B = 2b le petit axe de l'ellipse qu'il s'agit de construire ; décrivons deux circonférences sur A'A et BB' comme diamètres ; d'un point quelconque M de la circonférence extérieure abaissons MP perpendiculaire sur A'A ; tirons le rayon OM ; enfin, par le point I, où ce rayon coupe la circonférence intérieure, menons parallèlement à A'A la droite IN qui rencontre MP au point N. Je dis que le point N appartient à l'ellipse qu'il faut construire ; en effet, le triangle OMP donne :

$$\frac{\text{NP}}{\text{MP}} = \frac{\text{OI}}{\text{OM}} = \frac{b}{a};$$

d'où l'on conclut que le point N appartient à l'ellipse demandée. On pourra construire ainsi autant de points de
l'ellipse que l'on voudra.

151. Nous croyons devoir indiquer ici deux autres pro-
cédés également simples, pour construire une ellipse par
points :

1° Soient $x'x$ et $y'y$ deux droites rectangulaires (fig. 79);
d'un point quelconque B de
$y'y$, comme centre, et d'un
rayon égal à la demi-somme
$a+b$ des axes de l'ellipse à
construire, décrivons une circonférence qui coupe la droite
$x'x$ en A, tirons AB et prenons ensuite AM=b : le point
M sera un point de l'ellipse,
dont les axes $2a$ et $2b$ sont respectivement dirigés suivant
$x'x$ et $y'y$. En effet, si l'on prend pour axes des coordonnées
droites $x'x$ et $y'y$, et qu'on tire l'ordonnée MP, on aura :

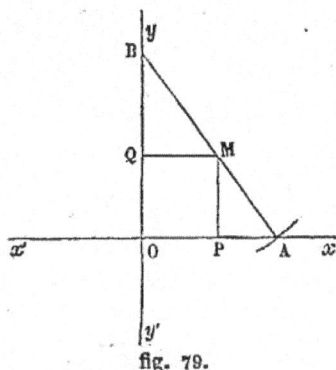

$$y = \frac{b}{a} \times \text{BQ} = \frac{b}{a}\sqrt{a^2 - x^2};$$

ce qui démontre la proposition énoncée.

Remarque. Si l'on conçoit que la droite AB se meuve, de
telle sorte que les points A et B restent toujours placés respectivement sur les droites $x'x$ et $y'y$, le point M décrira l'ellipse. Ceci donne un moyen de tracer cette courbe par un
mouvement continu.

2° Soient, comme précédemment, $x'x$ et $y'y$ deux droites rectangulaires (fig. 80), suivant lesquelles doivent être dirigés les axes $2a$ et $2b$ de l'ellipse à construire. Supposant ici $a>b$, prenons sur Oy' une longueur $OA = a-b$ et, d'un point I situé sur OA entre O et A, décrivons une circonférence qui coupe $x'x$ en K, tirons la droite IK et prolongeons-la d'une longueur $KM = b$; le point M sera un point de l'ellipse demandée; car si l'on mène MH parallèle à Oy et IH parallèle à Ox, on aura :

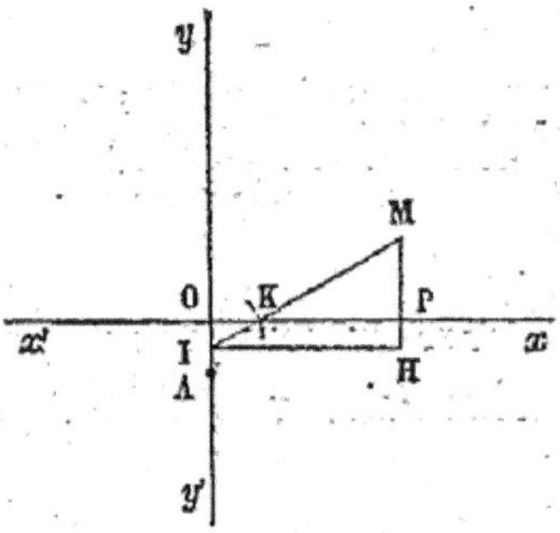

$$\frac{MP}{MH} = \frac{MK}{MI},$$

où, en prenant $x'x$ et $y'y$, pour axes de coordonnées,

$$\frac{y}{\sqrt{a^2-x^2}} = \frac{b}{a} \quad \text{et} \quad y = \frac{b}{a}\sqrt{a^2-x^2},$$

ce qui démontre la proposition énoncée.

Remarque. Ce qui précède donne un second moyen de décrire l'ellipse par un mouvement continu; en effet, si l'on prend une règle d'une longueur $IM = a$, qu'on marque sur cette règle un point K situé à une distance du point I égale à $a-b$ et qu'on fasse mouvoir la règle de manière que le point I reste sur OA et le point K sur $x'x$, le point M décrira l'ellipse.

fig. 80.

152. On nomme généralement *foyer* d'une courbe du second degré, un point dont la distance à chaque point de la courbe est une fonction linéaire des coordonnées rectilignes de ce dernier point. Cette définition est purement analytique, mais la propriété qu'elle exprime est entièrement indépendante des axes auxquels la courbe est rapportée. Effectivement, quand on passe d'un système de coordonnées rectilignes à un autre, les coordonnées du premier système s'expriment au moyen des coordonnées du second par des fonctions linéaires ; donc une fonction linéaire des coordonnées du premier système s'exprimera toujours par une fonction linéaire des coordonnées relatives au second. On peut donc, dans la recherche des foyers des courbes du second degré, rapporter ces courbes aux axes qu'on jugera les plus convenables.

Soit une ellipse

$$(1) \qquad a^2y^2 + b^2x^2 = a^2b^2,$$

rapportée à son centre et à ses axes, et proposons-nous de trouver les foyers qu'elle peut avoir. Soient α, δ les coordonnées d'un foyer et δ la distance de ce foyer à un point quelconque M(x, y) de la courbe ; on aura :

$$(2) \qquad \delta = \sqrt{(x-\alpha)^2 + (y-\delta)^2}.$$

Mais, par hypothèse, cette distance δ peut s'exprimer par une fonction linéaire $lx + my + n$ des coordonnées x et y ; on a donc :

$$\sqrt{(x - \alpha)^2 + (y - 6)^2} = lx + my + n,$$

ou

$$(3) \qquad (x - \alpha)^2 + (y - 6)^2 - (lx + my + n)^2 = 0.$$

Cette équation (3), exprimant une relation constante entre les coordonnées de chaque point de l'ellipse, n'est autre chose chose que l'équation même de cette courbe ; elle doit, par suite, être identique à l'équation (1). Mais l'équation (1) ne renferme pas le rectangle xy, tandis que dans l'équation (3), ce rectangle existe avec le coefficient $-2lm$; il faut donc que l'on ait $lm = 0$, c'est-à-dire, $l = 0$ ou $m = 0$.

Supposons $m = 0$; alors δ sera une fonction linéaire de x seule. L'équation (2) donne :

$$\delta^2 = x^2 - 2\alpha x + \alpha^2 + y^2 - 26y + 6^2 ;$$

en remplaçant y par sa valeur tirée de (1), savoir :

$$y = \frac{b}{a} \sqrt{a^2 - x^2},$$

il vient :

$$\delta^2 = x^2 - 2\alpha x + \alpha^2 + \frac{b^2}{a^2}(a^2 - x^2) - 26\frac{b}{a}\sqrt{a^2 - x^2} + 6^2.$$

Puisque δ doit être rationnelle, il faut à *fortiori* que δ^2 le soit ; ce qui exige que l'on ait $6 = 0$, c'est-à-dire que les foyers soient situés sur l'axe des x. L'expression de δ^2 devient alors :

$$\delta^2 = \frac{a^2 - b^2}{a^2} x^2 - 2\alpha x + \alpha^2 + b^2 ;$$

pour que le second membre soit un carré parfait, il faut et il suffit que l'on ait :

$$\alpha^2 = \frac{a^2 - b^2}{a^2}(\alpha^2 + b^2),$$

d'où l'on tire :

$$\alpha^2 = a^2 - b^2 \quad \text{et} \quad \alpha = \pm\sqrt{a^2 - b^2}.$$

La valeur de α n'est réelle que si a est plus grand que b, et, dans cette hypothèse, nous obtenons deux foyers situés sur le grand axe à une distance du centre égale à $\sqrt{a^2 - b^2}$.

En supposant $l = 0$ on trouverait, par un calcul identique au précédent :

$$\alpha = 0 \quad \text{et} \quad 6 = \pm\sqrt{b^2 - a^2};$$

cette valeur de 6 n'est réelle que dans le cas de $b > a$ et on est ici conduit, comme dans la première hypothèse, à constater l'existence de deux foyers situés sur le grand axe ; ce sont les seuls que l'ellipse puisse avoir dans son plan.

Supposons $a > b$; si l'on décrit (fig. 81) une circonférence de rayon a et dont le centre soit l'une des extrémités du petit axe, cette circonférence coupera le grand axe en deux points F et F' qui seront les foyers de l'ellipse. En posant $c = \sqrt{a^2 - b^2}$, la quantité $2c$ sera la distance des foyers, ou, comme l'on

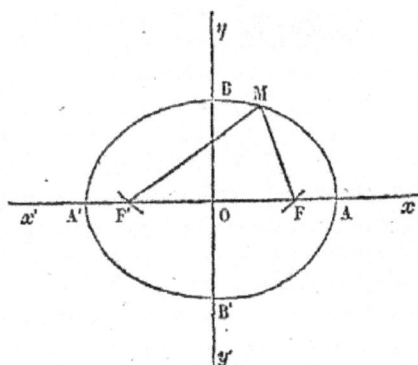

fig. 81.

dit aussi, la *distance focale*. Le rapport $\frac{c}{a}$ de la distance focale au grand axe est dit l'*excentricité* de l'ellipse (voir n° 9).

155. Remplaçant successivement α par $+c$ et par $-c$ dans l'expression de δ^2, on aura :

$$\overline{\text{FM}}^2 = \frac{c^2 x^2}{a^2} - 2cx + a^2 = \left(a - \frac{cx}{a}\right)^2,$$

$$\overline{\text{F'M}}^2 = \frac{c^2 x^2}{a^2} + 2cx + a^2 = \left(a + \frac{cx}{a}\right)^2.$$

Les distances FM et F'M, qu'on nomme *rayons vecteurs*, sont des quantités positives; d'ailleurs x ne peut pas surpasser a, et c est toujours moindre que a; donc on a :

$$\text{FM} = a - \frac{cx}{a},$$

$$\text{F'M} = a + \frac{cx}{a}.$$

En faisant la somme, on trouve :

$$\text{FM} + \text{F'M} = 2a.$$

Ce qui montre que (n° 1) *la somme des rayons vecteurs, menés des foyers à un point quelconque de l'ellipse, est constante et égale au grand axe.*

Il est bon de remarquer que l'ellipse sépare les points du plan dont la somme des rayons vecteurs est supérieure au grand axe, de ceux pour lesquels cette somme est inférieure au grand axe; en d'autres termes, *si* F *et* F' *sont les foyers d'une ellipse dont le grand axe est* 2a (fig. 82), *on a, pour tout point* P *extérieur,* FP $+$ F'P $>$ 2a ; *et, pour tout point* P' *intérieur à la courbe,* FP' $+$ F'P' $<$ 2a.

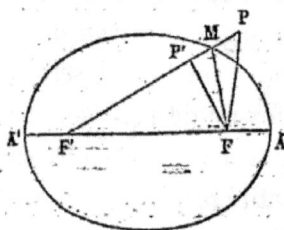

fig. 82.

En effet, dans le premier cas, si l'on joint le point F au

point M où F'P rencontre la courbe, le triangle FMP donnera :

$$FP + PM > FM.$$

Ajoutant F'M de part et d'autre, puis observant que FM + F'M $= 2a$, il viendra :

$$FP + F'P > 2a.$$

Dans le second cas, si l'on prolonge F'P' jusqu'à sa rencontre avec la courbe et que l'on joigne FM, le triangle FP'M donnera :

$$FP' < FM + P'M ;$$

ajoutant F'P' de part et d'autre, on aura :

$$FP' + F'P' < 2a.$$

134. La propriété démontrée au n° 133 fournit un moyen très-simple de construire par points une ellipse dont on connaît le grand axe et les foyers.

Soient en effet F et F' les foyers et $2a$ la longueur donnée du grand axe. Joignons F'F (fig. 83) et prenons, à partir du milieu O de cette droite, OA = OA' $= a$; les points A et A' seront les sommets de l'ellipse. En outre, comme la somme des distances d'un même point de la courbe aux deux foyers est égale à A'A, on voit que si l'une de ces distances est AC, l'autre

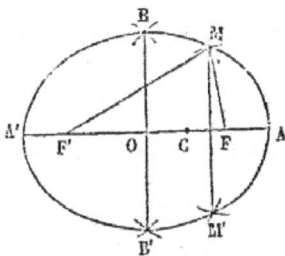
fig. 83.

sera A'C. Si donc on prend un point C quelconque sur A'A, entre F et F', puis que l'on décrive, des foyers F et F' comme centres, deux circonférences qui aient respectivement AC et A'C pour rayons, les points d'intersection M et M' appartiendront à l'ellipse. Les deux circonférences dont nous parlons se cou-

peront toujours, car il est évident que la distance des centres
FF est moindre que la somme A'A des rayons et plus grande
que la différence A'C—AC ou 2OC de ces mêmes rayons. En
donnant au point C diverses positions sur FF, on pourra
construire, comme il vient d'être indiqué, autant de points
qu'on voudra de l'ellipse. Quand on connaîtra ainsi des points
assez nombreux et assez rapprochés les uns des autres, on
les joindra par un trait continu et l'ellipse sera tracée par
points.

La même propriété permet de tracer l'ellipse par un mouvement continu. Si en effet, après avoir marqué les foyers F
et F', on prend un fil dont la longueur soit exactement égale
à 2a, que l'on fixe aux foyers les extrémités de ce fil et qu'on
le tende par le moyen d'un style muni d'un crayon ou d'un
tire-ligne; en faisant mouvoir le style, de manière que le fil
soit toujours tendu, l'ellipse se trouvera décrite par le crayon
ou le tire-ligne.

DIRECTRICES. — LES DISTANCES DE CHAQUE POINT DE L'ELLIPSE A L'UN
DES FOYERS ET A LA DIRECTRICE VOISINE DE CE FOYER SONT ENTRE
ELLES COMME LA DISTANCE DES FOYERS EST AU GRAND AXE.

135. Soit M(x, y) un point de l'ellipse

$$a^2y^2 + b^2x^2 = a^2b^2,$$

rapportée à son centre et à ses axes; supposons $a > b$, et
soient F et F' les deux foyers (fig. 84), on a (n° 133):

$$FM = a - \frac{cx}{a}, \qquad F'M = a + \frac{cx}{a}.$$

Soient GH et G'H' les droites qui ont pour équations:

$$a - \frac{cx}{a} = 0, \quad a + \frac{cx}{a} = 0;$$

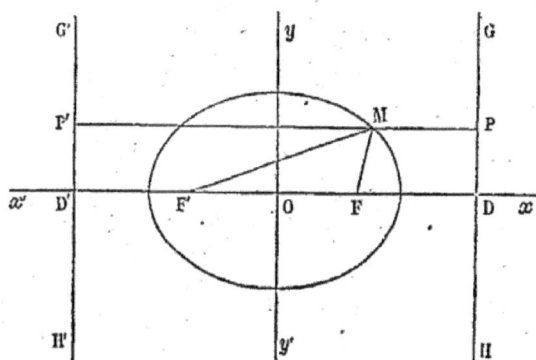

fig. 84.

les distances MP et MP′ du point M à ces droites auront pour valeurs :

$$MP = \frac{a - \dfrac{cx}{a}}{\dfrac{c}{a}}, \qquad MP' = \frac{a + \dfrac{cx}{a}}{\dfrac{c}{a}};$$

par suite, on a :

$$\frac{FM}{MP} = \frac{c}{a}, \qquad \frac{F'M}{MP'} = \frac{c}{a}.$$

Les droites GH et G′H′ sont dites les *directrices* de l'ellipse; ces directrices, parallèles à l'axe des y, sont à une distance du centre égale à $\dfrac{a^2}{c}$, et l'on voit que : *le rapport des distances d'un point de la courbe au foyer et à la directrice voisine ou correspondante est constant et égal à l'excentricité.*

12

ÉQUATION DE LA TANGENTE ET DE LA NORMALE EN UN POINT DE
L'ELLIPSE.—LE POINT, OU LA TANGENTE RENCONTRE UN DES AXES
PROLONGÉS, EST INDÉPENDANT DE LA GRANDEUR DE L'AUTRE AXE.—
CONSTRUCTION DE LA TANGENTE EN UN POINT DE L'ELLIPSE AU MOYEN
DE CETTE PROPRIÉTÉ.

156. Soit

$$a^2y^2 + b^2x^2 - a^2b^2 = 0,$$

l'équation d'une ellipse. Les dérivées du premier membre
par rapport à x et par rapport à y sont $2b^2x$ et $2a^2y$; il
s'ensuit (n° 120) que le coefficient angulaire de la tangente au
point (x', y') est $-\dfrac{2b^2x'}{2a^2y'}$ ou $-\dfrac{b^2x'}{a^2y'}$, et que celui de la normale
est $\dfrac{a^2y'}{b^2x'}$; d'après cela l'équation de la tangente sera :

$$y - y' = -\frac{b^2x'}{a^2y'}(x - x')$$

et celle de la normale :

$$y - y' = \frac{a^2y'}{b^2x'}(x - x').$$

La valeur absolue du coefficient angulaire $-\dfrac{b^2x'}{a^2y'}$ croît
de zéro à l'infini, quand le point (x', y') situé d'abord sur
l'axe des y, s'en éloigne pour venir se placer sur l'axe des x.
On en conclut que la tangente, en un quelconque des quatre
sommets, est perpendiculaire à l'axe qui passe par ce sommet.
L'équation de la tangente peut s'écrire :

$$a^2y'y + b^2x'x = a^2y'^2 + b^2x'^2;$$

ou, à cause de $a^2y'^2 + b^2x'^2 = a^2b^2$,

$$a^2 y'y + b^2 x'x = a^2 b^2.$$

Si l'on y fait successivement $y=0$, puis $x=0$, il vient :

$$x'x = a^2, \quad \text{d'où} \quad x = \frac{a^2}{x'},$$

puis

$$y'y = b^2, \quad \text{d'où} \quad y = \frac{b^2}{y'}.$$

$\frac{a^2}{x'}$ est l'abscisse du point où la tangente coupe l'axe des x, cette abscisse ne dépend pas de la grandeur de b; de même l'ordonnée $\frac{b^2}{y'}$, du point où la tangente coupe l'axe des y, ne dépend pas de la grandeur de a. Il résulte de là que, *si l'on considère une série d'ellipses ayant un axe commun, que l'on mène une perpendiculaire à cet axe et que, par les points où cette perpendiculaire coupe chaque ellipse, on mène des tangentes à cette ellipse; toutes ces tangentes iront concourir en un même point du prolongement de l'axe commun.*

157. Le théreomè que nous venons d'établir donne un moyen très-simple de construire la tangente à l'ellipse, en un point donné de cette courbe. Soient M le point donné (fig. 85) et AA' l'un des axes de l'ellipse; décrivons un cercle sur AA' comme diamètre, abaissons MP perpendiculaire sur AA' et, par le point N, où cette perpendiculaire coupe le cercle, menons à ce cercle la tangente NT; joignons enfin le point M au

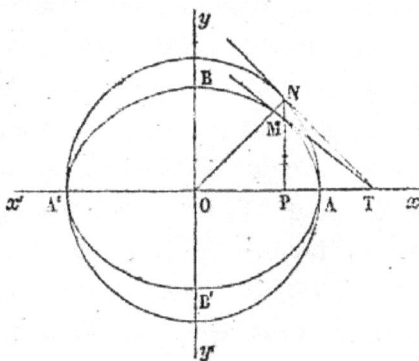
fig. 85.

point T, où NT coupe AA'; la ligne NT sera la tangente demandée. Cela résulte évidemment de ce que le cercle, que
nous employons, peut être regardé comme une ellipse ayant,
avec la proposée, un axe commun.

Remarque. Le même théorème donne un moyen de mener à
l'ellipse une tangente par un point extérieur; mais comme nous
indiquerons, dans ce qui va suivre, des méthodes plus simples
pour cet objet, nous nous bornerons à cette indication.

LES RAYONS VECTEURS, MENÉS DES FOYERS A UN POINT DE L'ELLIPSE,
  FONT AVEC LA TANGENTE EN CE POINT, ET D'UN MÊME CÔTÉ DE
  CETTE LIGNE, DES ANGLES ÉGAUX. — LA NORMALE DIVISE EN DEUX
  PARTIES ÉGALES L'ANGLE DES RAYONS VECTEURS. CETTE PROPRIÉTÉ
  PEUT SERVIR A MENER UNE TANGENTE A L'ELLIPSE PAR UN POINT
  PRIS SUR LA COURBE OU PAR UN POINT EXTÉRIEUR.

158. Soit

$$a^2 y^2 + b^2 x^2 = a^2 b^2 ;$$

l'équation d'une ellipse rapportée à son centre et à ses axes,
et supposons $a > b$; soit
MT (fig. 86) une tangente
qui rencontre le grand axe
au point T. Si l'on fait
$c = \sqrt{a^2 - b^2}$, le rayon vecteur MF aura pour équa-
tion :

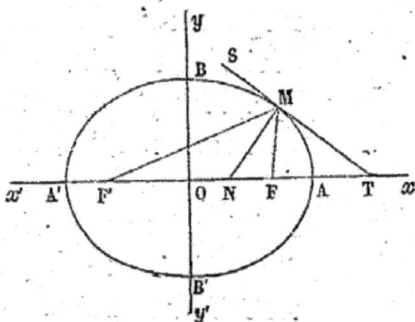

fig. 86.

$$y = \frac{y'}{x' - c} (x - c);$$

les coordonnées du point T sont $y = 0$ et $x = \dfrac{a^2}{x'}$; la distance de ce point au rayon MF sera donc $\dfrac{ay'}{x'}\dfrac{a-\dfrac{cx'}{a}}{\sqrt{y'^2+(x'-c)^2}},$

ou simplement $\dfrac{ay'}{x'}$, puisque l'on a $a-\dfrac{cx'}{a}=\sqrt{y'^2+(x'-c)^2}$.

L'équation du rayon vecteur MF′ se déduit de celle de MF en changeant c en $-c$, d'où il suit que la distance du point T à MF′ a aussi pour valeur $\dfrac{ay'}{x'}$. On voit par là que le point T est également distant des deux rayons vecteurs; il est clair qu'il n'est pas dans l'angle de ces rayons ; donc il appartient à la bissectrice de l'angle que forme l'un d'eux avec le prolongement de l'autre; donc la tangente MT n'est autre chose que cette bissectrice. En d'autres termes, *la tangente fait des angles égaux avec les rayons vecteurs du point de contact*; et il en résulte que *la normale divise en deux parties égales l'angle de ces rayons vecteurs.*

159. Le théorème, que nous venons d'établir, donne un moyen de mener une tangente à l'ellipse : par un point pris sur la courbe, ou par un point extérieur.

Supposons d'abord qu'il s'agisse de mener la tangente

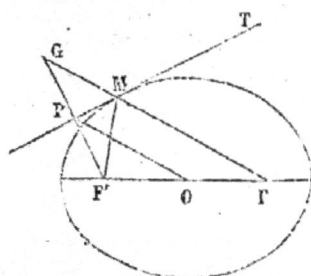
fig. 87.

en un point M d'une ellipse (fig. 87). Tirons les rayons vecteurs MF et MF′; prolongeons l'un d'eux, MF par exemple, d'une quantité MG égale à l'autre, joignons GF′ et abaissons du point M la perpendiculaire TMP sur F′G; cette perpendiculaire sera la tangente demandée.

En effet, le triangle F′MG étant isocèle, la perpendiculaire, abaissée du sommet sur la base, partage l'angle F′MG en deux parties égales ; on a donc FMP = GMP. Mais les angles GMP et TMF sont égaux comme opposés par le sommet; donc FMP=FMT, donc MT est tangente.

Remarque. Si l'on joint le centre O, milieu de FF', au point P qui est le milieu de F'G, la droite OP sera parallèle à FG et égale à la moitié de FG, c'est-à-dire à a. Il résulte de là que *la distance du centre de l'ellipse aux pieds des perpendiculaires, abaissées d'un foyer sur les tangentes, est constante et égale au demi grand axe;* ou, en d'autres termes, *le lieu géométrique des pieds des perpendiculaires, abaissées des foyers d'une ellipse sur les tangentes, est la circonférence décrite sur le grand axe comme diamètre.*

140. Proposons-nous maintenant de mener une tangente à l'ellipse par un point T extérieur à la courbe (fig. 88). Supposons pour un moment le problème résolu; soient TM la tangente demandée et M le point de contact. Tirons les rayons vecteurs MF, MF' et prolongeons l'un d'eux, MF par exemple, d'une quantité MG égale à l'autre; joignons ensuite F'G, F'T et GT. La tangente MT, divisant en deux parties égales l'angle au sommet du triangle isocèle F'MG, sera perpendiculaire à GF' et passera par le milieu P de cette ligne; on aura, par suite, TG=TF';

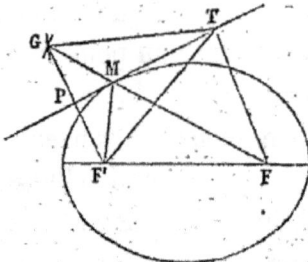

fig. 88.

d'ailleurs FG=2a; donc le point G peut être déterminé par l'intersection de deux circonférences, l'une décrite du foyer F comme centre avec le rayon 2a, l'autre décrite du point donné T comme centre avec le rayon TF'. Le point G étant connu, on le joindra au foyer F', et l'on abaissera du point T la perpendiculaire TP sur F'G; cette perpendiculaire sera la tangente demandée, et le point M, où elle rencontre FG, sera le point de contact.

En effet, on a, par construction TG$=$TF', donc TP est perpendiculaire sur le milieu de F'G; donc MF'$=$MG, et par conséquent MF$+$MF'$=2a$, ce qui prouve déjà que le point M est sur l'ellipse. En second lieu l'angle F'MP$=$GMP $=$FMT; donc MT est tangente.

Nous avons vu que le point G est déterminé par l'intersection de deux circonférences; or deux circonférences se rencontrent généralement en deux points, il y a donc deux solutions, et par le point donné T on peut mener deux tangentes à l'ellipse. Il est facile, en effet, de démontrer que les deux circonférences décrites des points F et T comme centres, avec des rayons égaux à $2a$ et à TF' respectivement, se rencontrent toujours en deux points, si, comme nous le supposons, le point T est extérieur à l'ellipse. Joignons FT; le point T étant extérieur à l'ellipse, on a $2a <$ TF$+$TF'; d'ailleurs dans le triangle TFF' on a TF $<$ FF'$+$TF' et, à fortiori, TF $< 2a+$TF'. Cela prouve que nos deux circonférences se rencontrent toujours en deux points, car la distance des centres est moindre que la somme des rayons, et le plus grand rayon est moindre que la somme du plus petit et de la distance des centres.

Si le point T était sur l'ellipse, on aurait $2a=$TF$+$TF'; alors le plus grand rayon serait égal à l'autre augmenté de la distance des centres, et les deux circonférences se toucheraient intérieurement. Dans ce cas il n'y a plus qu'une seule tangente, et l'on retombe sur la construction donnée précédemment.

Si le point T était intérieur à l'ellipse, on aurait $2a >$ TF$+$TF'; alors l'un des rayons serait plus grand que l'autre, augmenté de la distance des centres; les deux circonférences seraient intérieures l'une à l'autre, et il n'y aurait plus de tangente.

141. La propriété démontrée au n° 138 fournit encore un moyen très-simple de mener à l'ellipse une tangente parallèle à une droite donnée. Soient F et F' les foyers de l'ellipse (fig. 89) et CD la droite à laquelle la tangente doit être parallèle. Si le problème était résolu, que PT fût la tangente demandée et M le point de contact; en joignant FM et prenant sur cette direction FG = 2a, la ligne F'G serait perpendiculaire sur TP et par suite sur CD. Il résulte de là que le point G peut être déterminé par l'intersection de la perpendiculaire, abaissée de F' sur CD, avec la circonférence de rayon 2a et décrite du point F comme centre. Le point G étant connu, on mènera, par le milieu P de GF', la droite PT parallèle à CD; cette parallèle sera la tangente demandée et le point M, où elle rencontrera GF, sera le point de contact.

En effet, joignons MF'; la ligne PT étant perpendiculaire sur le milieu de GF' par construction, on a GM = F'M; donc MF + MF' = 2a; ce qui prouve déjà que le point M est sur l'ellipse. En second lieu l'angle F'MP = GMP = FMT; donc PT est tangente.

Le point G est déterminé par l'intersection d'une droite et d'un cercle, lesquels se coupent généralement en deux points. Il peut donc y avoir deux solutions; or je dis que les deux solutions ont lieu dans tous les cas, en effet le rayon du cercle 2a est plus grand que FF' et, *à fortiori,* plus grand que la distance de son centre F à la droite F'G.

Remarque. La construction de la tangente, dans les trois cas que nous venons d'examiner, ne suppose pas que la courbe soit tracée; il suffit de connaître les foyers et la longueur du

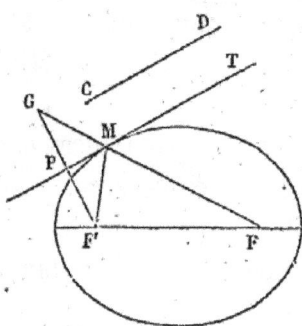

fig. 89.

grand axe. Quand on construit une ellipse par points, il est convenable de mener les tangentes aux points qu'on a déterminés ; elles permettent d'obtenir un dessin plus exact.

Équation de la tangente parallèle à une droite donnée.

142. Soient

$$a^2 y^2 + b^2 x^2 = a^2 b^2,$$

l'équation d'une ellipse, et

$$y = mx,$$

l'équation de la droite à laquelle la tangente demandée doit être parallèle. Désignons par x' et y' les coordonnées inconnues du point de contact ; l'équation de la tangente sera :

$$a^2 y' y + b^2 x' x = a^2 b^2 \quad \text{ou} \quad y = \frac{-b^2 x'}{a^2 y'} x + \frac{b^2}{y'} ;$$

et, pour déterminer les inconnues x' et y', on a les deux équations :

$$-\frac{b^2 x'}{a^2 y'} = m, \qquad a^2 y'^2 + b^2 x'^2 = a^2 b^2 ;$$

on en tire :

$$x' = \frac{a^2 m}{\pm \sqrt{a^2 m^2 + b^2}} \quad \text{et} \quad y' = \frac{-b^2}{\pm \sqrt{a^2 m^2 + b^2}}.$$

L'équation demandée est donc

$$y = mx + \sqrt{a^2 m^2 + b^2}.$$

En donnant successivement au radical le signe $+$ et le signe $-$, on aura les équations des deux tangentes parallèles à la droite donnée.

Remarque. Si l'on considère la quantité m comme susceptible de recevoir toutes les valeurs possibles, la précédente équation représentera toutes les tangentes à l'ellipse proposée. C'est sous cette forme qu'il convient de prendre les équations des tangentes, dans les questions où les points de contact ne jouent aucun rôle.

143. On peut résoudre la même question par des considérations différentes, et que nous croyons devoir indiquer ici à cause de leur grande généralité. Soit

$$y = mx + n \,,$$

l'équation d'une sécante de l'ellipse. Si l'on imagine que cette sécante se meuve en restant parallèle à elle-même, et de manière que les deux points d'intersection avec la courbe se rapprochent indéfiniment l'un de l'autre, il est évident qu'à la limite la sécante sera tangente; donc, pour que l'équation écrite plus haut représente une tangente, il faut et il suffit qu'elle n'ait qu'une seule solution commune avec l'équation,

$$a^2 y^2 + b^2 x^2 = a^2 b^2 \,,$$

de la courbe; cela revient à dire que l'équation, résultant de l'élimination de y entre les deux équations précédentes, savoir:

$$(a^2 m^2 + b^2)x^2 + 2a^2 mnx + a^2(n^2 - b^2) = 0 \,,$$

doit avoir deux racines égales. En exprimant cette condition, il vient:

$$a^4 m^2 n^2 = a^2 (n^2 - b^2)(a^2 m^2 + b^2) \,,$$

d'où l'on tire :

$$n = \pm \sqrt{a^2 m^2 + b^2}.$$

On retrouve ainsi le résultat déjà obtenu.

Équation de la tangente menée par un point extérieur.

144. Soient

$$a^2y^2 + b^2x^2 = a^2b^2,$$

l'équation de l'ellipse donnée, et (x', y') le point donné, par lequel il s'agit de mener une tangente à la courbe. Si le point de contact (x'', y'') était connu, l'équation de la tangente demandée serait

$$a^2y''y + b^2x''x = a^2b^2.$$

Mais cette tangente passant par le point donné (x', y'), on doit avoir identiquement :

$$a^2y''y' + b^2x''x' = a^2b^2 ;$$

et on a en outre :

$$a^2y''^2 + b^2x''^2 = a^2b^2 ;$$

les deux précédentes équations détermineront x'' et y'', et le problème sera résolu. Nous n'achevons pas le calcul, parce que nous présenterons tout à l'heure le résultat d'une manière plus simple. Mais les équations, que nous venons d'écrire, vont nous conduire à une conséquence qu'il est important de remarquer. Puisqu'on a l'identité

$$a^2y''y' + b^2x''x' = a^2b^2,$$

il s'ensuit que le point de contact (x'', y'') est situé sur la droite qui a pour équation :

$$a^2y'y + b^2x'x = a^2b^2 ;$$

et, comme on peut mener, par le point (x', y'), deux tangentes à l'ellipse, la précédente équation représente la droite qui joint les points de contact de ces tangentes avec la courbe.

Le problème, de mener une tangente à l'ellipse par un point extérieur, se ramène évidemment à construire cette corde de contact qu'on peut obtenir très-simplement, comme on le verra dans la suite de cet ouvrage.

145. Désignons, comme précédemment, par (x', y') le point, par lequel il faut mener une tangente à l'ellipse ; l'équation de cette tangente sera

$$(1) \qquad y = mx + \sqrt{a^2 m^2 + b^2} \; ;$$

le coefficient angulaire inconnu m devra satisfaire à l'équation de condition

$$(2) \qquad y' = mx' + \sqrt{a^2 m^2 + b^2} \; ,$$

où le radical doit être pris avec le même signe que dans l'équation (1). En éliminant ce radical par le moyen de l'équation (2), l'équation (1) peut s'écrire :

$$y - y' = m(x - x').$$

En outre, si l'on fait disparaître le radical de l'équation (2), celle-ci devient :

$$(a^2 - x'^2)m^2 + 2x'y'm + (b^2 - y'^2) = 0 \; ,$$

et l'on en tire :

$$m = \frac{-x'y' \pm \sqrt{a^2 y'^2 + b^2 x'^2 - a^2 b^2}}{a^2 - x'^2} \; ,$$

ce qui permet d'écrire les équations des deux tangentes demandées.

Remarque. Les deux valeurs de m sont réelles et inégales, si le point est extérieur à l'ellipse, comme on l'a supposé ; on a effectivement alors $a^2 y'^2 + b^2 x'^2 - a^2 b^2 > 0$; les valeurs de m sont égales, si le point est sur la courbe; enfin elles sont imaginaires, si le point est dans l'intérieur de la courbe.

Il résulte de là qu'une tangente à l'ellipse n'a aucun point situé dans l'intérieur de la courbe; en d'autres termes, l'ellipse est située tout entière d'un même côté de chacune de ses tangentes.

DIAMÈTRES.—LES CORDES, QU'UN DIAMÈTRE DIVISE EN PARTIES ÉGALES, SONT PARALLÈLES A LA TANGENTE MENÉE PAR L'EXTRÉMITÉ DE CE DIAMÈTRE.

146. Soit
$$a^2y^2 + b^2x^2 - a^2b^2 = 0,$$
l'équation de l'ellipse. Les dérivées du premier membre, par rapport à x et par rapport à y, sont $2b^2x$ et $2a^2y$; par suite le diamètre correspondant aux cordes parallèles, qui ont m pour coefficient angulaire, sera (n° 108)
$$a^2my + b^2x = 0, \quad \text{ou} \quad y = -\frac{b^2}{a^2m}x.$$

On voit immédiatement : 1° que tous les diamètres passent par le centre; 2° que toute droite, passant par le centre, est un diamètre; résultats que nous avons déjà obtenus (n° 108). Remarquons encore que, si m' désigne le coefficient angulaire du diamètre correspondant aux cordes dont le coefficient angulaire est m, on a :
$$m' = -\frac{b^2}{a^2m}, \quad \text{ou} \quad mm' = -\frac{b^2}{a^2};$$

cette dernière équation exprime la condition pour que les diamètres
$$y = mx, \quad y = m'x$$
soient conjugués.

147. Soit $M(x', y')$ un point quelconque de l'ellipse; le coefficient angulaire de la tangente en M est $-\dfrac{b^2 x'}{a^2 y'}$; celui du diamètre qui passe par le point M est $\dfrac{y'}{x'}$. Le produit de ces deux coefficients est $-\dfrac{b^2}{a^2}$; donc les cordes, qu'un diamètre divise en parties égales, sont parallèles à la tangente menée par l'extrémité de ce diamètre.

Cette propriété fournit un moyen de mener une tangente: 1° par un point donné sur la courbe, 2° parallèlement à une droite donnée.

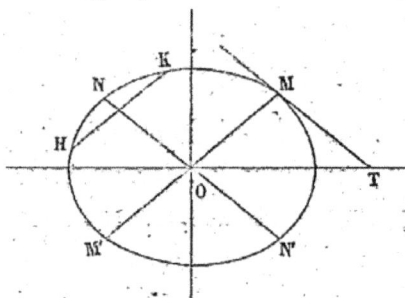

1°. Soit M le point de l'ellipse (fig. 90) par lequel il faut mener la tangente. Menons le diamètre MM' et une corde KH parallèle à

fig. 90.

MM'; menons ensuite le diamètre NN' conjugué de MM' et qui passe par le milieu de KH; menons enfin MT parallèle à NN': ce sera la tangente demandée,

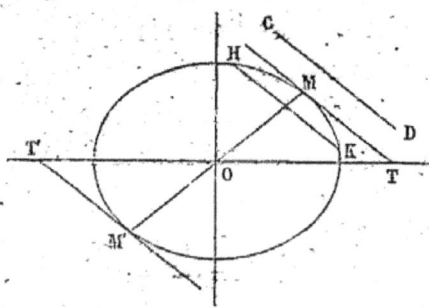

2° Soit CD (fig. 91) la droite donnée, parallèle à la tangente qu'il faut construire; menons une corde HK parallèle à CD et tirons le diamètre MM', par le milieu de HK; menons

fig. 91.

enfin MT et M'T' parallèles à CD; ces deux droites seront les tangentes demandées.

CORDES SUPPLÉMENTAIRES. — ON PEUT, AU MOYEN DES CORDES SUP-
PLÉMENTAIRES, MENER UNE TANGENTE A L'ELLIPSE, PAR UN POINT
DONNÉ SUR LA COURBE, OU PARALLÈLEMENT A UNE DROITE DONNÉE.

148. On nomme *cordes supplémentaires* de l'ellipse deux
cordes, qui joignent un point quelconque de la courbe aux
extrémités d'un même diamètre.

Il existe, entre les coefficients angulaires de deux cordes
supplémentaires, une relation qu'il est utile de connaître.
Soit D'D (fig. 92) un diamètre de l'ellipse

$$a^2y^2 + b^2x^2 = a^2b^2,$$

et considérons les deux cordes supplémentaires MD et MD',

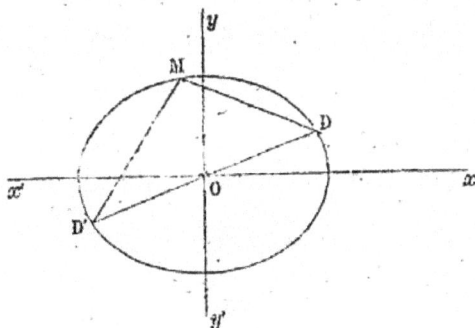

fig. 92.

qui joignent un point M(x, y) de la courbe aux extrémités du
diamètre D'D. Désignons par x' et y' les coordonnées du point
D; celles du point D' seront alors $-x'$ et $-y'$. Cela posé,
les coefficients angulaires des cordes MD et MD' sont
$\dfrac{y-y'}{x-x'}$ et $\dfrac{y+y'}{x+x'}$; leur produit est donc $\dfrac{y^2-y'^2}{x^2-x'^2}$. Mais, des
équations

$$a^2y^2 + b^2x^2 = a^2b^2,$$
$$a^2y'^2 + b^2x'^2 = a^2b^2,$$

on déduit, par la soustraction,

$$\frac{y^2 - y'^2}{x^2 - x'^2} = -\frac{b^2}{a^2}.$$

Donc *le produit des coefficients angulaires de deux cordes supplémentaires est constant et égal à* $-\dfrac{b^2}{a^2}$.

Réciproquement, si le produit des coefficients angulaires de deux cordes MD et MD' est $-\dfrac{b^2}{a^2}$ et que ces cordes aient une extrémité commune M, elles sont supplémentaires. Car, soient m le coefficient angulaire de MD, m' le coefficient angulaire de la corde supplémentaire de MD, menée par le point M; on aura $mm' = -\dfrac{b^2}{a^2}$; donc m' est aussi le coefficient angulaire de MD'; par suite, MD' est la corde supplémentaire de MD.

On ferait voir, par un raisonnement semblable, que si deux cordes partent des extrémités d'un même diamètre et que le produit des coefficients angulaires de ces cordes soit $-\dfrac{b^2}{a^2}$, ces deux cordes sont supplémentaires.

149. Soient NN' (fig. 93) un diamètre quelconque de l'ellipse et G un point de la courbe; menons les cordes supplémentaires GN, GN', menons ensuite le demi-diamètre OM parallèle à la corde GN' et, par le point M, la tangente ST à la courbe; je dis que ST est parallèle à GN; en effet, le produit des coefficients angulaires de GN

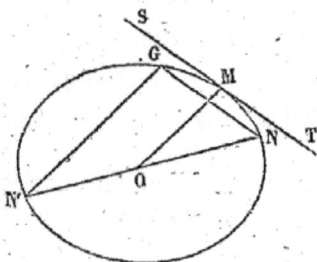

fig. 93.

et GN' est égal au produit des coefficients angulaires de OM

et de ST; d'ailleurs OM et GN′ ont même coefficient angulaire, donc GN et ST ont aussi même coefficient angulaire, et
par suite , sont parallèles.

Ce qui précède fournit un moyen de mener une tangente
à l'ellipse par un point pris sur la courbe, ou parallèlement
à une droite donnée.

1° Soit M (fig. 93) le point de la courbe par où il faut
mener la tangente; tirons le diamètre OM et une corde
quelconque GN′ parallèle à ce diamètre; menons ensuite, par
le point N′ le diamètre N′N, tirons GN et par le point M menons
ST parallèle à GN. Cette ligne sera la tangente demandée.

2° Tirons une corde GN quelconque parallèle à la tangente
demandée. Menons le diamètre N′N et joignons GN′, menons
enfin le diamètre MM′ parallèle à GN′ et, par les extrémités de
ce diamètre, des parallèles à GN; ces parallèles seront les tangentes demandées.

DIAMÈTRES CONJUGUÉS.

150. Nous avons vu (n° 146) que toute droite passant par
le centre de l'ellipse est un diamètre, et que deux diamètres
sont conjugués, lorsque le produit de leurs coefficients angulaires est égal à $-\dfrac{b^2}{a^2}$; on peut arriver à ces résultats, en se
plaçant à un autre point de vue qu'il est utile d'indiquer.
Effectivement, si l'on rapporte l'ellipse à deux diamètres conjugués quelconques, il est évident que l'équation de la courbe
ne renfermera ni le rectangle des variables ni les termes du
premier degré; réciproquement, quand l'équation d'une
ellipse ne renferme pas les termes dont on vient de parler,
les axes, auxquels la courbe est rapportée, sont des diamètres conjugués. On voit, d'après cela, que, pour trouver les

13

diamètres conjugués de l'ellipse, il suffit de déterminer tous les systèmes d'axes de coordonnées, pour lesquels l'équation de la courbe a la forme :

$$My^2 + Nx^2 = H.$$

L'ellipse étant d'abord rapportée à son centre et à ses axes, soit

$$(1) \qquad a^2 y^2 + b^2 x^2 = a^2 b^2,$$

son équation. Les formules à employer, pour passer à un système d'axes quelconques ayant même origine que les axes actuels, sont

$$x = x' \cos \alpha + y' \cos \alpha', \qquad y = x' \sin \alpha + y' \sin \alpha',$$

α et α' étant, comme on l'a vu, les angles formés par les nouveaux axes des x et des y avec l'ancien axe des x. En faisant la substitution et supprimant ensuite les accents dont les coordonnées sont affectées, la nouvelle équation de la courbe sera

$$(a^2 \sin^2\alpha' + b^2 \cos^2\alpha') y^2 + 2(a^2 \sin\alpha \sin\alpha' + b^2 \cos\alpha \cos\alpha') xy +$$
$$(a^2 \sin^2\alpha + b^2 \cos^2\alpha) x^2 = a^2 b^2.$$

Pour que les nouveaux axes soient deux diamètres conjugués, on doit avoir :

$$a^2 \sin\alpha \sin\alpha' + b^2 \cos\alpha \cos\alpha' = 0 \, ;$$

d'où l'on tire :

$$(2) \qquad \operatorname{tang} \alpha \operatorname{tang} \alpha' = -\frac{b^2}{a^2},$$

équation qui exprime que le produit des coefficients angulaires de deux diamètres conjugués de l'ellipse, rapportée à son centre et à ses axes, est $-\dfrac{b^2}{a^2}$.

Quant à l'équation de la courbe, elle se réduit à

$$(a^2 \sin^2\alpha' + b^2 \cos^2\alpha')y^2 + (a^2 \sin^2\alpha + b^2 \cos^2\alpha)x^2 = a^2 b^2.$$

Désignons par $2a'$ et $2b'$ les longueurs des deux diamètres conjugués, auxquels la courbe est rapportée; l'équation précédente doit être satisfaite en posant $y=0$, $x=\pm a'$; et $x=0$, $y=\pm b'$; ce qui donne :

$$a'^2 = \frac{a^2 b^2}{a^2 \sin^2\alpha + b^2 \cos^2\alpha} \quad \text{et} \quad b'^2 = \frac{a^2 b^2}{a^2 \sin^2\alpha' + b^2 \cos^2\alpha'};$$

on voit, en outre, que l'équation de l'ellipse, rapportée à ses diamètres conjugués, peut s'écrire :

$$\frac{y^2}{b'^2} + \frac{x^2}{a'^2} = 1 \quad \text{ou} \quad a'^2 y^2 + b'^2 x^2 = a'^2 b'^2.$$

Elle a la même forme que l'équation relative aux axes.

DEUX DIAMÈTRES CONJUGUÉS SONT TOUJOURS PARALLÈLES A DEUX CORDES SUPPLÉMENTAIRES ET RÉCIPROQUEMENT. — LIMITES DE L'ANGLE DE DEUX DIAMÈTRES CONJUGUÉS.

151. Soit

$$a^2 y^2 + b^2 x^2 = a^2 b^2,$$

l'équation de l'ellipse rapportée à son centre et à ses axes; désignons par m et m' les coefficients angulaires de deux diamètres conjugués; par n et n' ceux de deux cordes supplémentaires; on a :

$$mm' = -\frac{b^2}{a^2} \quad \text{et} \quad nn' = -\frac{b^2}{a^2},$$

d'où

$$mm' = nn'.$$

Si donc on a $m = n$, on aura en même temps $m' = n'$; on conclut de là que : 1° étant donnés deux diamètres conjugués, on peut construire deux cordes supplémentaires qui leur soient parallèles et qui aboutissent aux extrémités d'un diamètre quelconque donné ; 2° étant données deux cordes supplémentaires, on peut construire deux diamètres conjugués qui leur soient parallèles.

Remarque. Il est très-important de remarquer que les équations,

$$mm' = -\frac{b^2}{a^2} \quad \text{et} \quad nn' = \frac{b^2}{a^2},$$

continuent d'avoir lieu lorsque l'ellipse,

$$a^2 y^2 + b^2 x^2 = a^2 b^2,$$

est rapportée à deux diamètres conjugués quelconques $2a$ et $2b$; on s'en assurera en répétant textuellement les raisonnements que nous avons faits, et qui n'ont à subir aucune modification.

152. Puisque deux diamètres conjugués sont toujours parallèles à deux cordes supplémentaires, terminées aux extrémités d'un diamètre quelconque, la recherche des limites entre lesquelles peut varier l'angle de deux diamètres conjugués, se ramène à la détermination des limites de l'angle des cordes supplémentaires qui aboutissent aux extrémités du grand axe.

Soit

$$a^2 y^2 + b^2 x^2 = a^2 b^2,$$

l'équation de l'ellipse rapportée à son centre et à ses axes ;

les coefficients angulaires des cordes, qui joignent un point M(x, y) de la courbe aux extrémités A′ et A du grand axe,

sont $\dfrac{y}{x+a}$ et $\dfrac{y}{x-a}$; donc, en désignant par V l'angle A′MA, on aura :

$$\tang V = \frac{\dfrac{y}{x-a} - \dfrac{y}{x+a}}{1 + \dfrac{y^2}{x^2-a^2}} = \frac{2ay}{x^2-a^2+y^2};$$

ou, en éliminant x par le moyen de l'équation de la courbe,

$$\tang V = \frac{-2a}{y\left(\dfrac{a^2}{b^2} - 1\right)}.$$

Cette formule indique que l'angle V ne peut être aigu, ce que l'on savait d'avance; elle montre aussi que cet angle est droit lorsque le point M est au sommet A; en effet l'une des cordes est alors le grand axe A′A et l'autre corde n'est autre que la tangente à l'ellipse en A. Enfin, si le point M se meut sur l'ellipse de A en A′, l'angle obtus V va d'abord en augmentant, jusqu'à ce que le point M vienne se placer sur le petit axe; il diminue ensuite jusqu'à 90°, en repassant par les mêmes valeurs. Les cordes supplémentaires, qui font le plus grand angle obtus, sont donc celles qui joignent les extrémités du grand axe à l'une des extrémités du petit. Par conséquent on aura les diamètres conjugués, faisant entre eux l'angle obtus maximum ou l'angle aigu minimum, en menant par le centre deux parallèles aux cordes dont il vient d'être question. Il est évident que ces diamètres sont les diagonales du rectangle circonscrit à l'ellipse et qui est formé par les tangentes menées aux quatre sommets; le coefficient angulaire de l'un de ces diamètres est $+\dfrac{b}{a}$ et celui

de l'autre diamètre $-\dfrac{b}{a}$.

155. Le théorème démontré au n° 151 permet encore de construire deux diamètres conjugués d'une ellipse, qui fassent entre eux un angle donné. Il suffit, effectivement, pour résoudre le problème, de construire un segment capable de l'angle donné sur un des diamètres de l'ellipse. En joignant les extrémités de ce diamètre à l'un des points où la courbe rencontre le cercle, auquel appartient le segment construit, on aura deux cordes supplémentaires parallèles aux diamètres demandés. La solution s'achève aisément.

IL Y A TOUJOURS DANS UNE ELLIPSE DEUX DIAMÈTRES CONJUGUÉS ÉGAUX ENTRE EUX.

154. Nous avons trouvé (n° 150) :

$$a'^2 = \frac{a^2 b^2}{a^2 \sin^2\alpha + b^2 \cos^2\alpha} \quad \text{et} \quad b'^2 = \frac{a^2 b^2}{a^2 \sin^2\alpha' + b^2 \cos^2\alpha'}.$$

Dans ces formules a et b sont les demi-axes de l'ellipse; a' et b' sont les demi-longueurs de deux diamètres conjugués, qui font, avec l'axe $2a$, les angles α et α' respectivement. Supposons $a' = b'$, on aura :

$$a^2 \sin^2\alpha + b^2 \cos^2\alpha = a^2 \sin^2\alpha' + b^2 \cos^2\alpha',$$

d'où l'on déduit :

$$\sin^2\alpha = \sin^2\alpha', \quad \text{et} \quad \tan^2\alpha = \tan^2\alpha',$$

d'où

$$\tan\alpha' = -\tan\alpha;$$

nous mettons le signe —, parce que nous savons que tang α et tang α' sont de signes contraires. D'après cela, l'équation,

tang α tang $\alpha' = -\dfrac{b^2}{a^2}$, montre que les coefficients angulaires

tang α et tang α' sont égaux l'un à $\dfrac{b}{a}$ et l'autre à $-\dfrac{b}{a}$.

Nous pouvons conclure, de ce qui précède, qu'il y a toujours dans l'ellipse deux diamètres conjugués égaux; et que ces diamètres sont précisément ceux qui font entre eux l'angle aigu minimum ou l'angle obtus maximum (n° 152).

LA SOMME DES CARRÉS DE DEUX DIAMÈTRES CONJUGUÉS EST CONSTANTE. — L'AIRE DU PARALLÉLOGRAMME CONSTRUIT SUR DEUX DIAMÈTRES CONJUGUÉS EST CONSTANTE.

155. Les équations obtenues précédemment, savoir :

$$\text{tang } \alpha \text{ tang } \alpha' = -\frac{b^2}{a^2}$$

$$a'^2 = \frac{a^2 b^2}{a^2 \sin^2\alpha + b^2 \cos^2\alpha}, \quad b'^2 = \frac{a^2 b^2}{a^2 \sin^2\alpha' + b^2 \cos^2\alpha'}$$

peuvent s'écrire de la manière suivante :

(1) $$\frac{\sin\alpha \sin\alpha'}{b^2} + \frac{\cos\alpha \cos\alpha'}{a^2} = 0,$$

(2) $$\frac{1}{a'^2} = \frac{\sin^2\alpha}{b^2} + \frac{\cos^2\alpha}{a^2}, \quad \frac{1}{b'^2} = \frac{\sin^2\alpha'}{b^2} + \frac{\cos^2\alpha'}{a^2}.$$

Multiplions les équations (2) l'une par l'autre et retranchons, du second membre de l'équation résultante, le carré du premier membre de l'équation (1); il viendra :

$$\frac{1}{a'^2 \, b'^2} = \frac{\sin^2(\alpha' - \alpha)}{a^2 b^2}.$$

En désignant par θ l'angle des diamètres conjugués $2a'$ et $2b'$, on a :

$$\theta = \alpha' - \alpha \, ,$$

et l'équation précédente donne :

$$a'b' \sin\theta = ab \qquad \text{ou} \qquad 4a'b' \sin\theta = 4ab \, ;$$

ce qui démontre que le parallélogramme, construit sur deux diamètres conjugués, est égal au rectangle des axes.

En second lieu, si l'on ajoute les équations (2) après les avoir multipliées respectivement par $\sin^2\alpha'$ et $\sin^2\alpha$, puis par $\cos^2\alpha'$ et $\cos^2\alpha$, il vient, en ayant égard à l'équation (1),

$$\frac{\sin^2\alpha'}{a'^2} + \frac{\sin^2\alpha}{b'^2} = \frac{\sin^2(\alpha' - \alpha)}{a^2} \, ,$$

$$\frac{\cos^2\alpha'}{a'^2} + \frac{\cos^2\alpha}{b'^2} = \frac{\sin^2(\alpha' - \alpha)}{b^2} \, ,$$

ou

$$a'^2 \sin^2\alpha + b'^2 \sin^2\alpha' = \frac{a'^2 b'^2 \sin^2(\alpha' - \alpha)}{a^2} = b^2 \, ,$$

$$a'^2 \cos^2\alpha + b'^2 \cos^2\alpha' = \frac{a'^2 b'^2 \sin^2(\alpha' - \alpha)}{b^2} = a^2 \, .$$

En ajoutant ces équations, il vient :

$$a'^2 + b'^2 = a^2 + b^2 \, ;$$

ce qui démontre que la somme des carrés de deux diamètres conjugués est égale à la somme des carrés des axes.

CONSTRUIRE UNE ELLIPSE, CONNAISSANT DEUX DIAMÈTRES CONJUGUÉS
ET L'ANGLE QU'ILS FONT ENTRE EUX.

156. Soient $2a'$ et $2b'$ les longueurs des diamètres conjugués donnés, θ leur angle ; $2a$ et $2b$ les longueurs inconnues
des axes ; on a :

$$a^2 + b^2 = a'^2 + b'^2,$$
$$2ab = 2a'b' \sin\theta.$$

Ajoutant ces équations et retranchant ensuite la seconde de la
première, il vient :

$$(a+b)^2 = a'^2 + b'^2 + 2a'b' \sin\theta,$$
$$(a-b)^2 = a'^2 + b'^2 - 2a'b' \sin\theta;$$

d'où

$$a+b = \sqrt{a'^2 + b'^2 + 2a'b' \sin\theta},$$
$$a-b = \sqrt{a'^2 + b'^2 - 2a'b' \sin\theta}.$$

On voit que $a+b$ est le troisième côté du triangle, dont

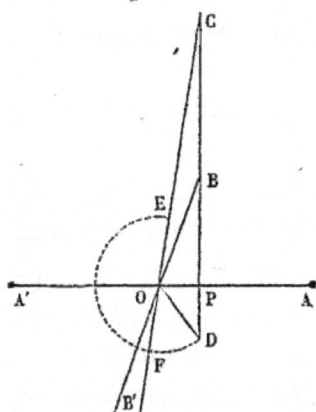

fig. 94.

les deux premiers côtés sont a'
et b' et forment un angle égal
à $90° + \theta$; pareillement $a-b$ est
le troisième côté du triangle,
dont les deux premiers côtés sont
a' et b' et forment un angle égal
à $90° - \theta$; on est ainsi conduit à
la construction suivante. Traçons
deux lignes A'A, BB' faisant entre
elles l'angle donné θ (fig. 94) et
qui se coupent en O ; prenons
OA=OA'=a', OB=OB'=b' ; abaissons BP perpendiculaire sur
AA' et prenons, sur cette ligne, BC=BD=a' ; joignons OC

et OD; enfin, du point O comme centre et d'un rayon égal
à OD, décrivons une circonférence qui coupe OC aux points E
et F. Je dis que CF et CE seront les axes de l'ellipse demandée,
qu'on pourra, dès lors, construire par points, ainsi qu'on l'a
indiqué (n°s 130, 131); en effet, les angles CBO et DBO sont
évidemment 90° + θ et 90° — θ; donc les triangles CBO et
DBO donnent :

$$CO = \sqrt{a'^2 + b'^2 + 2a'b'\sin\theta} \quad \text{et} \quad DO = \sqrt{a'^2 + b'^2 - 2a'b'\sin\theta},$$

ou

$$CO = a + b, \quad DO = a - b;$$

on a ensuite :

$$CF = CO + DO = 2a \quad \text{et} \quad CE = CO - DO = 2b.$$

*Autre manière de présenter quelques-uns des résultats
qui précèdent.*

157. Soit une ellipse (fig. 95) rapportée à ses axes et
ayant pour équation .

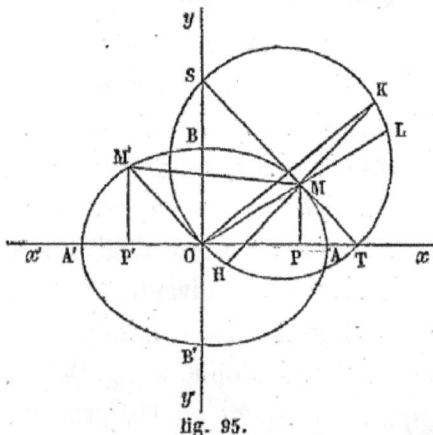

$$(1) \quad a^2y^2 + b^2x^2 = a^2b^2.$$

Soient OM et OM' deux diamètres conjugués quel-
conques; désignons par
x' et y' les coordonnées
de l'un des points M, où
l'un des diamètres ren-
contre la courbe; on peut
fig. 95.
évidemment, sans altérer la généralité, supposer que x' et y'
soient positives. Cela posé, l'équation du diamètre OM sera :

$$y = \frac{y'}{x'}\, x\, ;$$

l'équation du diamètre conjugué OM' sera :

$$y = -\, \frac{b^2 x'}{a^2 y'}\, x.$$

Les points d'intersection de ce second diamètre avec la courbe auront pour coordonnées $\pm\, \dfrac{ay'}{b}$ et $\pm\, \dfrac{bx'}{a}$; en particulier, si M' est celui de ces deux points dont l'ordonnée est positive, on aura, en désignant par x et y ses coordonnées,

$$(2) \qquad x = -\, \frac{ay'}{b}, \qquad y = +\, \frac{bx'}{a}\, ;$$

on déduit de là, en premier lieu,

$$x^2 + x'^2 = \frac{a^2 y'^2}{b^2} + x'^2 = a^2\, ,$$

$$y^2 + y'^2 = \frac{b^2 x'^2}{a^2} + y'^2 = b^2.$$

En ajoutant, il vient :

$$(x^2 + y^2) + (x'^2 + y'^2) = a^2 + b^2\, ,$$

ou, en désignant par a' et b' les demi-longueurs OM et OM' des diamètres conjugués,

$$(3) \qquad a'^2 + b'^2 = a^2 + b^2.$$

On déduit encore des équations (2) :

$$xy = -\, x'y'\, ,$$

ce qui prouve que les triangles MOP, M'OP' sont équivalents et que leur somme est égale à $x'y'$. Mais le triangle MOM', qui est la huitième partie du parallélogramme construit sur les diamètres conjugués, est égal au trapèze MM'P'P diminué des deux triangles MOP, M'OP'; on aura donc, en désignant par P l'aire de ce parallélogramme,

$$\frac{1}{8}\,\mathrm{P}=\frac{1}{2}(y+y')(x'-x)-x'y'=\frac{1}{2}\left(\frac{bx'^2}{a}+\frac{ay'^2}{b}\right)=\frac{1}{2}\,ab,$$

d'où

$$\mathrm{P}=4ab\,;$$

on retrouve ainsi, de la manière la plus simple, les deux théorèmes du n° 155.

Menons par le point M (fig. 95) la tangente à l'ellipse; soient S et T les points où cette tangente coupe les axes; les triangles MTP et M'P'O étant semblables, leurs surfaces sont entre elles comme les carrés des côtés homologues MT et M'O; on a donc :

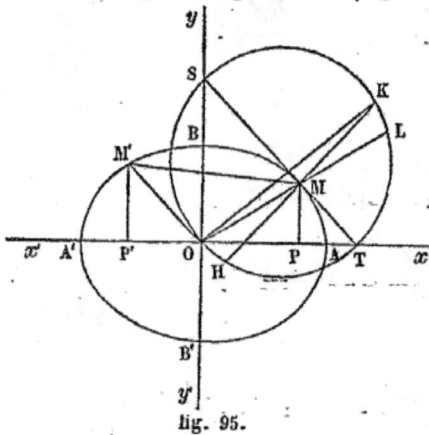

fig. 95.

$$\frac{\overline{\mathrm{MT}}^2}{\overline{\mathrm{M'O}}^2}=\frac{\mathrm{MTP}}{\mathrm{M'P'O}}=\frac{\mathrm{MTP}}{\mathrm{MPO}}.$$

Mais les triangles MTP et MPO, qui ont même hauteur, sont entre eux comme leurs bases; donc :

$$\frac{\overline{\mathrm{MT}}^2}{\overline{\mathrm{M'O}}^2}=\frac{\mathrm{TP}}{\mathrm{PO}}=\frac{\mathrm{MT}}{\mathrm{SM}},$$

d'où

$$\overline{\mathrm{M'O}}^2=\mathrm{MS}\times\mathrm{MT}.$$

Cette égalité exprime le théorème suivant : *le produit des segments d'une tangente à l'ellipse, compris entre le point de contact et les deux axes, est égal au carré du demi-diamètre parallèle.*

Prolongeons OM d'une quantité $ML = \dfrac{\overline{M'O}^2}{MO}$; le cercle décrit sur ST, comme diamètre, passera évidemment par le point O et par le point L. Or ce cercle peut être construit, si l'on connaît seulement les diamètres conjugués OM et OM' de grandeur et de position ; en effet, le centre du cercle, dont il s'agit, est sur la perpendiculaire menée à OL par son milieu, et il est aussi sur la ligne ST qui est connue, puisque cette ligne est parallèle à OM' ; de plus, le cercle passe par le point O. Ce cercle une fois construit, on connaîtra les points S et T, où il coupe la ligne ST et, par suite, on aura les directions des axes OS et OT de l'ellipse dont on ne connaissait que les diamètres conjugués OM et OM'.

Nous allons montrer maintenant comment on peut trouver les grandeurs de ces axes. Menons, par le point M, la droite KH perpendiculaire à ST, et soient K et H les points où elle rencontre le cercle décrit sur ST comme diamètre ; on aura :

$$\overline{MH}^2 = \overline{MK}^2 = MS \times MT = \overline{M'O}^2 ;$$

donc

$$MH = MK = M'O.$$

Cela posé, les triangles KOM et HOM donnent, en désignant par θ l'angle MOM' :

$$\overline{OK}^2 = \overline{OM}^2 + \overline{OM'}^2 + 2OM \times OM' \sin\theta ,$$
$$\overline{OH}^2 = \overline{OM}^2 + \overline{OM'}^2 - 2OM \times OM' \sin\theta ;$$

or

$$\overline{OM}^2 + \overline{OM'}^2 = a^2 + b^2 , \quad OM \times OM' \sin\theta = ab ;$$

donc

$$\overline{OK}^2 = (a+b)^2 \quad \text{et} \quad \overline{OH}^2 = (a-b)^2 ,$$

ou

$$OK = a + b \quad \text{et} \quad OH = a - b ,$$

d'où

$$2a = OK + OH \quad \text{et} \quad 2b = OK - OH.$$

Remarque. Le diamètre ST, perpendiculaire à la corde KH, divise l'arc qu'elle sous-tend en deux parties égales; d'où il résulte que l'axe AA′ est la bissectrice de l'angle KOH.

EXPRESSION DE L'AIRE DE L'ELLIPSE, EN FONCTION DES LONGUEURS DE SES AXES.

Dérivée de l'aire d'une courbe rapportée à des coordonnées rectilignes.

158. Soit CMN une portion d'une courbe rapportée à deux axes rectilignes Ox et Oy, faisant entre eux un angle quelconque θ (fig. 96); soit CM un arc de cette courbe, situé tout entier d'un même côté de l'axe des x. Nous considérerons le point C comme fixe, et le point M comme mobile sur la courbe, en sorte que l'ordonnée y de ce dernier sera une

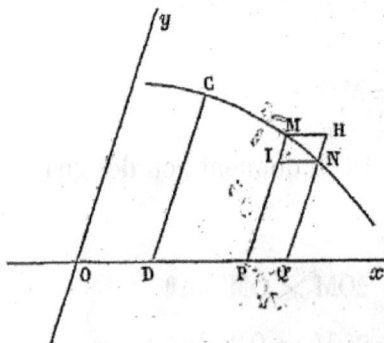

fig. 96.

fonction de l'abscisse x définie par l'équation même de la courbe. Cela posé, si l'on mène les ordonnées CD et MP, l'aire du trapèze curviligne CDPM sera une nouvelle fonction de l'abscisse x ; nous nous proposons de trouver la dérivée de cette aire. Supposons que le point M se déplace sur la courbe et vienne occuper la position N dont nous désignerons les coordonnées par $x+h$ et $y+k$; l'aire CDPM, que nous représenterons par u, prendra un accroissement α représenté sur la figure par MPQN, et la dérivée u' de u sera égale à la limite vers laquelle tend le rapport $\dfrac{\alpha}{h}$ quand h tend vers zéro.

Or on peut supposer le point N assez près de M, pour que l'ordonnée de la courbe soit constamment décroissante ou constamment croissante de $x=$ OP à $x=$ OQ; alors, si l'on mène MH et NI parallèles à Ox, il est évident que l'aire α sera comprise entre les aires des parallélogrammes MPQH et IPQN, c'est-à-dire comprise entre $yh\sin\theta$ et $(y+k)h\sin\theta$.

Le rapport $\dfrac{\alpha}{h}$ sera donc compris entre

$$y\sin\theta \quad \text{et} \quad y\sin\theta+k\sin\theta.$$

Or à la limite, pour $h=0$, on a aussi $k\sin\theta=0$; donc

$$u'=y\sin\theta;$$

ce qui montre que la dérivée de l'aire considérée est égale au produit de l'ordonnée mobile par le sinus de l'angle des axes.

Remarque. Dans le cas des axes rectangulaires, on a $\sin\theta=1$ et par suite :

$$u'=y.$$

Détermination de l'aire d'une courbe rapportée à deux axes rectilignes.

159. Supposons maintenant qu'il s'agisse d'évaluer l'aire u (fig. 96), dont il a été question au numéro précédent. Nous avons :

$$u' = y \sin \theta ;$$

y est une fonction connue de l'abscisse x ; désignons-la par $f(x)$ et supposons qu'on sache trouver une fonction $F(x)$ ayant pour dérivée $f(x) \sin \theta$; on aura alors $u' = F'(x)$. Les fonctions u et $F(x)$, ayant leurs dérivées égales, ne peuvent différer que par une constante ; donc, en désignant par C cette constante, on aura :

$$u = F(x) + C.$$

Il s'agit maintenant de déterminer la constante : désignons par a l'abscisse du point C ; l'aire u doit être nulle pour $x = a$; on a donc :

$$0 = F(a) + C \qquad \text{d'où} \qquad C = - F(a),$$

et par suite

$$u = F(x) - F(a).$$

Remarque. Cette méthode générale est susceptible de simplifications dans certains cas particuliers ; on en verra des exemples dans les applications que nous en ferons.

Aire de l'ellipse.

160. Considérons une ellipse, dont le grand axe $AA' = 2a$ et le petit axe $BB' = 2b$ (fig. 97) ; et proposons-nous d'abord d'évaluer l'aire CDMP comprise entre l'arc CM, le grand

axe A'A et les ordonnées CD, PM, perpendiculaires au grand
axe. Prolongeons les ordon-
nées CD, MP jusqu'à leur rencontre en C_1, M_1 avec la circonférence décrite sur A'A
comme diamètre. Si l'on considère le point D comme fixe
et le point P comme variable,
qu'on dénote par y et y_1 les
ordonnées MP, M_1P de l'ellipse et du cercle, par u et
u_1 les aires CMPD, C_1M_1PD,

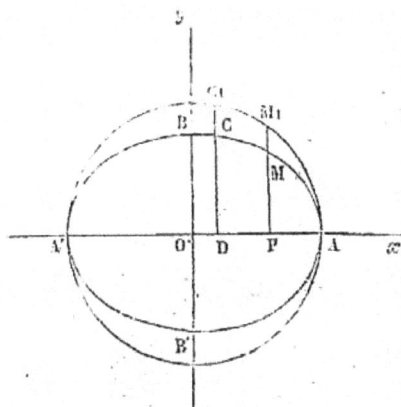

fig. 97.

on aura :

$$u' = y, \quad u'_1 = y_1;$$

mais $y_1 = \dfrac{b}{a}y$, donc

$$u' = \frac{b}{a}u'_1.$$

Les fonctions u et $\dfrac{b}{a}u_1$ ont même dérivée, donc elles ne peuvent différer que par une constante; mais il est évident qu'elles
deviennent nulles en même temps; par conséquent la constante est nulle et l'on a :

$$u = \frac{b}{a}u_1.$$

Ce qui montre que les aires de l'ellipse et du cercle, comprises
entre les mêmes ordonnées, sont entre elles dans le rapport
du petit axe au grand. La géométrie élémentaire enseigne à
calculer u_1, et l'on en déduit immédiatement u.

Si l'on suppose que les points D et P soient confondus l'un

14

avec A', l'autre avec A, u se réduit à la demi-ellipse et u_1 au demi-cercle ou $\frac{1}{2}\pi a^2$; on a donc, en désignant par E l'aire totale de l'ellipse :

$$E = \frac{b}{a} \times \pi a^2 = \pi ab;$$

formule qui fait connaître l'aire de l'ellipse entière, en fonction des longueurs de ses axes.

161. Supposons maintenant qu'on veuille obtenir l'aire d'un segment quelconque CAC' d'une ellipse (fig. 98).

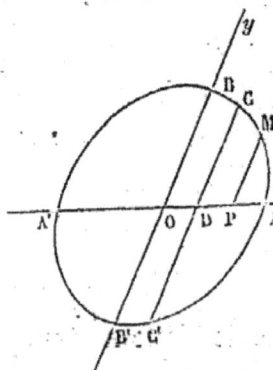 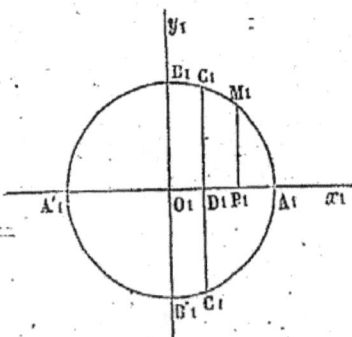

fig. 98.   fig. 99.

Rapportons la courbe à deux diamètres conjugués, dont l'un soit parallèle à la corde CC'. Désignons par $2a'$ et $2b'$ les longueurs de ces diamètres, et par θ l'angle qu'ils font entre eux. Menons l'ordonnée MP d'un point quelconque M et cherchons d'abord l'aire du trapèze curviligne CDPM. Décrivons une circonférence d'un rayon a' (fig. 99); menons deux diamètres rectangulaires $A'_1 A_1$, $B'_1 B_1$; prenons $O_1 D_1 = OD$, $O_1 P_1 = OP$, et menons enfin les ordonnées $D_1 C_1$, $P_1 M_1$ perpendiculaires à $A'_1 A_1$. Si l'on désigne par x chacune des abscisses égales OP, $O_1 P_1$, par y et y_1 les ordonnées MP et $M_1 P_1$, par u et u_1

les aires $\mathrm{CDPM}, \mathrm{C_1D_1P_1M_1}$, enfin par u' et u'_1 les dérivées de ces aires, considérées comme fonctions de x; on aura :

$$u' = y \sin \theta, \qquad u'_1 = y_1;$$

mais on a :

$$y_1 = \sqrt{a'^2 - x^2}, \qquad y = \frac{b'}{a'}\sqrt{a'^2 - x^2} = \frac{b'}{a'} y_1;$$

donc

$$u' = \frac{b'}{a'} \sin \theta \times u'_1 :$$

les fonctions u et $\dfrac{b'}{a'} \sin \theta \times u_1$ ont même dérivée; d'ailleurs elles s'annulent en même temps; donc elles sont égales; on a par suite :

$$u = \frac{b'}{a'} \sin \theta \times u_1;$$

l'aire circulaire u_1 étant connue, on connaîtra aussi l'aire d'ellipse u. Si maintenant on suppose que le point M se rapproche indéfiniment du point A, le point M_1 se rapprochera en même temps du point A_1, et l'on aura :

$$\mathrm{CDA} = \frac{b'}{a'} \sin \theta \times \mathrm{C_1D_1A_1} ;$$

on a pareillement :

$$\mathrm{C'DA} = \frac{b'}{a'} \sin \theta \times \mathrm{C'_1D_1A_1} ;$$

donc

$$\text{segment } \mathrm{CAC'} = \frac{b'}{a'} \sin\theta \times \text{segment } \mathrm{C_1A_1C_1'}.$$

Lorsque le point C vient à coïncider avec A', le point C_1

avec A'_1, le segment d'ellipse devient l'ellipse entière, le segment de cercle, le cercle entier; on a donc, en désignant par E l'aire de l'ellipse, et observant que celle du cercle est $\pi a'^2$:

$$E = \frac{b'}{a'} \sin\theta \times \pi a'^2 = \pi a'b' \sin\theta ;$$

or, en désignant par $2a$ et $2b$ les axes de l'ellipse, on a $ab = a'b' \sin\theta$; on retrouve donc la formule déjà obtenue :

$$E = \pi ab.$$

EXERCICES.

Questions résolues.

162. Question I. *Démontrer que le produit des distances des foyers à une tangente est constant et égal au carré du demi petit axe.*

Soient p et p' les distances des foyers F et F' de l'ellipse

$$a^2 y^2 + b^2 x^2 = a^2 b^2$$

à une tangente

$$y = mx + \sqrt{a^2 m^2 + b^2} ;$$

les axes de l'ellipse étant pris pour axes de coordonnées. Les coordonnées du foyer F sont $y = 0$, $x = c = \sqrt{a^2 - b^2}$; celles du foyer F' sont $y = 0$, $x = -c = -\sqrt{a^2 - b^2}$; on a donc, par les formules connues,

$$p = \frac{mc + \sqrt{a^2 m^2 + b^2}}{\sqrt{m^2 + 1}}, \quad p' = \frac{-mc + \sqrt{a^2 m^2 + b^2}}{\sqrt{m^2 + 1}},$$

d'où l'on tire :

$$pp' = b^2.$$

165. QUESTION II. *Démontrer que la projection de la normale, en un point de l'ellipse, sur l'un des deux rayons vecteurs est constante.*

Soit

$$a^2y^2 + b^2x^2 = a^2b^2,$$

l'équation d'une ellipse rapportée à ses axes. Soient MN = N la longueur de la normale au point M (x, y) (fig. 100) et MQ l'ordonnée. L'équation de MN est

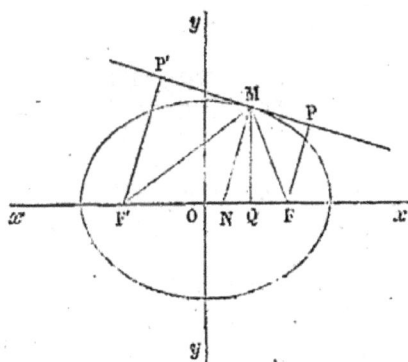

fig. 100.

$$Y - y = \frac{a^2y}{b^2x}(X - x);$$

pour Y = 0, on a:

$$X - x = -\frac{b^2x}{a^2}.$$

Cette valeur de X — x est précisément la sous-normale NQ; on a d'ailleurs

$$N^2 = \overline{NQ}^2 + y^2,$$

donc

$$N^2 = \frac{a^4y^2 + b^4x^2}{a^4} \quad \text{et} \quad N = \frac{1}{a^2}\sqrt{a^4y^2 + b^4x^2}.$$

Remplaçant a^2y^2 par $a^2b^2 - b^2x^2$ et faisant, comme à l'ordinaire, $c^2 = a^2 - b^2$, il vient:

$$N = \frac{b}{a}\sqrt{\left(a - \frac{cx}{a}\right)\left(a + \frac{cx}{a}\right)};$$

ou, en désignant par r et r' les rayons vecteurs qui aboutissent aux foyers F et F',

$$N = \frac{b}{a}\sqrt{rr'} \, ;$$

expression remarquable de la longueur de la normale.

Abaissons, des foyers F et F', FP et F'P' perpendiculaires sur la tangente en M : et désignons par γ l'angle que la normale fait avec l'un ou l'autre des deux rayons vecteurs ; les triangles rectangles FMP, F'MP' donnent :

$$r = \frac{FP}{\cos\gamma}, \quad r' = \frac{F'P'}{\cos\gamma} \, ; \quad \text{d'où} \quad rr' = \frac{FP \times F'P'}{\cos^2\gamma}.$$

Mais on a vu (n° 162) que $FP \times F'P' = b^2$; donc

$$rr' = \frac{b^2}{\cos^2\gamma} \quad \text{et} \quad N = \frac{b^2}{a\cos\gamma}.$$

Cette dernière équation donne :

$$N\cos\gamma = \frac{b^2}{a} \, ,$$

ce qui démontre le théorème énoncé.

164. Question III. *Trouver le lieu des sommets des angles droits circonscrits à une ellipse donnée.*

Première solution. Rapportons l'ellipse donnée à ses axes, et soit

$$(1) \qquad a^2 y^2 + b^2 x^2 = a^2 b^2,$$

son équation. Nous avons vu (n° 142) que, si m est une quantité donnée, l'équation

$$(2) \qquad y = mx + \sqrt{a^2 m^2 + b^2},$$

représente les deux tangentes qui ont m pour coefficient angulaire, en prenant le radical successivement avec le signe $+$ et avec le signe $-$. Mais, si x et y désignent les coordonnées d'un point donné et que m soit considérée comme une indéterminée, la même équation fera connaître les coefficients angulaires m des tangentes menées à l'ellipse par le point (x, y). En faisant disparaître le radical de l'équation (2), et ordonnant par rapport à m, elle devient :

$$(x^2 - a^2)m^2 - 2xym + y^2 - b^2 = 0.$$

Si le point (x, y) appartient au lieu demandé, le produit des racines de l'équation précédente sera -1, et réciproquement. On a donc, dans cette hypothèse,

$$\frac{y^2 - b^2}{x^2 - a^2} = -1 \quad \text{ou} \quad y^2 + x^2 = a^2 + b^2.$$

Le lieu demandé est donc la circonférence, circonscrite au rectangle construit sur les axes de l'ellipse.

Seconde solution. Les tangentes à l'ellipse,

$$a^2y^2 + b^2x^2 = a^2b^2 ;$$

qui ont m pour coefficient angulaire, sont toutes deux représentées par l'équation :

$$(1) \qquad y = mx + \sqrt{a^2m^2 + b^2},$$

ou

$$(2) \qquad (x^2 - a^2)m^2 - 2xym + (y^2 - b^2) = 0.$$

Si l'on change m en $-\dfrac{1}{m}$ et que l'on multiplie ensuite l'équation par m^2, il vient :

$$(3) \qquad (x^2 - a^2) + 2xym + (y^2 - b^2)m^2 = 0 ;$$

l'équation obtenue, en ajoutant les équations (2) et (3), appartiendra à un lieu qui passera par les quatre points où les
droites (2) coupent les droites (3) ; or, cette équation est

$$(m^2 + 1)(x^2 + y^2 - a^2 - b^2) = 0$$

ou

$$x^2 + y^2 = a^2 + b^2.$$

Elle ne contient pas la variable m, elle représente donc le
lieu demandé.

165. QUESTION IV. *Trouver le lieu d'un point quelconque
lié invariablement à une ellipse donnée, qui se meut en restant tangente à deux droites rectangulaires données.*

Soient Y'Y et X'X les deux droites rectangulaires données ;
$2a$ et $2b$ les longueurs des axes de l'ellipse donnée ; α et β les
coordonnées d'un point du plan de l'ellipse, par rapport aux
axes de cette courbe. Considérons l'ellipse mobile dans une
quelconque de ses positions, et rapportons tout à ses axes ;
l'équation de la courbe sera

$$a^2 y^2 + b^2 x^2 = a^2 b^2 ;$$

celles des deux droites données seront :

$$y = mx + \sqrt{a^2 m^2 + b^2},$$

$$y = -\frac{1}{m} x + \sqrt{\frac{a^2}{m^2} + b^2}.$$

Les distances du point (α, β) à ces deux droites seront :

$$\frac{\beta - m\alpha - \sqrt{a^2 m^2 + b^2}}{\sqrt{m^2 + 1}}, \quad \frac{m\beta + \alpha - \sqrt{a^2 + m^2 b^2}}{\sqrt{m^2 + 1}},$$

d'ailleurs ces distances ne sont autre chose que les coordonnées du même point, relativement aux droites données prises pour axes; on peut donc écrire :

$$x = \frac{\beta - m\alpha - \sqrt{a^2 m^2 + b^2}}{\sqrt{m^2 + 1}}, \quad y = \frac{m\beta + \alpha - \sqrt{a^2 + m^2 b^2}}{\sqrt{m^2 + 1}}.$$

En éliminant m entre ces équations, on aura une nouvelle équation qui exprimera une relation constante entre les coordonnées d'un point quelconque du lieu; cette équation sera · donc celle du lieu demandé.

En particulier, si l'on veut le lieu décrit par le centre de l'ellipse mobile, il faut faire $\alpha = 0$, $\beta = 0$, et il vient :

$$x = \frac{\sqrt{a^2 m^2 + b^2}}{\sqrt{m^2 + 1}}, \quad y = \frac{\sqrt{a^2 + m^2 b^2}}{\sqrt{m^2 + 1}}.$$

l'élimination de m se fait immédiatement, en élevant au carré les équations précédentes et ajoutant ensuite; il vient ainsi :

$$y^2 + x^2 = a^2 + b^2,$$

équation d'un cercle dont le rayon est $\sqrt{a^2 + b^2}$. Ce dernier résultat peut immédiatement se déduire de la solution de la question III.

166. Question V. *Trouver le lieu des pieds des perpendiculaires, abaissées d'un point quelconque du plan d'une ellipse sur les tangentes de cette courbe.*

Soient

$$a^2 y^2 + b^2 x^2 = a^2 b^2,$$

l'équation de l'ellipse rapportée à ses axes, et α, β les coordonnées du point donné. Les équations d'une tangente et de la perpendiculaire à cette tangente, menée par le point donné, seront :

$$y = mx + \sqrt{a^2m^2 + b^2},$$
$$y - \beta = -\frac{1}{m}(x - \alpha).$$

Les valeurs de x et de y, qui satisfont à ces deux équations, sont les coordonnées d'un point du lieu demandé; on aura donc l'équation de ce lieu, si l'on élimine m entre les deux précédentes. De la première, on tire :

$$(x^2 - a^2)m^2 - 2xym + y^2 - b^2 = 0,$$

et de la seconde :

$$m = -\frac{x - \alpha}{y - \beta}.$$

Le résultat de l'élimination est donc :

$$(x^2 - a^2)(x - \alpha)^2 + 2xy(x - \alpha)(y - \beta) + (y^2 - b^2)(y - \beta)^2 = 0.$$

Cette équation est du quatrième degré, et l'on voit qu'elle est satisfaite en faisant $x = \alpha$, $y = \beta$; d'où il suit que le lieu demandé passe par le point donné. Ce résultat est évident *à priori*, dans le cas où le point donné est extérieur à l'ellipse. Mais il semblerait que le contraire dût avoir lieu, quand le point donné est intérieur à l'ellipse, puisque les tangentes de cette courbe n'ont aucun point dans son intérieur. Il est aisé d'expliquer cette circonstance; effectivement, un même lieu géométrique peut être défini par diverses propriétés conduisant toutes à la même équation; or il peut arriver que la propriété, par laquelle le lieu a été primitivement défini, soit sujette à des limitations, à des restrictions dont l'analyse ne tient aucun compte et dont, par suite, l'équation est complétement débarrassée. En résumé, et ceci est de la plus haute importance, l'équation d'un lieu, défini par une propriété géométrique, peut comprendre une infinité de points qui n'ont pas la propriété par laquelle le lieu a été défini.

Dans l'exemple que nous traitons et que nous avons choisi pour avoir l'occasion de présenter les remarques qui précèdent, le lieu qu'il s'agit de trouver peut être défini par une autre propriété géométrique. En partant du nouvel énoncé auquel cette deuxième propriété conduit, on reconnaît immédiatement que le lieu demandé doit passer par le point donné. Voici cet énoncé : *On mène une tangente à une ellipse donnée et on joint les traces de cette tangente sur les axes de l'ellipse à un point donné; puis on décrit deux cercles qui aient respectivement pour diamètres ces deux droites; cela posé, on demande de trouver le lieu décrit par les points d'intersection des deux circonférences, quand la tangente varie.*

Si le point donné est l'un des foyers de l'ellipse, on a $\alpha = \pm c$, $\beta = 0$. Dans ce cas, il est aisé de voir que le premier membre de l'équation du lieu est divisible par $(x \pm c)^2 + y^2$; supprimant alors ce facteur qui, égalé à zéro, ne donnerait que le foyer, l'équation se réduit au second degré. Mais, dans tout autre cas, l'équation que nous avons obtenue est irréductible. Dans le cas particulier, dont il vient d'être question, le calcul peut être dirigé de manière à ne pas introduire le facteur qu'on doit supprimer ensuite de l'équation finale; en effet, dans ce cas, les équations entre lesquelles il faut éliminer m, sont :

$$(y - mx)^2 = a^2 m^2 + b^2,$$
$$(my + x)^2 = a^2 - b^2 ;$$

en ajoutant il vient :

$$y^2 + x^2 = a^2.$$

On retrouve ainsi un résultat déjà obtenu au n° 139.

167. Question VI. *Trouver le triangle maximum inscrit dans une ellipse donnée.*

Soit ABC (fig. 101) le triangle maximum inscrit dans l'ellipse dont les axes sont $2a$ et $2b$. La tangente à l'ellipse au point A

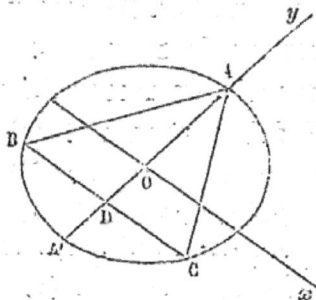

fig. 101.

est évidemment parallèle au côté opposé BC; car, s'il en était autrement, il y aurait un point de l'ellipse plus éloigné que A de BC; par conséquent le triangle ABC ne serait pas le maximum. Il s'ensuit que la droite qui joint le sommet A au milieu du côté opposé BC est le diamètre de l'ellipse conjugué de BC. Pour la même raison, les lignes qui joignent les sommets B et C aux milieux des côtés AC, AB sont des diamètres. Il en résulte que le centre de gravité du triangle ABC doit être le centre même de l'ellipse. Pour construire un pareil triangle, il suffit évidemment de mener un diamètre quelconque AA', de mener ensuite la corde BC conjuguée de AA' par le milieu D du demi-diamètre OA'; enfin de joindre AB et AC. Nous allons démontrer que tous les triangles ainsi formés sont équivalents, en sorte que chacun d'eux pourra être pris pour le triangle maximum. Soit ABC l'un des triangles formés comme il vient d'être dit ; nous prendrons pour axe des x le diamètre parallèle à BC et pour axe des y le diamètre AA'. En désignant par $2a'$ et $2b'$ les longueurs de ces diamètres conjugués, par θ leur angle, l'équation de l'ellipse sera :

$$\frac{y^2}{b'^2} + \frac{x^2}{a'^2} = 1,$$

celle de la corde BC sera :

$$y = -\frac{b'}{2};$$

par conséquent l'abscisse positive du point C, où la corde BC coupe l'ellipse, sera $\frac{a'}{2}\sqrt{3}$ et l'on aura BC $= a'\sqrt{3}$; on a d'ailleurs AD $= \frac{3}{2}b'$ et surf ABC $= \frac{1}{2}$ AD $\times$ BC $\times \sin\theta$; donc

$$ABC = \frac{3}{4}a'b'\sin\theta \times \sqrt{3},$$

ou

$$ABC = \frac{3}{4}ab\sqrt{3}.$$

Ce qui démontre le résultat annoncé.

Questions à résoudre.

I. Trouver le lieu des projections du centre d'une ellipse sur les cordes qui sont vues du centre sous un angle droit.

II. Trouver le lieu des sommets des angles circonscrits à une ellipse et dont les côtés sont parallèles à deux diamètres conjugués.

III. Par un point M d'une ellipse on mène une tangente, qui coupe aux points G et G′ les tangentes menées par les extrémités A et A′ du grand axe; et on demande de démontrer que : 1° le produit AG×A′G′ est constant et égal au carré du demi-petit axe ; 2° la droite GG′ est vue sous un angle droit de chacun des foyers.

IV. Deux ellipses quelconques étant tracées sur un plan,

démontrer qu'il y a toujours dans la première deux diamètres conjugués qui sont parallèles à deux diamètres conjugués de la seconde.

V. Mener à une ellipse donnée une normale telle que la corde interceptée, par la courbe sur cette normale, soit un minimum.

VI. Inscrire à l'ellipse un rectangle de surface donnée. Déduire de la solution le rectangle inscrit maximum.

VII. Circonscrire à l'ellipse un rectangle de surface donnée; en déduire les rectangles circonscrits maximum et minimum.

VIII. Trouver la plus petite ellipse circonscrite à un triangle donné.

CHAPITRE VII.

DE L'HYPERBOLE.

ÉQUATION DE L'HYPERBOLE RAPPORTÉE A SON CENTRE ET A SES AXES.
— RAPPORT DES CARRÉS DES ORDONNÉES PERPENDICULAIRES A L'AXE
TRANSVERSE.

168. L'équation du second degré (n° 113) peut être ramenée, dans le cas de l'hyperbole, à la forme :

$$My^2 + Nx^2 = H,$$

où x et y désignent des coordonnées rectangulaires. La quantité $-4MN$ étant ici positive, on voit que M et N sont de signes contraires. Si $H = 0$, l'équation proposée, représente le système de deux droites passant par l'origine et qui constitue une variété de l'hyperbole, ainsi que nous en avons fait la remarque. Ce cas étant mis de côté, on peut toujours supposer que H soit de même signe que le coefficient de x^2, et, par suite, de signe contraire au coefficient de y^2 ; car on peut, si on le juge à propos, changer les axes de cordonnées l'un dans l'autre. Pour avoir les points où la courbe coupe l'axe des x, il faut faire $y = 0$ et il vient :

$$x = \pm \sqrt{\frac{H}{N}}.$$

Nous désignerons par a la valeur de $\sqrt{\dfrac{\overline{H}}{N}}$, et l'on aura $N = \dfrac{H}{a^2}$.

Si l'on cherchait de même les points d'intersection avec l'axe des y, il faudrait faire $x = 0$, et l'on trouverait :

$$y = \pm \sqrt{\frac{\overline{H}}{M}} \, ;$$

mais cette valeur est imaginaire, et il n'y a pas de point d'intersection. Nous désignerons par $b\sqrt{-1}$ la valeur de $\sqrt{\dfrac{\overline{H}}{M}}$;
en sorte que l'on aura $M = -\dfrac{H}{b^2}$.

En remplaçant M et N par les valeurs écrites plus haut, l'équation de la courbe devient :

(1)
$$\frac{y^2}{b^2} - \frac{x^2}{a^2} = -1,$$

ou

(2)
$$a^2 y^2 - b^2 x^2 = -a^2 b^2.$$

C'est sous l'une ou l'autre de ces deux formes que nous la considérerons désormais. On en tire :

(3)
$$y = \pm \frac{b}{a} \sqrt{x^2 - a^2}.$$

La valeur de y n'est réelle que si x est compris entre $-\infty$ et $-a$, ou entre $+a$ et $+\infty$. Lorsque x croît de $+a$ à $+\infty$ ou décroît de $-a$ à $-\infty$, la valeur absolue de y croît de zéro à l'infini. Si donc on prend sur l'axe des x (fig. 102) $0A = 0A' = a$, l'hyperbole sera formée de quatre branches infinies, dont deux partent de A et les autres de A', comme l'indique la figure. Il est évident que l'origine est le centre, et que les axes de coordonnées sont les axes eux-mêmes de la courbe. L'équation (1) ou (2) représente donc une hyperbole rapportée à son centre et à ses axes. L'axe qui rencontre la courbe est dit *axe transverse*, l'autre est appelé *axe non transverse*. La longueur AA′＝2a est la longueur de l'axe transverse; si, en outre, on prend, sur l'axe des y, OB＝OB′＝b, la ligne BB′＝2b est dite la longueur de l'axe non transverse. Les extrémités A et A′ de l'axe transverse

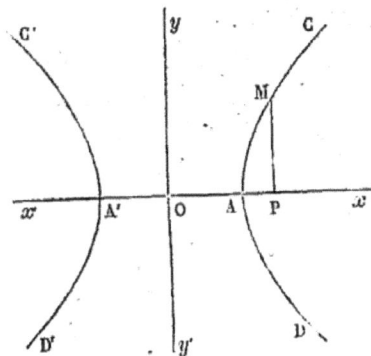

fig. 102.

sont, n° 110, les *sommets* de l'hyperbole.

Lorsque les axes 2a et 2b sont égaux entre eux, l'hyperbole est dite *équilatère*.

169. De l'équation (3) on tire :

$$\frac{y^2}{(x+a)(x-a)} = \frac{b^2}{a^2};$$

or, pour un point M quelconque de l'hyperbole, on a (fig. 102)

$$y=\text{MP}, \quad x+a=\pm\text{A'P}, \quad x-a=\pm\text{AP},$$

donc :

$$\frac{\overline{\text{MP}}^2}{\text{A'P}\times\text{AP}} = \frac{b^2}{a^2};$$

d'où il résulte que : *le rapport du carré d'une ordonnée, perpendiculaire à l'axe transverse, au produit des segments correspondants, formés sur cet axe, est une quantité constante*

15

En d'autres termes : *les carrés des ordonnées, perpendicu-laires à l'axe transverse, sont entre eux comme les produits des segments correspondants formés sur cet axe.*

On voit que cet énoncé n'est autre chose que la traduction géométrique de l'équation de l'hyperbole.

170. Soit r la distance OM (fig. 102) du centre de la courbe au point M dont les coordonnées sont x et y, on aura :

$$r^2 = x^2 + y^2,$$

et, par suite,

$$a^2(r^2 - x^2) - b^2 x^2 = - a^2 b^2,$$

d'où

$$r = \sqrt{\frac{a^2 + b^2}{a^2} x^2 - b^2};$$

cela montre que la distance du centre à un point, mobile sur l'hyperbole, est minimum lorsque ce point est placé à l'un des sommets, et que cette distance croît indéfiniment à mesure que le point s'éloigne du sommet.

171. On nomme points intérieurs de l'hyperbole les points, situés dans l'espace compris entre les branches infinies qui se réunissent à un même sommet; et points extérieurs les points, non compris dans cet espace et non situés sur la courbe.

Il est bon de remarquer que, pour tout point extérieur à l'hyperbole

$$a^2 y^2 - b^2 x^2 = - a^2 b^2,$$

on a :

$$a^2 y^2 - b^2 x^2 + a^2 b^2 > 0,$$

et, pour tout point intérieur :

$$a^2 y^2 - b^2 x^2 + a^2 b^2 < 0.$$

Considérons d'abord le cas d'un point M extérieur. Si la valeur absolue de son abscisse est supérieure à *a*, il existera un point M' de la courbe ayant même abscisse que le point M et une ordonnée moindre en valeur absolue ; si, au contraire, la valeur absolue de l'abscisse du point M est moindre que *a*, il existera un point M″ de la courbe ayant même ordonnée que le point M et une abscisse plus grande en valeur absolue ; or, pour chaque point de la courbe, $a^2y^2 - b^2x^2 + a^2b^2$ est nul ; donc cette quantité est positive pour le point M. Un raisonnement semblable prouve la deuxième partie du théorème énoncé.

FOYERS ET DIRECTRICES ; TANGENTE ET NORMALE ; DIAMÈTRES ; DIAMÈTRES CONJUGUÉS ET CORDES SUPPLÉMENTAIRES. CE QU'ON NOMME LONGUEUR D'UN DIAMÈTRE QUI NE RENCONTRE PAS L'HYPERBOLE. — LES PROPRIÉTÉS DE CES POINTS ET DE CES LIGNES SONT ANALOGUES DANS L'HYPERBOLE ET DANS L'ELLIPSE.

172. L'équation de l'hyperbole, rapportée à ses axes, savoir :

$$a^2y^2 - b^2x^2 = -a^2b^2,$$

se déduit de celle de l'ellipse, par le simple changement de b^2 en $-b^2$; aussi les raisonnements, par lesquels nous avons établi les diverses propriétés de l'ellipse, peuvent-ils être employés, sauf de légères modifications, pour démontrer les propriétés analogues de l'hyperbol

Foyers.

173. L'équation de la courbe, rapportée à ses axes, étant

(1) $$a^2y^2 - b^2x^2 = -a^2b^2 ;$$

soient α et 6 les coordonnées d'un foyer et δ la distance de ce foyer au point (x, y) de la courbe, on aura :

$$(2) \qquad \delta = \sqrt{(x-\alpha)^2 + (y-6)^2} \, ;$$

d'où, en désignant par $lx + my + n$ la fonction rationnelle qui exprime δ,

$$(x-\alpha)^2 + (y-6)^2 - (lx + my + n)^2 = 0.$$

On voit, comme au n° 132, qu'on doit avoir $l = 0$ ou $m = 0$. Si l'on suppose $m = 0$, δ sera une fonction linéaire de x seul; l'équation (2) donne alors :

$$\delta^2 = x^2 - 2\alpha x + \alpha^2 + y^2 - 26y + 6^2 \, ;$$

en remplaçant y par sa valeur tirée de (1), savoir :

$$y = \frac{b}{a} \sqrt{x^2 - a^2} \, ,$$

il vient :

$$\delta^2 = x^2 - 2\alpha x + \alpha^2 + \frac{b^2}{a^2}(x^2 - a^2) - 26\frac{b}{a}\sqrt{x^2 - a^2} + 6^2 \, ;$$

puisque δ doit être rationnelle, il faut *à fortiori* que δ^2 le soit, ce qui exige que l'on ait $6 = 0$, c'est-à-dire que les foyers soient situés sur l'axe des x. L'expression de δ^2 devient alors :

$$\delta^2 = \frac{a^2 + b^2}{a^2} x^2 - 2\alpha x + \alpha^2 - b^2 \, ;$$

pour que le second membre soit un carré parfait, il faut et il suffit que l'on ait :

$$\alpha^2 = \frac{a^2 + b^2}{a^2}(\alpha^2 - b^2) \, ,$$

d'où l'on tire :

$$a^2 = a^2 + b^2 \quad \text{et} \quad \alpha = \pm \sqrt{a^2 + b^2}.$$

Cette valeur de α est toujours réelle; ce qui montre qu'il existe toujours deux foyers, situés sur l'axe transverse à une distance du centre égale à $\sqrt{a^2 + b^2}$.

En supposant $l = 0$, on trouverait, par un calcul identique au précédent,

$$\alpha = 0 \quad \text{et} \quad 6 = \pm \sqrt{-a^2 - b^2};$$

cette valeur de 6 est imaginaire; par conséquent, l'hyperbole n'a que les deux foyers, situés sur l'axe transverse à une distance du centre égale à $\sqrt{a^2 + b^2}$, et dont on a précédemment démontré l'existence.

Si l'on élève sur l'axe transverse, au sommet A, la perpendiculaire AL égale à la moitié de l'axe non transverse, la distance OL sera égale à $\sqrt{a^2 + b^2}$ et la circonférence, décrite du centre O avec un rayon égal à OL, rencontrera l'axe transverse en deux points F et F' qui seront les foyers de l'hyperbole. La longueur $2c$ est désignée sous le nom de distance focale; le rapport $\dfrac{c}{a}$ de la distance focale à l'axe transverse est l'*excentricité* de l'hyperbole.

174. Remplaçant successivement α par $+c$ et par $-c$ dans l'expression de δ^2 et désignant par F et F' les foyers de l'hyperbole, on aura (fig. 103) :

$$\overline{\text{FM}}^2 = \frac{c^2 x^2}{a^2} - 2cx + a^2 = \left(\frac{cx}{a} - a\right)^2,$$

$$\overline{\text{F'M}}^2 = \frac{c^2 x^2}{a^2} + 2cx + a^2 = \left(\frac{cx}{a} + a\right)^2;$$

d'où l'on tire :

$$\mathrm{FM} = \pm \left(\frac{cx}{a} - a \right), \qquad \mathrm{F'M} = \pm \left(\frac{cx}{a} + a \right).$$

Les distances FM, F'M, qu'on nomme rayons vecteurs, sont des quantités positives; d'ailleurs, lorsque le point M est situé sur la branche placée du côté des abscisses positives, le terme $\frac{cx}{a}$ est positif et plus grand que a, on ne doit donc prendre alors que les signes supérieurs; de sorte qu'on a, pour tous les points de cette branche,

$$\mathrm{FM} = \frac{cx}{a} - a, \qquad \mathrm{F'M} = \frac{cx}{a} + a.$$

Lorsque le point M est situé sur l'autre branche, le terme $\frac{cx}{a}$ est négatif, et sa valeur absolue est plus grande que a; on ne doit donc prendre alors que les signes inférieurs; de sorte qu'on a, pour tous les points de cette seconde branche,

$$\mathrm{FM} = -\frac{cx}{a} + a, \qquad \mathrm{F'M} = -\frac{cx}{a} - a.$$

En faisant la différence, on trouve, dans le premier cas,

$$\mathrm{F'M} - \mathrm{FM} = 2a,$$

et, dans le second,

$$\mathrm{FM} - \mathrm{F'M} = 2a;$$

ce qui montre que : *la différence des rayons vecteurs, menés des foyers à un point quelconque de l'hyperbole, est constante et égale à la longueur de l'axe transverse.*

Il est bon de remarquer que l'hyperbole sépare les points du plan, dont la différence des rayons vecteurs est inférieure à la longueur de l'axe transverse, de ceux pour lesquels cette différence est plus grande que *l'axe transverse*; en d'autres termes, *si* F *et* F' *sont les foyers d'une hyperbole dont l'axe transverse est* 2a (fig. 103), *on a, pour tout point* P *extérieur,*

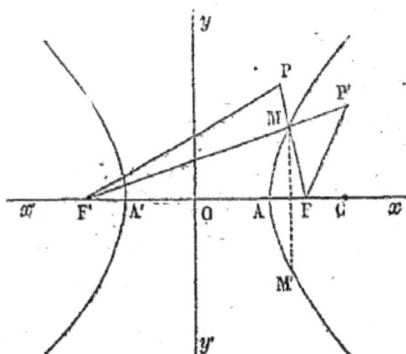

fig. 103.

F'P—FP < 2a; *et, pour tout point* P' *intérieur,* F'P'—FP' > 2a.

En effet, dans le premier cas, si l'on joint le point F' au point M où FP rencontre la courbe, le triangle F'PM donnera :

$$FP < F'M + PM ;$$

retranchant FP de part et d'autre, puis observant que F'M—FM = 2a, il viendra :

$$F'P — FP < 2a ;$$

dans le second cas, le triangle FP'M donnera :

$$FP' < FM + MP' ;$$

retranchant de F'P' les deux membres de cette inégalité, on aura :

$$F'P' — FP' > 2a.$$

Remarque. On a supposé les points P et P' placés à droite de l'axe non transverse; s'ils étaient situés à gauche de cet axe, il faudrait prendre les différences des rayons vecteurs en sens contraire.

175. La propriété démontrée au n° 174 fournit un moyen très-simple de construire par points une hyperbole dont on connaît l'axe transverse et les foyers.

Soient en effet F et F' (fig. 103) les foyers et 2a la longueur donnée de l'axe transverse ; joignant F'F, et prenant, à partir du point O milieu de cette droite, OA = OA' = a, les points A et A' seront les sommets de l'hyperbole. En outre, comme la différence des distances d'un même point de la courbe aux deux foyers est égale à A'A, on voit que si l'une de ces distances est AC, l'autre sera A'C. Si donc on prend, sur l'axe transverse, un point C quelconque, mais non situé entre F' et F, puis que l'on décrive, des foyers F et F' comme centres, deux circonférences qui aient respectivement AC et A'C pour rayons, les points d'intersection M et M' appartiendront à l'hyperbole. Les deux circonférences, dont nous parlons, se couperont toujours ; car il est évident que la distance des centres F'F est moindre que la somme des rayons et que chaque rayon est moindre que la somme de la distance des centres et de l'autre rayon. En donnant au point C diverses positions sur le prolongement de F'F, on pourra construire, comme il vient d'être indiqué, autant de points qu'on voudra de l'hyperbole. Quand on connaîtra ainsi des points assez nombreux et assez rapprochés les uns des autres, on les joindra par un trait continu, et une portion de l'hyperbole sera tracée par points.

La même propriété permet de tracer l'hyperbole par un mouvement continu. Si, en effet, après avoir marqué les foyers F et F', on fixe au foyer F' une règle F'M qui puisse tourner autour de ce point ; qu'on attache au point M et à l'autre foyer F les extrémités d'un fil MF d'une longueur telle que F'M — FM = 2a; puis qu'on tende le fil, en appliquant une portion contre la règle, au moyen d'un style muni d'un crayon ou d'un tire-ligne; il est clair qu'en faisant glisser le style le long de la règle, l'hyperbole se trouvera décrite par le crayon ou le tire-ligne.

Directrices.

176. Soient M(x, y) un point de l'hyperbole

$$a^2 y^2 - b^2 x^2 = - a^2 b^2 ,$$

rapportée à ses axes; F et F' (fig. 104) les deux foyers : on a (n° 174) :

$$FM = \frac{cx}{a} - a , \quad F'M = \frac{cx}{a} + a.$$

Soient GH et G'H' les droites qui ont pour équations :

$$\frac{cx}{a} - a = 0, \quad \frac{cx}{a} + a = 0 ;$$

les droites GH, G'H' sont dites les *directrices* de l'hyperbole; ces directrices, parallèles à l'axe des y, sont à une distance du centre égale à $\dfrac{a^2}{c}$. On voit aisément que le rapport des distances d'un point de la courbe au foyer et à la directrice voisine ou *correspondante* est constant et égal à l'excentricité.

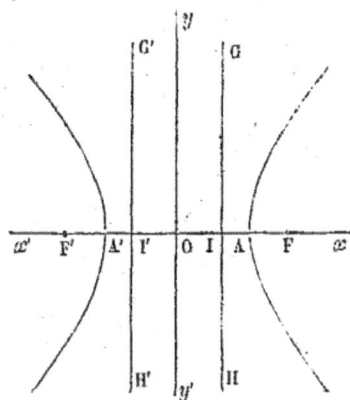

fig. 104.

Tangente et normale.

177. Soit

$$a^2y^2 - b^2x^2 + a^2b^2 = 0,$$

l'équation d'une hyperbole rapportée à ses axes. Les dérivées du premier membre, par rapport à x et par rapport à y, sont $-2b^2x$ et $2a^2y$; par suite, le coefficient angulaire de la tangente au point (x', y') est (n° 147) $\dfrac{2b^2x'}{2a^2y'}$ ou $\dfrac{b^2x'}{a^2y'}$, et celui de la normale est $-\dfrac{a^2y'}{b^2x'}$; d'après cela, l'équation de la tangente sera :

$$y - y' = \frac{b^2x'}{a^2y'} (x - x');$$

celle de la normale sera :

$$y - y' = -\frac{a^2y'}{b^2x'} (x - x').$$

La valeur absolue du coefficient angulaire $\dfrac{b^2x'}{a^2y'}$ décroît de l'infini à $\dfrac{b}{a}$ lorsque le point (x', y'), placé d'abord à l'un des sommets, s'en éloigne indéfiniment; en effet, si l'on remplace y' par sa valeur $\dfrac{b}{a}\sqrt{x'^2 - a^2}$ tirée de l'équation

$$a^2y'^2 - b^2x'^2 = -a^2b^2,$$

on trouve :

$$\frac{b^2x'}{a^2y'} = \frac{b}{\pm a\sqrt{1 - \dfrac{a^2}{x'^2}}};$$

pour $x' = \infty$, cette quantité devient égale à $\pm \dfrac{b}{a}$; la tangente se confond alors avec l'une des deux droites

$$y = \pm \frac{b}{a}\, x,$$

qui sont précisément, comme on le verra plus loin, les asymptotes de l'hyperbole.

En ayant égard à l'équation

$$a^2 y'^2 - b^2 x'^2 = -a^2 b^2 ,$$

l'équation de la tangente, trouvée précédemment, peut s'écrire :

$$a^2 y' y - b^2 x' x = -a^2 b^2.$$

La tangente divise en deux parties égales l'angle des rayons vecteurs menés des foyers au point de contact.

178. Soient MT (fig. 105) la tangente en $M(x', y')$ à l'hyperbole :

$$a^2 y^2 - b^2 x^2 = -a^2 b^2 ,$$

rapportée à ses axes; T le point où cette tangente rencontre l'axe transverse. En faisant $\sqrt{a^2 + b^2} = c$, le rayon vecteur MF a pour équation :

$$y = \frac{y'}{x' - c}\,(x - c) ;$$

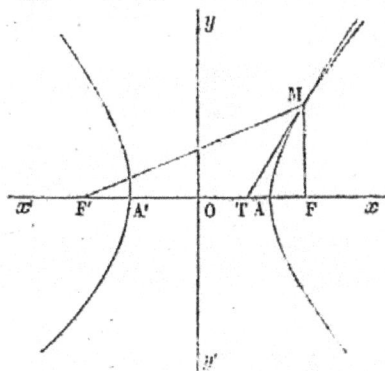

fig. 105.

le point T a pour ordonnée zéro et pour abscisse $\dfrac{a^2}{x'}$, et l'on trouve que sa distance à MF est $\dfrac{ay'}{x'}\dfrac{\dfrac{cx'}{a}-a}{\sqrt{y'^2+(x'-c)^2}}$

ou simplement $\dfrac{ay'}{x'}$, puisque l'on a $\dfrac{cx'}{a}-a=\sqrt{y'^2+(x'-c)^2}$.

L'équation du rayon vecteur MF' se déduit de celle de MF en changeant c en $-c$; d'où il suit que la distance du point T à MF' a aussi pour valeur $\dfrac{ay'}{x'}$. On voit, par ce qui précède, que le point T est également distant des deux rayons vecteurs; il est clair que ce point est situé dans l'angle des rayons vecteurs, donc il appartient à la droite qui divise cet angle en deux parties égales; donc *la tangente divise en deux parties égales l'angle des rayons vecteurs menés des foyers au point de contact*; et il en résulte que *la normale divise en deux parties égales l'angle formé par l'un de ces rayons avec le prolongement de l'autre.*

Le théorème que nous venons d'établir donne un moyen de mener une tangente à l'hyperbole : 1° par un point pris sur la courbe; 2° par un point extérieur; 3° parallèlement à une droite donnée.

179. Supposons d'abord qu'il s'agisse de mener la tangente en un point M d'une hyperbole (fig. 106). Tirons les rayons vecteurs MF et MF'; prenons sur le plus grand MF' et à partir du point M une longueur MK=MF, tirons KF et abaissons du point M la perpendiculaire MIT sur KF, cette perpendiculaire sera la tangente demandée.

En effet, le triangle MKF étant isocèle, la perpendiculaire abaissée du sommet sur la base partage l'angle KMF en deux parties égales, on a donc KMT=TMF; donc MT est tangente.

Remarque. Si l'on joint le centre O milieu de FF au point I

qui est le milieu de KF, la droite OI sera parallèle à F'K et
égale à la moitié de F'K, c'est-à-dire à *a*. Il résulte de là que
la distance du centre de l'hyperbole aux pieds des perpendicu-
laires, abaissées d'un foyer sur les tangentes, est constante et
égale au demi-axe transverse; ou, en d'autres termes, le lieu
géométrique des pieds des perpendiculaires, abaissées des foyers
d'une hyperbole sur les tangentes, est la circonférence décrite
sur l'axe transverse comme diamètre.

180. Proposons-nous maintenant de mener une tangente
à l'hyperbole par un point H
extérieur à la courbe (fig. 106).
Supposons pour un moment
le problème résolu ; soit HMT
la tangente demandée et M le
point de contact. Tirons les
rayons vecteurs MF et MF' et
prenons sur le plus grand MF',
à partir du point M, MK=MF ;
tirons ensuite KF, HK et HF.

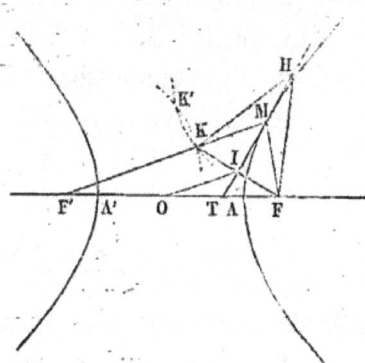

fig. 106.

La tangente HMT, divisant en deux parties égales l'angle au
sommet du triangle isocèle KMF, cette ligne sera perpendiculaire à KF et passera par le milieu I de KF; on aura, par
suite, HK=HF; d'ailleurs F'K=2a; donc le point K peut
être déterminé par l'intersection de deux circonférences,
l'une décrite du foyer F comme centre avec le rayon 2a,
l'autre décrite du point donné H comme centre avec le
rayon HF. Le point K étant connu, on le joindra au foyer
F', et l'on abaissera du point H la perpendiculaire HI sur
KF; cette perpendiculaire sera la tangente demandée, et le
point M, où elle rencontre F'K prolongée, sera le point de contact. En effet, on a, par construction, HK=HF; donc HI est
perpendiculaire sur le milieu de KF; donc MK=MF et par

conséquent $MF' - MF = 2a$, ce qui prouve déjà que le point M est sur l'hyperbole. En second lieu, l'angle $F'MI = IMF$; donc HM est tangente.

Nous avons vu que le point K est déterminé par l'intersection de deux circonférences; or deux circonférences se rencontrent généralement en deux points, il y a donc deux solutions et, par le point donné T, on peut mener deux tangentes à l'hyperbole; il est facile, en effet, de démontrer que les deux circonférences, décrites des points F' et H comme centres avec des rayons égaux respectivement à $2a$ et à HF, se rencontrent toujours en deux points, si, comme nous le supposons, le point H est extérieur à l'hyperbole. Joignons F'H; le point H étant extérieur à l'hyperbole, supposons $F'H > FH$, on a (n° 174) $F'H - FH < 2a$, d'où l'on tire $FH < 2a + FH$; on a d'ailleurs, dans le triangle HF'F, $FF' < F'H + FH$; donc on aura toujours $2a < F'H + FH$. Cela prouve que nos deux circonférences se rencontrent toujours en deux points, car la distance des centres est moindre que la somme des rayons, et chaque rayon est moindre que la somme de l'autre rayon et de la distance des centres.

Si le point H était sur l'hyperbole, on aurait $F'H - FH = 2a$; ou $F'H = 2a + FH$; alors la distance des centres serait égale à la somme des rayons, et les deux circonférences se toucheraient extérieurement. Dans ce cas, il n'y a plus qu'une seule tangente et l'on retombe sur la construction donnée précédemment.

Si le point H était intérieur à l'hyperbole, on aurait $F'H - FH > 2a$, ou $F'H > 2a + FH$; alors la distance des centres serait plus grande que la somme des rayons; les deux circonférences seraient extérieures l'une à l'autre, et il n'y aurait plus de tangente.

181. La propriété démontrée au n° 178 fournit encore un

moyen très-simple de mener à l'hyperbole une tangente parallèle à une droite donnée. Soient F et F′ les foyers de l'hyperbole (fig. 107) et CD
la droite à laquelle la tangente doit être parallèle.
Si le problème était résolu,
et que IT fût la tangente
demandée, et M le point
de contact, en joignant F′M
et prenant sur cette direction F′K=2a, la ligne FK
serait perpendiculaire sur

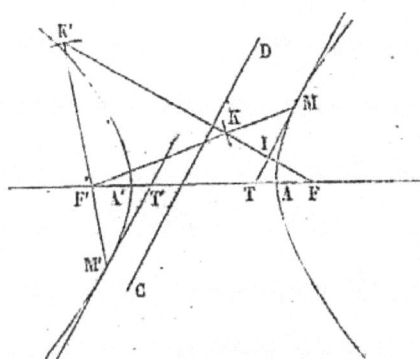

fig. 107.

IT et par suite sur CD. Il résulte de là que le point K peut
être déterminé par l'intersection de la perpendiculaire, abaissée de F sur CD, avec la circonférence de rayon 2a et décrite
du point F′ comme centre. Le point K étant connu, on le
joindra au point F, et par le milieu I de FK on mènera IT
parallèle à CD ; cette parallèle sera la tangente demandée
et le point M, où elle rencontrera F′K prolongée, sera le point
de contact. En effet joignons MF ; la droite IT étant perpendiculaire sur le milieu de KF par construction, on a
KM = MF, donc F′M — FM = 2a ; ce qui prouve déjà que
le point M est sur l'hyperbole. En second lieu, l'angle
F′MI = IMF ; donc IT est tangente.

Le point K est déterminé par l'intersection d'une droite
et d'une circonférence, lesquels se coupent généralement
en deux points ; il est facile de voir que si la droite CD fait
avec l'axe transverse un angle plus grand que celui dont la

tangente est $+\dfrac{b}{a}$ ou un angle moindre que celui dont la tan-

gente est $-\dfrac{b}{a}$, la droite et la circonférence se rencontrent en deux points et on peut mener deux tangentes parallèles à la droite donnée; si la droite CD fait avec l'axe transverse un angle ayant pour tangente $\pm \dfrac{b}{a}$, la droite CD touche la circonférence et on ne peut mener qu'une seule tangente à l'hyperbole; enfin si l'angle, que la droite CD fait avec l'axe transverse, est moindre que l'angle dont la tangente est $\dfrac{b}{a}$ ou plus grand que celui dont la tangente est $-\dfrac{b}{a}$, la droite CD et la circonférence ne se rencontrent pas et on ne peut mener aucune tangente.

Remarque. La construction de la tangente, dans les trois cas que nous venons d'examiner, ne suppose pas que la courbe soit tracée; il suffit de connaître les foyers et la longueur de l'axe transverse.

Équation de la tangente menée parallèlement à une droite donnée.

182. Soient

$$a^2 y^2 - b^2 x^2 = - a^2 b^2,$$

l'équation de la courbe et

$$y = mx$$

l'équation de la droite à laquelle la tangente demandée doit être parallèle; un calcul identique à ceux que nous avons développés nᵒˢ 142 et 143 conduit à l'équation suivante :

$$y = mx \pm \sqrt{a^2 m^2 - b^2}.$$

En donnant successivement au radical le signe $+$ et le signe $-$, on aura les équations des deux tangentes parallèles à la droite donnée.

On reconnaît immédiatement que le problème n'est possible, que si l'on a $a^2m^2 - b^2 > 0$; c'est-à-dire si la valeur absolue de m est plus petite que $\dfrac{b}{a}$. On retrouve ainsi la condition déjà obtenue au n° 181.

Remarque. En considérant m comme susceptible de recevoir toutes les valeurs possibles, satisfaisant à cette condition, la précédente équation représente toutes les tangentes à l'hyperbole proposée. C'est sous cette forme qu'il faut prendre les équations des tangentes dans les questions où les points de contact ne jouent aucun rôle.

Équation de la tangente menée par un point extérieur donné.

185. Soient

$$(1) \qquad a^2y^2 - b^2x^2 = -a^2b^2,$$

l'équation de l'hyperbole et (x', y') le point donné, par lequel il s'agit de mener une tangente; si le point de contact (x'', y'') était connu, l'équation de la tangente serait :

$$(2) \qquad a^2y''y - b^2x''x = -a^2b^2,$$

en sorte qu'il suffit de trouver x'' et y''; or la tangente devant passer par le point (x', y'), on a :

$$(3) \qquad a^2y''y' - b^2x''x' = -a^2b^2,$$

16

d'ailleurs

$$(4) \qquad a^2 y''^2 - b^2 x''^2 = -a^2 b^2 ;$$

les deux équations précédentes détermineront les inconnues x'', y''. L'équation (3) montre que le point de contact inconnu x'', y'' est situé sur la droite

$$a^2 y' y - b^2 x' x = -a^2 b^2 ;$$

cette dernière équation appartient donc à la droite qui joint les points de contact de la courbe avec les deux tangentes menées par le point donné.

184. On peut résoudre la même question de la manière suivante :

Soit

$$(1) \qquad y = mx + \sqrt{a^2 m^2 - b^2},$$

l'équation d'une des tangentes demandées; le coefficient angulaire inconnu m devra satisfaire à l'équation

$$(2) \qquad y' = mx' + \sqrt{a^2 m^2 - b^2},$$

où le radical doit être pris avec le même signe que dans l'équation (1); en éliminant ce radical par le moyen de l'équation (2), l'équation (1) peut s'écrire :

$$y - y' = m(x - x'),$$

et si l'on fait disparaître le radical de l'équation (2), celle-ci devient :

$$(x'^2 - a^2) m^2 - 2 x' y' m + (y'^2 + b^2) = 0 ;$$

on en tire :

$$m = \frac{x' y' \pm \sqrt{a^2 y'^2 - b^2 x'^2 + a^2 b^2}}{x'^2 - a^2},$$

ce qui permet de former les équations des deux tangentes.

Remarque. Si les deux valeurs de *m* sont réelles et inégales, le point M est extérieur, comme on l'a supposé, et
alors on peut mener deux tangentes; si les valeurs de *m* sont
égales, le point donné M est sur la courbe, et on ne peut
mener qu'une seule tangente; enfin si les valeurs de *m* sont
imaginaires, le point est dans l'intérieur de la courbe et on
ne peut plus mener de tangente.

Diamètres. — Diamètres conjugués et cordes
supplémentaires.

185. Soit

$$a^2y^2 - b^2x^2 = -a^2b^2,$$

l'équation d'une hyperbole. Le diamètre correspondant aux
cordes, dont le coefficient angulaire est *m*, a pour équation
(n° 108) :

$$a^2my - b^2x = 0 \quad \text{ou} \quad y = \frac{b^2}{a^2m}x,$$

et l'on constate immédiatement les propriétés que nous avons
établies d'une manière générale (n° 108), savoir : que tous
les diamètres passent par le centre et que toute droite qui
passe par le centre est un diamètre. Il faut remarquer le
cas de $m = \pm\frac{b}{a}$; alors le coefficient angulaire du diamètre
est aussi $\pm\frac{b}{a}$, ce qui semblerait une contradiction, puisqu'ici le diamètre se trouve parallèle à des cordes qu'il de-
vrait diviser en deux parties égales. Il est aisé d'expliquer
cette circonstance, car on peut vérifier que l'un des points

d'intersection de l'hyperbole, avec chacune des cordes dont il s'agit, est situé à l'infini; il doit donc en être de même du point commun à ces cordes et à leur diamètre. Les deux diamètres particuliers, dont nous venons de parler, ne sont autre chose, comme on le verra plus loin, que les asymptotes de la courbe.

Si m' désigne le coefficient angulaire du diamètre correspondant aux cordes dont le coefficient angulaire est m, on a :

$$m' = \frac{b^2}{a^2 m} \quad \text{ou} \quad mm' = \frac{b^2}{a^2};$$

cette dernière équation exprime la condition pour que les diamètres

$$y = mx, \qquad y = m'x,$$

soient conjugués.

186. Soit $M(x', y')$ un point quelconque de l'hyperbole; le coefficient angulaire de la tangente en M est $\frac{b^2 x'}{a^2 y'}$; celui du diamètre qui passe au point M est $\frac{y'}{x'}$. Le produit de ces deux coefficients est $\frac{b^2}{a^2}$; donc *la tangente est parallèle aux cordes que le diamètre, mené au point de contact, divise en deux parties égales.*

Cette propriété fournit, comme pour l'ellipse, un moyen de mener une tangente : 1° par un point donné sur la courbe; 2° parallèlement à une droite donnée. La solution de ces questions étant la même que dans l'ellipse, nous ne nous y arrêterons pas.

187. Les diamètres de l'hyperbole

$$(1) \qquad a^2 y^2 - b^2 x^2 = -a^2 b^2,$$

sont dits *transverses* ou non *transverses*, suivant qu'ils rencontrent ou ne rencontrent pas l'hyperbole.

Soit

$$(2) \qquad\qquad y = mx,$$

l'équation d'un diamètre; on trouve, pour les coordonnées
des points communs avec l'hyperbole,

$$(3) \qquad x = \pm\sqrt{\frac{a^2 b^2}{b^2 - a^2 m^2}}, \qquad y = \pm m\sqrt{\frac{a^2 b^2}{b^2 - a^2 m^2}}.$$

Ces valeurs sont réelles si m^2 est moindre que $\dfrac{b^2}{a^2}$, c'est-à-
dire, si m est compris entre $-\dfrac{b}{a}$ et $+\dfrac{b}{a}$. Le diamètre est
donc transverse dans ce cas, il est non transverse dans le cas
contraire. Supposons qu'il s'agisse d'un diamètre non transverse, et changeons le signe de la quantité qui est sous le
radical dans les valeurs de x et de y, il viendra :

$$(4) \qquad x = \pm\sqrt{\frac{a^2 b^2}{a^2 m^2 - b^2}}, \qquad y = \pm m\sqrt{\frac{a^2 b^2}{a^2 m^2 - b^2}}.$$

Les deux points représentés par ces équations sont situés sur
le diamètre que nous considérons et à égale distance du
centre : on les nomme les extrémités du diamètre non transverse, bien qu'ils ne soient pas situés sur la courbe, et
leur distance est dite la *longueur du diamètre*.

Si l'on élève au carré les équations (3) ou (4) et qu'on ajoute
ensuite, on aura le carré de la demi-longueur d'un diamètre
transverse ou non transverse, dont le coefficient angulaire
est m. On trouve ainsi, pour le carré d'un demi-diamètre

transverse $(1 + m^2)\, \dfrac{a^2 b^2}{b^2 - a^2 m^2}$, et pour le carré d'un demi-

diamètre non transverse $(1 + m^2)\, \dfrac{a^2 b^2}{a^2 m^2 - b^2}$.

On peut trouver aisément la ligne formée par les extrémités des diamètres non transverses. L'équation de cette ligne
s'obtiendra évidemment en éliminant m entre les équations (4); or les équations (4) se déduisent des équations (3),
en changeant a^2 en $-a^2$ et b^2 en $-b^2$; d'ailleurs l'élimination de m entre celles-ci conduirait à la proposée (1); donc
l'équation de la ligne, que nous cherchons, peut se déduire immédiatement de l'équation (1), en faisant le simple
changement de a^2 en $-a^2$ et de b^2 en $-b^2$; on obtient
ainsi :

$$(5) \qquad\qquad a^2 y^2 - b^2 x^2 = a^2 b^2.$$

Cette équation représente une hyperbole. Chacune des hyperboles (1) et (5) a pour axe transverse le non transverse de
l'autre; on peut même ajouter que tous les diamètres non
transverses de l'une sont les diamètres transverses de l'autre.
Ces deux hyperboles sont dites *conjuguées*.

Remarque. Deux diamètres conjugués de l'hyperbole sont
toujours, l'un transverse et l'autre non transverse; car la relation $mm' = \dfrac{b^2}{a^2}$, qui existe entre m et m', montre que la valeur absolue de l'un de ces coefficients est toujours moindre
que $\dfrac{b}{a}$ et l'autre plus grande; sauf le cas de $m = m' = \dfrac{b}{a}$, que
nous avons déjà mentionné.

183. On nomme cordes supplémentaires de l'hyperbole,

deux cordes MD et MD' (fig. 108), qui joignent un point quelconque de la courbe aux
extrémités d'un diamètre
transverse. On démontre
identiquement, comme pour
l'ellipse, que deux cordes
supplémentaires sont tou-
jours parallèles à deux diamètres conjugués. Cette propriété conduit aussi aux
mêmes conséquences; elle

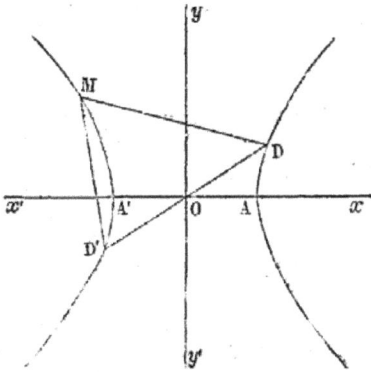

fig. 108.

permet, en particulier, de mener une tangente à l'hyperbole
par un point donné de la courbe, ou parallèlement à une
droite donnée : mais, la construction étant identique avec
celle que nous avons développée dans la théorie de l'ellipse,
nous ne croyons pas devoir nous y arrêter.

La considération des cordes supplémentaires donne aussi
un moyen de construire deux diamètres conjugués d'une hyperbole qui fassent entre eux un angle donné; enfin elle permet de trouver les limites de l'angle de deux diamètres conjugués; dans l'hyperbole, l'angle aigu de deux cordes supplémentaires peut varier de zéro à 90°.

De l'hyperbole rapportée à ses diamètres conjugués.

189. On peut obtenir les résultats qui précèdent en cherchant tous les systèmes d'axes, pour lesquels l'équation de
l'hyperbole ne renferme ni rectangle ni termes du premier
degré. Soit

$$(1) \qquad a^2 y^2 - b^2 x^2 = - a^2 b^2,$$

l'équation de l'hyperbole rapportée à ses axes. Remplaçant x

par $x\cos\alpha+y\cos\alpha'$, y par $x.\sin\alpha+y\sin\alpha'$; posant en outre :

$$(2) \qquad \tang\alpha\,\tang\alpha' = \frac{b^2}{a^2},$$

$$(3) \quad a'^2 = \frac{-a^2b^2}{a^2\sin^2\alpha-b^2\cos^2\alpha}, \quad b'^2 = \frac{a^2b^2}{a^2\sin^2\alpha'-b^2\cos^2\alpha'};$$

l'équation de la courbe devient :

$$(4) \quad \frac{y^2}{b'^2} - \frac{x^2}{a'^2} = -1 \quad \text{ou} \quad a'^2y^2-b'^2x^2 = -a'^2b'^2.$$

L'équation (2) est nécessaire pour l'évanouissement du rectangle ; elle exprime alors la relation entre les coefficients angulaires de deux diamètres conjugués ; les valeurs de a'^2 et b'^2 sont positives, si l'on suppose que $\tang\alpha$ soit compris entre $-\dfrac{b}{a}$ et $+\dfrac{b}{a}$; alors le diamètre, pris pour nouvel axe des x, est transverse et son conjugué non transverse. Il est évident que la longueur $2b'$ est bien ce que nous avons nommé la longueur du diamètre non transverse, dirigé ici suivant le nouvel axe des y. Par un calcul semblable à celui que nous avons fait au sujet de l'ellipse, on déduit des équations (2) et (3) :

$$a'b'\sin(\alpha'-\alpha) = ab ;$$
$$a'^2-b'^2 = a^2-b^2.$$

Ces équations expriment que :

1° *Le parallélogramme construit sur deux diamètres conjugués est équivalent au rectangle construit sur les axes;*

2° *La différence entre le carré d'un diamètre transverse et le carré de son conjugué est égale à la différence entre le carré de l'axe transverse et le carré de l'axe non transverse.*

Cette dernière propriété montre que deux diamètres conjugués ne sont jamais égaux dans l'hyperbole. Il n'y a d'exception que pour l'hyperbole équilatère; les axes de celle-ci étant égaux entre eux, deux diamètres conjugués quelconques le sont aussi.

ASYMPTOTES DE L'HYPERBOLE.——LES ASYMPTOTES COINCIDENT AVEC LES DIAGONALES DU PARALLÉLOGRAMME FORMÉ SUR DEUX DIAMÈTRES CONJUGUÉS QUELCONQUES.——LES PORTIONS D'UNE SÉCANTE OU D'UNE TANGENTE, COMPRISES ENTRE L'HYPERBOLE ET SES ASYMPTOTES, SONT ÉGALES ENTRE ELLES. —— APPLICATION A LA CONSTRUCTION DE LA TANGENTE.

190. Soit

$$(1) \qquad a^2y^2 - b^2x^2 = -a^2b^2,$$

l'équation d'une hyperbole, rapportée à deux diamètres conjugués quelconques $2a$ et $2b$; on en tire :

$$(2) \qquad y = \pm \frac{b}{a} \sqrt{x^2 - a^2}.$$

D'après la théorie générale, exposée (n° 123), on aura les asymptotes de la courbe, en extrayant la racine carrée de la quantité $x^2 - a^2$, qui est sous le radical de l'équation (2), sans avoir égard au reste de l'opération, et en remplaçant ensuite, dans l'équation, ce même radical par la racine obtenue. Cette racine est x; les deux asymptotes sont donc données par l'équation

$$(3) \qquad y = \pm \frac{b}{a} x.$$

On peut démontrer ce résultat, *à posteriori*, de la manière la plus simple; désignons en effet par y et y' les ordonnées de deux points, correspondant à une même abscisse x, et appartenant l'un à l'hyperbole, l'autre à l'une quelconque des droites représentées par l'équation (3) ; on aura :

$$y^2 = \frac{b^2}{a^2} x^2 - b^2, \qquad y'^2 = \frac{b^2}{a^2} x^2 ;$$

d'où

$$y'^2 - y^2 = b^2 \qquad \text{et} \qquad y' - y = \frac{b^2}{y+y'} ;$$

on voit que si y et y' sont de mêmes signes, comme on peut le supposer, la différence $y' - y$ sera nulle pour $x = \pm \infty$, car alors y et y' sont tous deux infinis. Il s'ensuit que les droites (3) sont bien asymptotes de l'hyperbole.

La première des équations (3) est satisfaite en posant $x = \pm a$, $y = \pm b$; la seconde est satisfaite en posant $x = \pm a$, $y = \mp b$; on en déduit que

Les asymptotes de l'hyperbole coïncident avec les diagonales du parallélogramme construit sur deux diamètres conjugués.

Remarque. Dans l'hyperbole équilatère, les équations des asymptotes sont :

$$y = x, \qquad y = -x ;$$

d'où il résulte que

Les asymptotes de l'hyperbole équilatère divisent en parties égales les angles formés par deux diamètres conjugués ; et, par conséquent, ces asymptotes sont perpendiculaires entre elles.

191. Soit MM′ une corde de l'hyperbole (fig. 109) ; prenons pour axe des y le diamètre parallèle à cette corde, et pour axe des x le diamètre conjugué ; l'équation de l'hyperbole sera, en désignant par $2a$ et $2b$ les longueurs des deux diamètres,

$$a^2 y^2 - b^2 x^2 = -a^2 b^2 ;$$

d'où l'on tire :

$$y = \pm \frac{b}{a} \sqrt{x^2 - a^2} ;$$

et les équations des asymptotes seront

$$y = \pm \frac{b}{a} x.$$

On a alors évidemment :

$$MP = M'P \quad \text{et} \quad NP = N'P ;$$

d'où l'on déduit, par soustraction,

$$MN = M'N' ;$$

ce qui prouve que

Les portions d'une sécante quelconque, comprises entre l'hyperbole et ses asymptotes, sont égales entre elles.

Remarque I. La propriété que nous venons d'établir a évidemment lieu si la corde, interceptée par l'hyperbole sur la sécante, se réduit à zéro, auquel cas la sécante devient tangente. On peut, au surplus, donner, pour ce cas, une démonstration directe que le lecteur trouvera aisément lui-même.

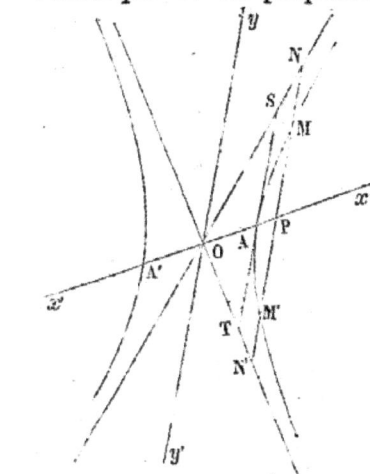

fig. 109.

Remarque II. Ce qui précède fournit le moyen de mener une tangente à l'hyperbole par un point pris sur la courbe; il suffit, en effet, pour résoudre cette question, de mener par le point une droite telle que la portion de cette droite, comprise entre les asymptotes, soit divisée, par ce point, en deux parties égales.

LE RECTANGLE DES PARTIES D'UNE SÉCANTE, COMPRISES ENTRE UN POINT DE LA COURBE ET LES ASYMPTOTES, EST ÉGAL AU CARRÉ DE LA MOITIÉ DU DIAMÈTRE AUQUEL LA SÉCANTE EST PARALLÈLE.

192. Soient MM' (fig. 109) une sécante d'une hyperbole; N et N' les points où cette sécante rencontre les asymptotes; $2a$ et $2b$ les longueurs des diamètres conjugués, dont l'un est parallèle à MM'. L'équation de l'hyperbole sera

$$(1) \qquad a^2y^2 - b^2x^2 = -a^2b^2,$$

et celle des asymptotes,

$$(2) \qquad a^2Y^2 - b^2X^2 = 0;$$

en désignant par X et Y les coordonnées des asymptotes. On tire de ces équations :

$$y^2 = \frac{b^2}{a^2}(x^2 - a^2), \qquad Y^2 = \frac{b^2}{a^2}X^2.$$

Si l'on suppose $x = X = OP$, on aura :

$$Y^2 - y^2 = b^2, \qquad \text{ou} \qquad (Y+y)(Y-y) = b^2,$$

ou enfin

$$MN' \times MN = b^2.$$

Il résulte de là que

Le rectangle des parties d'une sécante, comprises entre les asymptotes et un point de la courbe, est égal au carré de la moitié du diamètre, auquel la sécante est parallèle.

193. Les deux propriétés démontrées aux n⁰ˢ 191 et 192 donnent le moyen de construire une hyperbole, quand on connaît les asymptotes et un point de la courbe.

On peut d'abord construire la courbe par points. Si, en effet, on mène, par le point donné M (fig. 109), une droite quelconque NMN′ qui rencontre en N et N′ les asymptotes, puis que l'on prenne N′M′=NM, le point M′ appartiendra à l'hyperbole. On pourra obtenir ainsi autant de points qu'on voudra de la courbe.

En second lieu, on peut trouver aisément les axes de l'hyperbole; en effet, pour avoir les directions des axes, il suffit de diviser en deux parties égales les angles formés par les asymptotes; on aura ensuite la demi-longueur de l'un des axes, en abaissant du point M une perpendiculaire sur la direction de l'autre axe, et cherchant ensuite (n⁰ 192) une moyenne proportionnelle entre les segments de cette perpendiculaire, compris entre les asymptotes et le point donné.

194. Les mêmes propriétés donnent encore une méthode très-simple pour construire une hyperbole, quand on connaît deux diamètres conjugués et l'angle qu'ils font entre eux. En effet, en menant les diagonales du parallélogramme construit sur les diamètres conjugués, on aura les asymptotes; connaissant les asymptotes et deux points de la courbe, on pourra la construire par points ou trouver les axes par le moyen indiqué au n⁰ précédent.

FORME DE L'ÉQUATION DE L'HYPERBOLE RAPPORTÉE A SES ASYMPTOTES.

195. Si, par un point quelconque A d'une hyperbole (fig.110) on mène les droites AM et AN respectivement parallèles aux asymptotes $x'x$, $y'y$, l'aire du parallélogramme AMON sera égale à la huitième partie du rectangle construit sur les axes. En effet, construisons le parallélogramme CDEF sur les diamètres conjugués A'A et BB'; à cause de AF = AC, on a ON = NF; par conséquent le parallélogramme AMON est équivalent au triangle OAF qui est le huitième du parallélogramme CDEF et, par conséquent, le huitième du rectangle construit sur les axes.

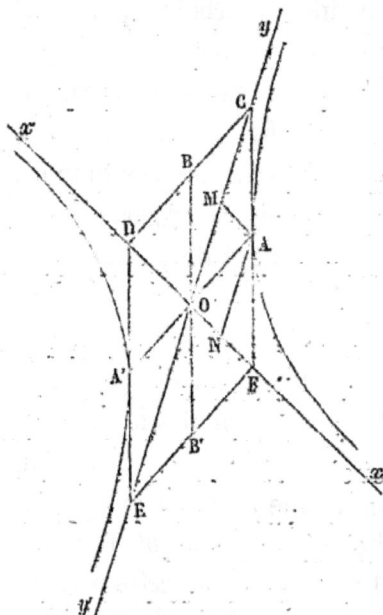

Cette propriété permet de trouver immédiatement l'équation de l'hyperbole rapportée à ses asymptotes. En effet, prenons pour axe des x l'asymptote $x'x$, pour axe des y l'asymptote $y'y$; désignons par θ l'angle yOx, par $2a$ et $2b$ les longueurs des axes; on aura, pour un point quelconque de la courbe,

$$xy \sin\theta = \frac{ab}{2}.$$

C'est l'équation cherchée. On a :

$$\sin\frac{\theta}{2} = \frac{b}{\sqrt{a^2+b^2}}, \quad \cos\frac{\theta}{2} = \frac{a}{\sqrt{a^2+b^2}}, \quad \sin\theta = \frac{2ab}{a^2+b^2};$$

l'équation de l'hyperbole rapportée à ses asymptotes peut donc s'écrire :

$$xy = \frac{a^2+b^2}{4}.$$

fig. 110.

La quantité $\dfrac{a^2+b^2}{4}$ est désignée, par quelques auteurs, sous le nom de *puissance de l'hyperbole*.

196. On peut résoudre la même question en partant de l'équation

(1) $$a^2y^2 - b^2x^2 = -a^2b^2,$$

relative aux axes, et en employant les formules de la transformation des coordonnées :

(2) $\quad x = x'\cos\alpha + y'\cos\alpha', \qquad y = x'\sin\alpha + y'\sin\alpha';$

on a ici $\cos\alpha = \cos\alpha' = \dfrac{a}{\sqrt{a^2+b^2}}$; $\sin\alpha = -\dfrac{b}{\sqrt{a^2+b^2}}$

et $\sin\alpha' = \dfrac{b}{\sqrt{a^2+b^2}}$; les formules (2) deviennent alors :

$$x = \frac{a(x'+y')}{\sqrt{a^2+b^2}}, \qquad y = \frac{b(y'-x')}{\sqrt{a^2+b^2}};$$

substituant dans l'équation (1) et mettant ensuite x et y au lieu de x' et y', il vient :

$$xy = \frac{a^2+b^2}{4}.$$

Aire de l'hyperbole.

197. Soit

$$xy = m^2,$$

l'équation d'une hyperbole rapportée à ses asymptotes, et θ

l'angle formé par ces asymptotes ; soient C et M (fig. 111) deux points de la courbe, dont le premier sera considéré comme fixe et le second comme mobile. Désignons par a l'abscisse du point C et par x celle du point M. Soient enfin u l'aire du trapèze CDPM formé par l'axe des x, l'arc CM et les ordonnées de ses

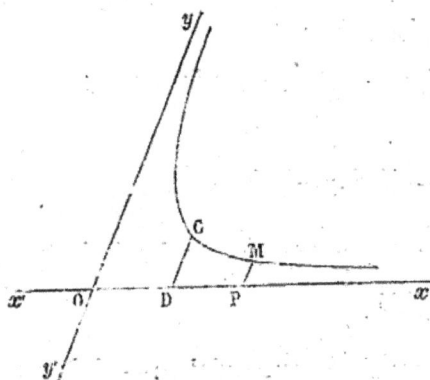

fig. 111.

extrémités. L'ordonnée du point M étant $\dfrac{m^2}{x}$, la dérivée u' de l'aire u, considérée comme fonction de x, a pour valeur (n° 158) :

$$u' = m^2 \sin \theta \times \frac{1}{x};$$

or, si l'on désigne par l les logarithmes népériens, on sait que la fonction $m^2 \sin \theta \times lx$ a pour dérivée $m^2 \sin \theta \times \dfrac{1}{x}$; on aura donc (n° 159) :

$$u = m^2 \sin \theta \times lx - m^2 \sin \theta \times la$$

ou

$$u = m^2 \sin \theta \times l\frac{x}{a}.$$

Cette formule se simplifie dans le cas de l'hyperbole équilatère. On a alors $\sin \theta = 1$ et, si l'on prend m pour l'unité, il vient :

$$u = l\frac{x}{a}.$$

Enfin si l'on met le point C au sommet de la courbe, on a $a = 1$ et, par suite,

$$u = lx.$$

Cette propriété des logarithmes népériens, d'exprimer ainsi l'aire de l'hyperbole, a fait donner à ces logarithmes le nom d'*hyperboliques*.

Remarque. Ce qui précède permet de trouver immédiatement l'aire d'un segment hyperbolique; car cette aire est la différence entre l'aire d'un trapèze rectiligne facile à évaluer et l'aire dont nous venons de nous occuper.

EXERCICES.

Questions à résoudre (*).

I. Étant donnée une hyperbole équilatère, on inscrit dans cette courbe un triangle ABC rectangle en A, et l'on abaisse du point A la ligne AD perpendiculaire sur l'hypoténuse BC; on propose de démontrer que la ligne AD est tangente à la courbe. (Cette question est comprise comme cas particulier dans la première des questions proposées à la fin du chapitre V, page 161.)

II. Trouver le lieu des sommets des triangles qui ont même base, et dans lesquels la différence des angles à la base est constante.

III. Étant donnée une ellipse ou une hyperbole, on mène

(*) On peut proposer pour l'hyperbole des questions analogues à celles relatives à l'ellipse et qui ont été résolues ou seulement indiquées dans le chapitre précédent. Nous engageons le lecteur à reprendre ici ces questions et à examiner les modifications qu'elles subissent dans le passage de l'ellipse à l'hyperbole.

une corde CD, et on joint les extrémités C et D de cette corde
aux extrémités A et A' de l'axe focal. Cela posé, on demande
de trouver le lieu décrit par le point d'intersection M des
lignes AC et A'D quand la corde CD se meut en restant parallèle à elle-même,

IV. Démontrer que la ligne, qui joint les milieux des diagonales d'un quadrilatère circonscriptible, passe par le centre
du cercle inscrit.

Indication du mode de démonstration. Deux sommets opposés B et D du quadrilatère sont sur une hyperbole qui a
pour foyers les deux autres sommets A et C; les tangentes
en B et D à cette hyperbole se coupent au centre du cercle
inscrit dans le quadrilatère. On conclut aisément la démonstration demandée.

V. On donne une ellipse ou une hyperbole dont AA' est
l'axe focal et F un foyer. Par le sommet A le plus voisin de
ce foyer, on mène une droite quelconque qui rencontre la
courbe au point C et on la prolonge d'une quantité CD, telle
que le rapport $\frac{AD}{AC}$ soit égal au rapport donné $\frac{m}{n}$; puis on
tire les droites A'C et FD qui se rencontrent au point E. Cela
posé, on demande la courbe que décrit le point E, quand la
droite AD prend toutes les positions possibles autour du sommet A.

VI. Une ellipse et une hyperbole ont mêmes axes; on mène
une tangente en un point quelconque de l'hyperbole; puis,
par les points de rencontre de cette tangente avec l'ellipse, on
mène deux tangentes à l'ellipse qui se rencontrent en un
point M dont on demande le lieu.

CHAPITRE VIII.

DE LA PARABOLE.

ÉQUATION DE LA PARABOLE RAPPORTÉE A SON AXE ET A LA TANGENTE AU SOMMET. — RAPPORT DES CARRÉS DES ORDONNÉES PERPENDICU-LAIRES A L'AXE.

198. On a vu (n° 114) que l'équation du second degré peut être ramenée, dans le cas de la parabole, à la forme

$$My^2 + Px = 0,$$

x et y désignant des coordonnées rectangulaires. En posant $-\dfrac{P}{M} = 2p$, cette équation devient :

(1) $$y^2 = 2px.$$

C'est sous cette forme que nous la considérerons et nous supposerons p positif; le cas de $p < 0$ se ramènerait de suite au cas de $p > 0$, en changeant le sens des abscisses positives. On tire de l'équation (1)

(2) $$y = \pm\sqrt{2px}.$$

La valeur de y est imaginaire pour toutes les valeurs négatives de x; lorsqu'on fait croître x de zéro à l'infini, la va-

eur de y est réelle et croît de zéro à l'infini; la parabole
s'étend donc à l'infini à partir de l'origine, et elle est formée de deux arcs OB, OC symétriques par rapport à l'axe des x, comme l'indique la figure 112. L'axe des x est donc un axe de la courbe et l'origine un sommet. La quantité p se nomme le *paramètre*

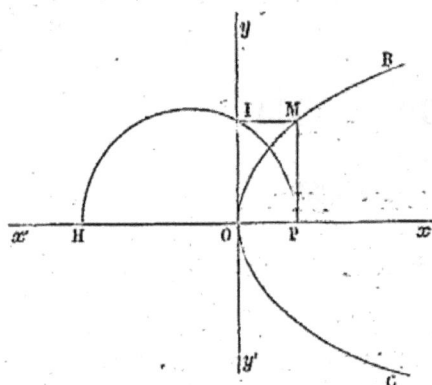

fig. 112.

de la parabole.

199. L'équation (1) montre que le rapport du carré de l'ordonnée à l'abscisse est constant; il en résulte que: *dans la parabole les carrés des ordonnées perpendiculaires à l'axe sont entre eux comme les distances du sommet aux pieds de ces ordonnées.*

Cette propriété fournit un moyen de construire la parabole par points. En effet, soit OP (fig. 112) une abscisse quelconque; prenons sur Ox' une longueur $OH = 2p$ et sur HP, comme diamètre, décrivons une circonférence; par le point I, où cette circonférence coupe l'axe Oy, menons une parallèle à Ox; le point M, où cette parallèle rencontre l'ordonnée menée par le point P, appartiendra à la parabole $y^2 = 2px$; car on a:

$$\overline{MP}^2 = \overline{OI}^2 = OH \times OP = 2p \times OP.$$

200. On nomme points *intérieurs* à la parabole les points qui, comme ceux de l'axe Ox, sont renfermés dans la figure formée par la courbe, et points *extérieurs* tous les autres points du plan non situés sur la courbe. Cela posé, pour tout point extérieur à la parabole,

$$y^2 - 2px = 0,$$

on a :

$$y^2 - 2px > 0,$$

et, pour tout point intérieur,

$$y^2 - 2px < 0.$$

Considérons d'abord le cas d'un point M extérieur. Ce point aura la même abscisse qu'un certain point de la courbe et une ordonnée plus grande en valeur absolue, ou il aura une abscisse négative. Dans les deux cas on a évidemment $y^2 - 2px > 0$. Un raisonnement semblable prouve la deuxième partie du théorème.

FOYER ET DIRECTRICE DE LA PARABOLE. — CHACUN DES POINTS DE LA COURBE EST ÉGALEMENT ÉLOIGNÉ DU FOYER ET DE LA DIRECTRICE. — CONSTRUCTION DE LA PARABOLE.

201. Soit la parabole

$$(1) \qquad y^2 = 2px,$$

rapportée à son axe et à son sommet; nous nous proposons de trouver les foyers qu'elle peut avoir. Soient α, β les coordonnées d'un foyer et δ la distance de ce foyer à un point quelconque $M(x, y)$ de la courbe; on aura :

$$(2) \qquad \delta^2 = \sqrt{(x - \alpha)^2 + (y - \beta)^2}.$$

Mais, par définition (n° 132), cette distance δ peut s'exprimer par une fonction linéaire $lx + my + n$ des coordonnées x et y; on a donc :

$$\sqrt{(x-\alpha)^2 + (y-6)^2} = lx + my + n$$

ou

$$(3) \quad (x-\alpha)^2 + (y-6)^2 - (lx + my + n)^2 = 0.$$

Cette équation (3), exprimant une relation constante entre les coordonnées de chaque point de la parabole, n'est autre chose que l'équation même de cette courbe; elle doit, par suite, être identique à l'équation (1). Mais l'équation (1) ne renferme pas le rectangle xy, tandis que dans l'équation (3) ce rectangle existe avec le coefficient $-2lm$; il faut donc que l'on ait $lm = 0$, c'est-à-dire, $l = 0$ ou $m = 0$.

Supposons $m = 0$; alors δ sera une fonction linéaire de x seule. L'équation (2) donne :

$$\delta^2 = x^2 - 2\alpha x + \alpha^2 + y^2 - 26y + 6^2;$$

en remplaçant y par sa valeur tirée de (1), savoir :

$$y = \sqrt{2px},$$

il vient :

$$\delta^2 = x^2 - 2\alpha x + \alpha^2 + 2px - 26\sqrt{2px} + 6^2.$$

Puisque δ doit être rationnelle, il faut, à fortiori, que δ^2 le soit; cela exige que l'on ait $6 = 0$, c'est-à-dire, que les foyers soient situés sur l'axe des x. L'expression de δ^2 devient alors :

$$\delta^2 = x^2 - 2(\alpha - p)x + \alpha^2;$$

pour que le second membre soit un carré, il faut et il suffit que l'on ait :

$$(\alpha - p)^2 - \alpha^2 = 0;$$

DE LA PARABOLE. 263

d'où l'on tire :

$$\alpha = \frac{p}{2}.$$

On trouve ainsi un foyer unique, situé sur l'axe, à une distance du sommet égale à $\frac{p}{2}$.

Il est aisé de voir que l'hypothèse de $l=0$ est inadmissible; effectivement δ serait alors une fonction linéaire de y seul, et d'un autre côté, en remplaçant x par $\frac{y^2}{2p}$, dans l'expression de δ^2, cette expression serait du quatrième degré en y, ce qui est évidemment contradictoire.

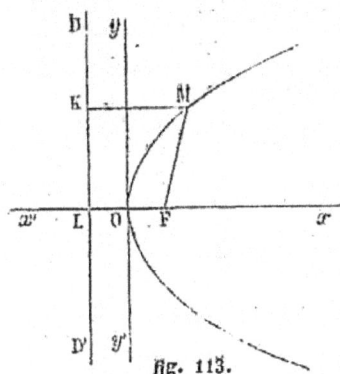

Si l'on prend sur Ox (fig. 113) une distance $OF = \frac{p}{2}$, le point F sera le foyer de la parabole $y^2 = 2px$.

fig. 113.

202. Remplaçant α par $\frac{p}{2}$ dans l'expression de δ^2, on aura :

$$\overline{FM}^2 = x^2 + px + \frac{p^2}{4} = \left(x + \frac{p}{2}\right)^2.$$

La distance FM, qu'on nomme *rayon vecteur*, est une quantité positive; d'ailleurs x est toujours positif, on a donc :

$$FM = x + \frac{p}{2}.$$

Soit DD' (fig. 113) la droite dont l'équation est

$$x + \frac{p}{2} = 0;$$

la distance MK, du point M à cette droite, a pour valeur

$$MK = x + \frac{p}{2},$$

et par suite, on a :

$$FM = MK.$$

La droite DD' est dite la *directrice* de la parabole; cette directrice, parallèle à l'axe des y et extérieure à la parabole, se trouve placée à une distance du sommet égale à $\frac{p}{2}$; et on voit que : *chacun des points de la parabole est également éloigné du foyer et de la directrice.*

205. Il est bon de remarquer que la parabole sépare les points du plan, dont le rayon vecteur est plus grand que la distance à la directrice, de ceux pour lesquels ce rayon vecteur est moindre que la distance à la directrice. En d'autres termes, *le rayon vecteur d'un point du plan de la parabole est inférieur ou supérieur à la distance de ce point à la directrice, suivant qu'il est intérieur ou extérieur à la courbe.*

En effet, soient F le foyer et DD' la directrice d'une para-bole (fig. 114); 1° P étant inté-rieur à la courbe, menons PMN perpendiculaire à la directrice, et soit M le point de rencontre avec la courbe; le triangle FMP donne $PF < MP + MF$, mais $MF = MN$, donc

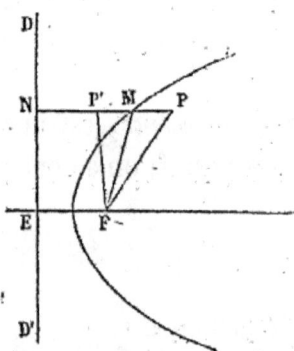

$$PF < PN.$$

fig. 114.

2° P' étant un point extérieur à la courbe, menons NP'M

perpendiculaire à la directrice, et soit M le point de rencontre avec la courbe; le triangle FMP' donne FM ou MN $<$ P'F $+$ P'M, d'où P'F $>$ MN $-$ P'M, ou

$$P'F > P'N.$$

204. La propriété démontrée au n° 202 donne le moyen de construire aisément autant de points qu'on veut d'une parabole, dont on a le foyer et la directrice.

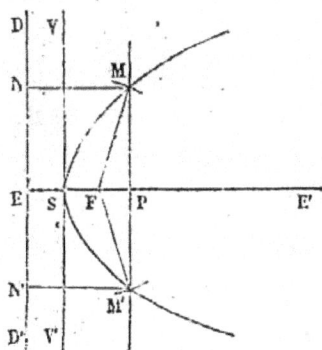

fig. 115.

Soient F le foyer et DD' la directrice (fig. 115). Abaissons du foyer une perpendiculaire EE' sur la directrice, et soit E le point de rencontre. Il est clair que le milieu S de FE appartient à la parabole et que ce point est le seul qui soit commun à EE' et à la courbe.

Pour avoir d'autres points, soit P un point quelconque de SE'; menons par ce point MM' perpendiculaire à EE', et décrivons, du point F comme centre, une circonférence d'un rayon égal à PE; cette circonférence rencontrera la droite MM' en deux points M et M' qui appartiendront à la parabole. Je dis, d'abord, qu'il y aura rencontre, pourvu que le point P soit situé sur la partie indéfinie SE' de la droite EE'; car alors le rayon EP sera plus grand que la distance du centre F à la droite. En second lieu, les points M et M' appartiendront à la courbe; car, pour le point M par exemple, on a FM $=$ EP $=$ MN. On aura de cette manière autant de points qu'on voudra de la parabole.

On peut aussi tracer d'un mouvement continu une portion de parabole aussi étendue qu'on le veut. Soient DD' la directrice, F le foyer (fig. 116), et supposons qu'on veuille tracer la portion de parabole comprise entre la directrice et une parallèle KK', située à une distance de la directrice égale à EH. On prendra une équerre ABC dont un des côtés de l'angle droit AC soit égal à EH; on prendra aussi un fil de même longueur; on fixera l'une des extrémités de ce fil au foyer F et

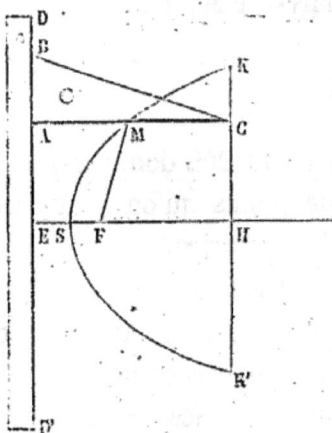

fig. 116.

l'autre extrémité au sommet C de l'équerre; on placera une règle suivant la directrice et l'on appuiera l'équerre sur la règle; de manière que le sommet A soit en E et le sommet C en H. Cela posé, si l'on fait glisser l'équerre de E vers D et que l'on tende le fil par le moyen d'un style appliqué sur CA et muni d'un crayon, la portion SMK de la parabole se trouvera tracée par le crayon. On décrira par le même moyen la portion SK'. Il est aisé de justifier la construction précédente. Considérons en effet l'équerre dans une quelconque de ses positions, et soit M le point occupé par le style; le fil forme la ligne brisée CMF, mais la longueur de ce fil est EH ou CA, donc

$$CM + MF = CM + MA \quad \text{ou} \quad MF = MA;$$

donc le point M a décrit une portion de parabole.

LA PARABOLE PEUT ÊTRE CONSIDÉRÉE COMME LA LIMITE D'UNE ELLIPSE
DANS LAQUELLE LE GRAND AXE AUGMENTE INDÉFINIMENT, TANDIS
QUE LA DISTANCE DU FOYER AU SOMMET VOISIN RESTE CONSTANTE.

205. Soit

$$(1) \qquad a^2 y^2 + b^2 x^2 = a^2 b^2,$$

l'équation d'une ellipse rapportée à ses axes, et supposons $a > b$. Si l'on remplace x par $x - a$, ce qui revient à
transporter l'axe des y parallèlement à lui-même à l'un des
sommets, l'équation de la courbe devient :

$$(2) \qquad y^2 = 2 \frac{b^2}{a} x - \frac{b^2}{a^2} x^2.$$

La distance du sommet pris pour origine au foyer le plus
voisin est $a - \sqrt{a^2 - b^2}$; supposons que, cette distance restant constante, on fasse croître indéfiniment le grand axe $2a$;
posons :

$$a - \sqrt{a^2 - b^2} = \frac{p}{2}, \qquad \text{d'où} \qquad b^2 = pa - \frac{p^2}{4}.$$

En substituant cette valeur de b^2 dans l'équation (2), elle devient :

$$(3) \qquad y^2 = 2px - \frac{px(2x + p)}{2a} + \frac{p^2 x^2}{4a^2}.$$

Si maintenant on fait croître a indéfiniment, on aura, à la
limite, pour $a = \infty$:

$$y^2 = 2px,$$

équation qui est celle d'une parabole au paramètre p.

La parabole est donc la limite d'une ellipse dont l'axe focal croît indéfiniment, tandis que la distance du foyer au sommet voisin reste constante.

Remarque. L'énoncé qui précède subsiste évidemment, si l'on substitue le mot *hyperbole* au mot *ellipse*.

206. On peut présenter d'une manière un peu différente les résultats auxquels nous venons de parvenir. Soit

$$a^2 y^2 + b^2 x^2 = a^2 b^2,$$

l'équation d'une ellipse rapportée à ses axes. Si l'on met $x - a$ au lieu de x dans l'équation précédente, il viendra :

$$y^2 = \frac{2b^2}{a} x - \frac{b^2}{a^2} x^2;$$

ou, en faisant $\frac{b^2}{a} = p$ et $-\frac{b^2}{a^2} = q$:

$$y^2 = 2px + qx^2.$$

Telle est l'équation de l'ellipse, lorsqu'on la rapporte à son grand axe et à la tangente à l'un des sommets. La quantité $p = \frac{b^2}{a}$ est dite le *paramètre* de l'ellipse; il est aisé de voir que le paramètre est précisément l'ordonnée menée par un des foyers.

Soit de même

$$a^2 y^2 - b^2 x^2 = -a^2 b^2,$$

l'équation d'une hyperbole. Si l'on y met $x + a$ au lieu de x, il vient :

$$y^2 = \frac{2b^2}{a} x + \frac{b^2}{a^2} x^2,$$

ou, en faisant $\dfrac{b^3}{a} = p$, $\dfrac{b^2}{a^2} = q$,

$$y^2 = 2px + qx^2.$$

La quantité p est encore appelée le paramètre de l'hyperbole.

D'après ce qui précède, l'équation

$$y^2 = 2px + qx^2$$

peut représenter l'une quelconque des trois courbes du second degré et cette forme est souvent usitée.

Si q n'est pas nul, l'équation précédente représente une
ellipse ou une hyperbole; et, en désignant par a le demi-axe
focal de la courbe, on a $q = \pm \dfrac{p}{a}$; il résulte de là que si p
reste constant et que a croisse indéfiniment, on aura à la limite $q = 0$. On peut donc énoncer le théorème suivant :

*La parabole est la limite d'une ellipse ou d'une hyperbole,
dont le paramètre reste constant et dont l'axe focal croît
indéfiniment.*

TANGENTE ET NORMALE. — SOUS-TANGENTE ET SOUS-NORMALE. ELLES
FOURNISSENT DES MOYENS DE MENER LA TANGENTE EN UN POINT
DE LA COURBE.

207. Soit

$$y^2 = 2px,$$

l'équation d'une parabole. Les dérivées du premier membre
par rapport à x et par rapport à y sont $-2p$ et $2y$; par suite
le coefficient angulaire de la tangente au point (x', y') est

(n° 120) $\dfrac{2p}{2y'}$ ou $\dfrac{p}{y'}$; celui de la normale est $-\dfrac{y'}{p}$. D'après cela, l'équation de la tangente sera

$$y - y' = \frac{p}{y'}(x - x');$$

celle de la normale sera

$$y - y' = -\frac{y'}{p}(x - x').$$

La valeur absolue du coefficient angulaire $\dfrac{p}{y'}$ décroît de l'infini à zéro, quand le point (x', y'), placé d'abord au sommet, s'en éloigne indéfiniment. On en conclut que la tangente au sommet est perpendiculaire à l'axe, et qu'elle tend à devenir parallèle à l'axe, à mesure que le point de contact s'éloigne du sommet.

L'équation de la tangente, que nous venons de trouver, peut s'écrire :

$$y'y - y'^2 = px - px',$$

ou, à cause de $y'^2 = 2px'$,

$$y'y = p(x + x');$$

si l'on y fait $y = 0$, il vient :

$$x + x' = 0, \qquad \text{d'où} \qquad x = -x';$$

cela montre que la tangente rencontre l'axe de la parabole, à une distance du sommet égale à l'abscisse du point de contact. La sous-tangente est donc double de cette abscisse. Cette propriété fournit un moyen de construire la tangente,

lorsqu'on connaît le point de contact. En effet, soient M
(fig. 117) le point de contact
donné, OP son abscisse ; si
l'on prend du côté des abscisses négatives OT = OP, et
qu'on joigne le point M au
point T, la droite MT sera la
tangente demandée.

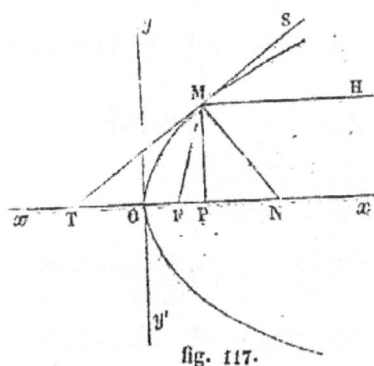

L'équation de la normale
est

fig. 117.

$$y - y' = -\frac{y'}{p}(x - x');$$

si l'on y fait $y = 0$, il vient :

$$-y' = -\frac{y'}{p}(x - x'), \qquad \text{d'où l'on tire} \quad x - x' = p;$$

ce résultat montre que, dans la parabole, *la sous-normale
est constante et égale au paramètre.* On en déduit un moyen
de construire la tangente en un point donné M (fig. 117) ; car,
si l'on porte, à partir du pied P de l'ordonnée de ce point, une
longueur $PN = p$, on aura la normale en joignant le point N
au point M ; on obtiendra ensuite aisément la tangente.

LA TANGENTE FAIT DES ANGLES ÉGAUX AVEC L'AXE ET AVEC LE RAYON
  VECTEUR MENÉ AU POINT DE CONTACT. — MENER, AU MOYEN DE
  CETTE PROPRIÉTÉ, UNE TANGENTE A LA PARABOLE : 1° PAR UN
  POINT SITUÉ SUR LA COURBE ; 2° PAR UN POINT EXTÉRIEUR.

208. Soient MT (fig. 117) la tangente en M (x', y') à la
parabole

$$y^2 = 2px ;$$

et T le point où cette tangente coupe l'axe; on a vu (n° 207) que $OT = OP$; on a donc $FM = TF$; par suite, le triangle FMT est isocèle et l'angle MTF est égal à l'angle FMT; donc, *dans la parabole la tangente fait des angles égaux avec l'axe et avec le rayon vecteur mené au point de contact.*

Si l'on tire la droite MH parallèlement à $x'x$, les angles SMH et MTF seront égaux; d'où il résulte que *la tangente fait des angles égaux avec le rayon vecteur et la parallèle à l'axe, menée par le point de contact.* Cette propriété est une conséquence de la propriété de l'ellipse démontrée au n° 138; car, le centre de l'ellipse étant transporté à l'infini, le rayon vecteur correspondant au second foyer devient parallèle à l'axe.

209. Le théorème que nous venons d'établir donne un moyen de mener une tangente à la parabole : 1° par un point pris sur la courbe; 2° par un point extérieur.

1° Supposons d'abord qu'il s'agisse de mener une tangente en un point M d'une parabole (fig. 148). Soient F le foyer et DD' la directrice; joignons MF; abaissons FE perpendiculaire sur DD', prenons $FT = MF$ et joignons le point T au point M; la ligne MT sera la tangente demandée.

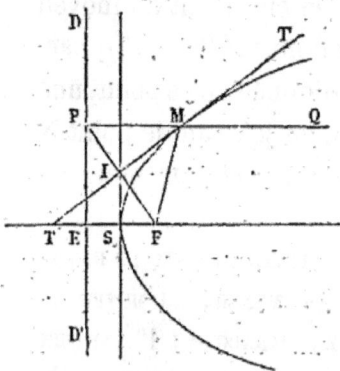

En effet, le triangle MFT étant isocèle, l'angle $TMF = MTF$; donc MT est tangente.

fig. 118.

Remarque. Menons, par le point M, la droite PQ perpendiculaire sur la directrice, et joignons FP; le triangle FMP est isocèle, et la tangente TT' partage évidemment l'angle au sommet en deux parties égales. Il s'ensuit qu'elle est perpendiculaire sur PF, et que le point I où elle la rencontre est le milieu de PF ; par conséquent, si du point I on abaisse une perpendiculaire sur EF, cette perpendiculaire passera par le milieu de EF ; ce sera donc la tangente au sommet de la parabole. Il résulte de là que *la tangente au sommet de la parabole est le lieu géométrique des pieds des perpendiculaires abaissées du foyer sur les tangentes à la courbe.*

2° Proposons-nous maintenant de mener une tangente à la parabole par un point T extérieur à la courbe (fig. 119). Soient F le foyer et DD' la directrice ; si le problème était résolu, que TM fût la tangente demandée et M le point de contact, en abaissant MP perpendiculaire sur la directrice, et joignant PF, PT et TF, la tangente MT serait perpendiculaire sur le milieu I de PF, et l'on aurait TP = TF. Il suit de là que le point P est à l'intersection de la directrice et du cercle décrit du point T comme centre avec le rayon TF. Le point P étant connu, on joindra PF, et on mènera PM parallèle à l'axe ; enfin on abaissera TI perpendiculaire sur PF ; cette ligne sera la tangente demandée, et le point M où elle rencontre PM sera le point de contact.

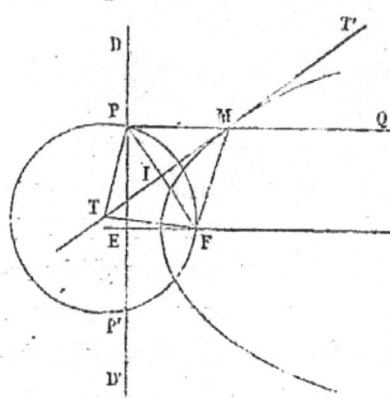

En effet, on a, par construction, TP = TF ; donc la perpendiculaire TI abaissée sur PF passe par son milieu, donc MP = MF, ce qui prouve que M est sur la courbe. En second lieu, on a TMF = TMP = T'MQ, donc TM est tangente.

Quand le point T est hors de la parabole, sa distance au·

18

foyer est plus grande que sa distance à la directrice; donc le cercle TF coupe la directrice en deux points P, P', et il y a deux tangentes. Quand le point T est sur la parabole, sa distance au foyer est égale à sa distance à la directrice ; le cercle TF est tangent à la directrice, et il n'y a qu'une seule tangente. Enfin, quand le point T est intérieur à la parabole, sa distance au foyer est moindre que sa distance à la directrice ; le cercle TF ne rencontre pas la directrice, et il n'y a plus de tangente.

210. Enfin supposons qu'il s'agisse de mener à la parabole une tangente, parallèle à une droite donnée CK (fig. 120). Soient F le foyer et DD' la directrice; si TT' est la tangente demandée et M le point de contact, en abaissant MP perpendiculaire sur la directrice, la droite FP sera perpendiculaire sur TT', qui la coupera en son milieu I. Il résulte de là que le point P est à la rencontre de la directrice et de la perpendiculaire abaissée du foyer sur la droite donnée CK. Le point P étant connu, on mènera, par ce point, PM parallèle à l'axe, puis, par le milieu I de PF, une parallèle à CK ; la droite TT' ainsi obtenue sera la tangente demandée, et le point où elle rencontrera PM sera le point de contact.

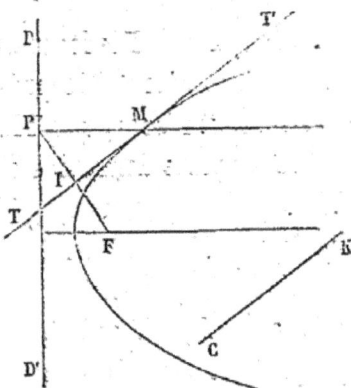

fig. 120.

Le problème admet toujours une solution, et n'en admet qu'une seule. Toutefois cette solution disparaît dans le cas où la droite donnée est parallèle à l'axe.

Remarque. La construction de la tangente, dans les cas que nous venons d'examiner, ne suppose pas que la courbe soit tracée. Il suffit que l'on connaisse le foyer et la directrice.

Équation de la tangente parallèle à une droite donnée.

211. Soient

$$y^2 = 2px ,$$

l'équation d'une parabole, et

$$y = mx,$$

l'équation de la droite à laquelle la tangente demandée doit être parallèle. Désignons par x' et y' les coordonnées inconnues du point de contact ; l'équation de la tangente sera

$$y'y = p(x + x') \qquad \text{ou} \qquad y = \frac{p}{y'}x + \frac{px'}{y'} ;$$

et, pour déterminer les inconnues x' et y', on aura les deux équations :

$$\frac{p}{y'} = m, \qquad y'^2 = 2px' ;$$

on en tire :

$$y' = \frac{p}{m} \qquad \text{et} \qquad x' = \frac{p}{2m^2}.$$

L'équation demandée est donc

$$y = mx + \frac{p}{2m}.$$

On voit qu'il n'existe, dans la parabole, qu'une seule tangente parallèle à une droite donnée.

Remarque I. Si l'on considère la quantité m comme suscep-tible de recevoir toutes les valeurs possibles, la précédente équation représentera toutes les tangentes à la parabole.

Remarque II. On peut résoudre la même question par les considérations dont nous avons déjà fait usage (n° 143) et qu'il serait superflu de reproduire ici.

Équation de la tangente menée par un point extérieur.

212. Soient

$$y^2 = 2px,$$

l'équation de la parabole donnée, et (x', y') le point donné, par lequel il s'agit de mener une tangente à la courbe. Si le point de contact (x'', y'') était connu, l'équation de la tangente demandée serait

$$y''y = p(x + x'').$$

Mais, cette tangente passant par le point donné (x', y'), on doit avoir identiquement :

$$y''y' = p(x' + x''),$$

et on a en outre :

$$y''^2 = 2px'';$$

les deux précédentes équations détermineront x'' et y'', et le problème sera résolu.

Puisqu'on a l'identité

$$y''y' = p(x' + x''),$$

il s'ensuit que le point de contact (x'', y'') est situé sur la droite qui a pour équation :

$$y'y = p(x' + x);$$

et, comme on peut mener, par le point (x', y'), deux tangentes à la parabole, la précédente équation représente la droite qui joint les points de contact de ces tangentes avec la courbe.

Le problème de mener une tangente à la parabole, par un point extérieur, se ramène à construire cette corde de contact qu'on peut obtenir très-simplement, comme on le verra dans la suite.

215. Désignons, comme précédemment, par (x', y') le point par lequel il faut mener une tangente à la parabole ; l'équation de cette tangente sera

$$(1) \qquad y = mx + \frac{p}{2m} ;$$

le coefficient angulaire inconnu m devra satisfaire à l'équation de condition

$$(2) \qquad y' = mx' + \frac{p}{2m} ,$$

et, par suite, l'équation (1) peut s'écrire :

$$y - y' = m(x - x') ;$$

d'autre part, l'équation (2) devient, en faisant disparaître le dénominateur,

$$2x'm^2 - 2y'm + p = 0 ,$$

et l'on en tire :

$$m = \frac{y' \pm \sqrt{y'^2 - 2px'}}{2x'} ,$$

ce qui permet d'écrire les équations des deux tangentes demandées.

Remarque. Les deux valeurs de m sont réelles et inégales, si le point est extérieur à la parabole, comme on l'a supposé; on a effectivement alors $y'^2 - 2px' > 0$; les valeurs de m sont égales, si le point est sur la courbe; enfin elles sont imaginaires, si le point est dans l'intérieur de la courbe.

Il résulte de là qu'une tangente à la parabole n'a aucun point situé dans l'intérieur de la courbe; en d'autres termes, la parabole est située tout entière d'un même côté de chacune de ses tangentes.

DIAMÈTRES. — LES CORDES QU'UN DIAMÈTRE DIVISE EN DEUX PARTIES ÉGALES SONT PARALLÈLES A LA TANGENTE MENÉE A L'EXTRÉMITÉ DE CE DIAMÈTRE.

214. Soit

$$y^2 - 2px = 0,$$

l'équation de la parabole rapportée à son sommet et à son axe. Les dérivées du premier membre par rapport à x et par rapport à y sont $-2p$ et $2y$; par suite, le diamètre correspondant aux cordes parallèles, qui ont m pour coefficient angulaire, sera (n° 108) :

$$2my - 2p = 0,$$

ou

$$y = \frac{p}{m}.$$

On voit immédiatement 1° que tout diamètre est parallèle à l'axe; 2° que toute parallèle à l'axe est un diamètre, résultat que nous avons déjà obtenu (n° 108).

215. Soit M(x', y') un point quelconque de la parabole ; le coefficient angulaire de la tangente en M est $\frac{p}{y'}$; l'équation du diamètre, qui passe par le point M, est

$$y = \frac{p}{m} ;$$

on en déduit :

$$y' = \frac{p}{m}, \qquad \text{d'où} \qquad m = \frac{p}{y'}.$$

Donc *les cordes, qu'un diamètre divise en deux parties égales, sont parallèles à la tangente menée à l'extrémité de ce diamètre.*

Cette propriété donne le moyen de mener une tangente : 1° par un point donné sur la courbe ; 2° parallèlement à une droite donnée. Ces questions sont trop faciles à résoudre, pour qu'il soit utile d'en développer ici la solution.

Équation de la parabole, rapportée à une tangente et au diamètre qui passe par le point de contact.

216. Soit

$$(1) \qquad y^2 = 2px ,$$

l'équation d'une parabole rapportée à son axe et à la tangente au sommet. Remplaçons x par $a + x\cos\alpha + y\cos\alpha'$ et y par $b + x\sin\alpha + y\sin\alpha'$; il viendra :

$$(b + x\sin\alpha + y\sin\alpha')^2 = 2p(a + x\cos\alpha + y\cos\alpha') ;$$

en laissant a, b, α, α' indéterminés, cette équation représente une parabole rapportée à deux axes quelconques ; si l'on veut qu'elle ait la même forme que l'équation (1), il utfa poser :

$$\sin\alpha\sin\alpha'=0, \ \sin^2\alpha=0, \ b\sin\alpha'-p\cos\alpha'=0, \ b^2-2pa=0;$$

ce qui réduit l'équation de la courbe à

$$(2) \qquad\qquad y^2=2p'x,$$

en faisant de plus

$$p'=2a+p.$$

L'équation (2) représente la parabole rapportée à un diamètre et à la tangente qui passe par l'extrémité du diamètre.

Il est bon de remarquer que la quantité p' est précisément égale au double de la distance du foyer à la nouvelle origine. Il est presque superflu d'ajouter que les équations des tangentes et des diamètres sont ici les mêmes que quand la parabole est rapportée à son axe et à son sommet.

EXPRESSION DE L'AIRE D'UN SEGMENT PARABOLIQUE.

217. Soit proposé d'évaluer l'aire du segment parabolique, compris entre l'arc BC et sa corde. Prenons pour axe des x (fig. 121) le diamètre Ax, qui passe par le milieu P de BC, et pour axe des y la tangente Ay parallèle à BC ; l'équation de la parabole sera

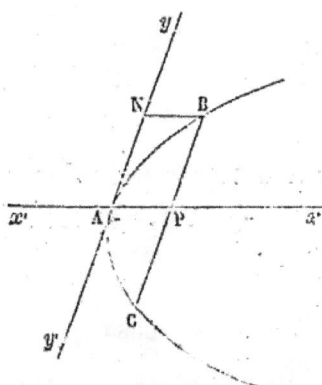

$$y^2=2px.$$

fig. 121.

Soient θ l'angle yAx ; x et y les coordonnées du point B, et u l'aire du triangle ABP. Si l'on considère x comme variable, u sera une fonction de x, et la dérivée u' de cette fonction aura pour valeur :

$$u' = y \sin\theta = x^{\frac{1}{2}} \sin\theta \sqrt{2p}.$$

Or $x^{\frac{1}{2}}$ est la dérivée de $\frac{2}{3} x^{\frac{3}{2}}$; il s'ensuit que les deux fonctions u et $\frac{2}{3} x^{\frac{3}{2}} \sin\theta \sqrt{2p}$ ont des dérivées égales ; d'ailleurs ces fonctions s'annulent toutes deux pour $x = 0$, donc elles sont égales ; ainsi on a :

$$u = \frac{2}{3} x^{\frac{3}{2}} \sin\theta \sqrt{2p} = \frac{2}{3} x \sin\theta \sqrt{2px},$$

ou

$$u = \frac{2}{3} xy \sin\theta.$$

Or si l'on mène, par le point B, BN parallèle à AP, on formera un parallélogramme APBN dont l'aire est précisément $xy \sin\theta$, donc : *l'aire du triangle curviligne ABP est égale aux deux tiers de l'aire du parallélogramme APBN.* Pour la même raison, l'aire du triangle APC est égale aux deux tiers de l'aire du parallélogramme formé sur les lignes AP et PC ; on voit donc que le *segment parabolique, compris entre un arc et sa corde, est égal aux deux tiers du parallélogramme, construit sur la corde et la partie du diamètre conjugué comprise entre l'arc et la corde.*

Questions proposées.

I. Trouver le lieu des sommets des angles égaux à un angle donné et circonscrits à une parabole.

II. Trouver l'équation d'une normale à la parabole, parallèle à une droite donnée.

III. Trouver l'équation du lieu des points, d'où l'on peut mener à une parabole deux normales seulement. Ce lieu sépare le plan en deux régions ; par chacun des points de l'une des régions on peut mener trois normales à la parabole, par chacun des points de l'autre région on n'en peut mener qu'une seule.

IV. Trouver le lieu des sommets des angles droits dont les côtés sont normaux à une parabole. Ce lieu est une parabole tangente au lieu qu'il s'agit de trouver dans la question précédente.

V. Trouver l'équation de la normale qui intercepte dans la courbe une corde minima. Examiner la position de cette corde par rapport à la courbe dont il s'agit dans la question III.

VI. Trouver l'équation de la normale qui intercepte un segment d'aire minima.

VII. Démontrer que la circonférence, circonscrite au triangle formé par trois tangentes à une parabole, passe par le foyer de la courbe. Déduire de ce théorème un moyen de construire une parabole dont on connaît quatre tangentes.

VIII. Étant données deux circonférences, on mène à l'une d'elles une tangente qui coupe la seconde en deux points ; par ces deux points on mène des tangentes à la première circonférence. On demande le lieu du point d'intersection de ces deux dernières tangentes. Le lieu peut être l'une quelconque des trois courbes du second degré.

CHAPITRE IX.

DES COORDONNÉES POLAIRES.

PASSER D'UN SYSTÈME DE COORDONNÉES RECTANGULAIRES A UN SYSTÈME DE COORDONNÉES POLAIRES, ET RÉCIPROQUEMENT.

218. Nous avons dit (n° 51) qu'on nomme généralement *coordonnées* d'un point, deux quantités susceptibles de déterminer la position de ce point sur un plan. Nous nous sommes bornés exclusivement jusqu'ici à l'emploi des coordonnées dites rectilignes; il nous reste à parler d'un autre système très-différent et qui, dans certains cas, offre des avantages considérables. Soit Ox (fig. 122) une droite fixe et O un point fixe de cette droite; la position d'un point quelconque M du plan sera déterminée, si l'on connaît la longueur OM et l'angle MOx qu'elle forme avec la droite fixe; ces deux quantités sont dites les *coordonnées polaires* du point M; la coordonnée linéaire est désignée sous le nom de *rayon vecteur*; le point fixe O est dit le *pôle* et la droite fixe Ox *l'axe polaire*.

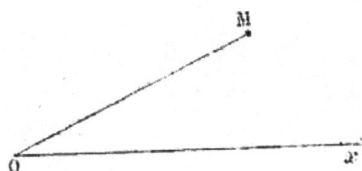

fig. 122.

219. Il est aisé d'exprimer les coordonnées rectilignes d'un point en fonction de ses coordonnées polaires, ou inversement. Soient Ox et Oy deux axes rectangulaires; désignons

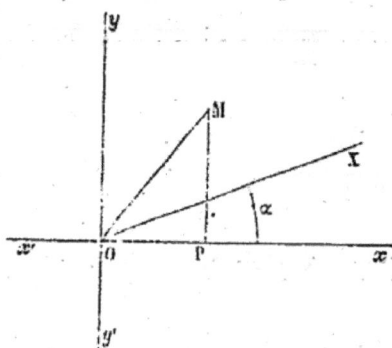

fig. 123.

par x et y les coordonnées d'un point quelconque M (fig. 123); si l'on prend la droite Ox pour axe polaire et le point O pour pôle, que l'on désigne par ρ le rayon vecteur OM du point M, par ω sa coordonnée angulaire MOx, le triangle rectangle MOP donnera :

$$(1) \qquad x = \rho\cos\omega, \qquad y = \rho\sin\omega.$$

On déduit de ces formules ou de la considération du triangle MOP

$$\rho = \sqrt{x^2 + y^2},$$

et

$$\sin\omega = \frac{y}{\sqrt{x^2+y^2}}, \qquad \cos\omega = \frac{x}{\sqrt{x^2+y^2}}, \qquad \tan\omega = \frac{y}{x};$$

formules qui permettent de revenir des coordonnées polaires aux coordonnées rectangulaires.

Si, au lieu de prendre pour axe polaire l'axe des x, on prend (fig. 123) une droite OX faisant un angle α avec l'axe des x et pour pôle l'origine des coordonnées rectangulaires, les formules de transformation se déduiront évidemment des formules (1) en changeant ω en $\omega + \alpha$; on aura ainsi :

$$(2) \qquad x = \rho\cos(\omega+\alpha), \qquad y = \rho\sin(\omega+\alpha);$$

puis

$$\rho = \sqrt{x^2+y^2} \qquad \text{et} \qquad \tan(\omega+\alpha) = \frac{y}{x}.$$

Enfin les formules, relatives au cas où le pôle est un point quelconque ayant a et b pour coordonnées rectangulaires, et où l'axe polaire fait l'angle α avec l'axe des abscisses, se déduiront encore des formules (1) en ajoutant a et b à leurs seconds membres et en remplaçant ω par $\omega + \alpha$; on obtient ainsi les formules :

$$(3) \quad x = a + \rho \cos(\omega + \alpha), \quad y = b + \rho \sin(\omega + \alpha),$$

d'où l'on déduit :

$$\rho = \sqrt{(x-a)^2 + (y-b)^2}, \qquad \tan(\omega + \alpha) = \frac{y-b}{x-a}.$$

Remarque I. Dans ces dernières formules, l'angle α peut être supposé, à volonté, compris entre 0° et 360° ou entre — 180° et + 180°.

Remarque II. La transformation des coordonnées rectilignes obliques en coordonnées polaires n'offre pas plus de difficulté, mais les formules relatives à ce cas ne sont d'aucun usage, et nous ne nous en occuperons pas.

220. Dans la recherche précédente, nous avons supposé le rayon vecteur positif, et l'angle ω compris entre zéro et 360°. Effectivement, on peut obtenir tous les points du plan, en faisant varier ρ de zéro à l'infini, et ω de zéro à 360°. Mais cette limitation est inutile; en outre elle altèrerait dans bien des cas la généralité des résultats. Il est aisé de comprendre la nécessité de n'admettre d'autres limites pour le rayon vecteur que — ∞ et + ∞. On ne se borne pas, en effet, à considérer des figures formées de points isolés, mais encore des lignes engendrées par le mouvement d'un point qui se meut suivant une loi déterminée; or, dans un pareil mouvement, il y a deux choses à considérer; d'abord le mouvement de

la droite qui joint le point mobile au pôle O et, en second
lieu, le mouvement du point mobile sur cette droite. Dans ce
dernier mouvement, le mobile peut passer de part et d'autre
du point O; il y a donc lieu de considérer des rayons vecteurs positifs et des rayons vecteurs négatifs, si l'on ne veut
pas rompre la continuité qui se présente d'elle-même. Quant
au mouvement de la droite mobile, sur laquelle se compte le
rayon vecteur, il n'y a aucune raison pour qu'il ne soit pas
indéfini dans un sens ou dans l'autre; nous admettrons
donc que l'angle polaire peut prendre toutes les valeurs
entre $-\infty$ et $+\infty$.

Il résulte de là que les deux coordonnées polaires d'un
point donné ne sont pas absolument déterminées, car si l'on
a, pour un point :

$$\rho = a, \qquad \omega = \alpha,$$

on pourra écrire, si l'on veut,

$$\rho = a, \qquad \omega = 2k\pi + \alpha,$$

ou

$$\rho = -a, \qquad \omega = (2k+1)\pi + \alpha,$$

k désignant un nombre entier positif, nul ou négatif.

221. On pourrait croire que ce qui précède ne doit point
s'appliquer aux courbes algébriques. Effectivement, si

$$(1) \qquad \qquad F(x, y) = 0,$$

est l'équation d'une courbe algébrique, $F(x, y)$ désignant une
fonction rationnelle et entière de x et de y, on obtiendra
l'équation de la même courbe, en coordonnées polaires, en
remplaçant x par $\rho \cos \omega$ et y par $\rho \sin \omega$, ce qui donne :

$$(2) \qquad \qquad F(\rho \cos \omega, \ \rho \sin \omega) = 0.$$

Or, dans les formules de transformation, on obtient tous les points (x, y), en attribuant à ρ une valeur positive et à ω une valeur comprise entre zéro et 360°; par suite, il n'est pas nécessaire de considérer les valeurs de ρ et de ω en dehors de ces limites. Cette conclusion est vraie en général; mais, bien que l'équation (1) soit supposée irréductible, il se peut que l'équation (2) soit décomposable en plusieurs facteurs; alors l'équation

$$(3) \qquad f(\rho, \omega) = 0,$$

obtenue en égalant à zéro l'un de ces facteurs, ne pourra donner qu'une portion de la courbe. Au contraire, on obtiendra toute la courbe, à l'aide de la seule équation (3), si l'on admet toutes les valeurs réelles des deux coordonnées polaires. Les courbes du second degré en fourniront un exemple remarquable.

ÉQUATIONS DES TROIS COURBES DU SECOND DEGRÉ, EN COORDONNÉES POLAIRES, LE POLE ÉTANT SITUÉ A UN FOYER ET LES ANGLES ÉTANT COMPTÉS A PARTIR DE L'AXE QUI PASSE PAR CE FOYER.

222. Les formules de transformation, que nous avons établies précédemment, permettent d'obtenir immédiatement l'équation en coordonnées polaires d'une courbe, dont on a l'équation en coordonnées rectilignes. Ainsi l'équation générale de la ligne droite, en coordonnées rectilignes, étant

$$Ay + Bx + C = 0 ;$$

l'équation, en coordonnées polaires, sera :

$$\rho = \frac{-C}{A \sin \omega + B \cos \omega},$$

l'axe des x étant pris pour axe polaire et l'origine pour pôle.
Si l'on part de l'équation de la ligne droite, mise sous la
forme :

$$y \sin\alpha + x \cos\alpha = p \,,$$

on trouvera plus simplement

$$\rho = \frac{p}{\cos(\omega - \alpha)} \cdot$$

223. En appliquant la même transformation à une courbe
du second degré, on obtiendra une équation qui sera du
second degré par rapport à ρ, et la valeur de ce rayon vecteur sera, en général, une fonction irrationnelle de $\sin\omega$ et
de $\cos\omega$. Par exemple, s'il s'agit de l'ellipse ou de l'hyperbole

$$a^2 y^2 \pm b^2 x^2 = \pm a^2 b^2 \,,$$

qu'on prenne l'axe des x pour axe polaire et le centre pour
pôle, on trouvera :

$$\rho = \frac{ab}{\sqrt{\pm a^2 \sin^2\omega + b^2 \cos^2\omega}} \cdot$$

Mais, si l'on prend pour pôle le foyer d'une courbe du
second degré, et qu'on fasse la substitution des valeurs de x
et de y, exprimées en fonction de ρ et de ω, l'équation se
décomposera en deux facteurs rationnels. Si, alors, on se conforme aux prescriptions du n° 220, l'équation, obtenue en
égalant à zéro l'un quelconque de ces facteurs, sera propre
à représenter la courbe.

224. Supposons d'abord qu'il s'agisse d'une ellipse, et
soit

$$(1) \qquad a^2 y^2 + b^2 x^2 = a^2 b^2 \,,$$

l'équation de cette courbe rapportée à ses axes. Si l'on prend pour pôle le foyer situé du côté des abscisses négatives, et si l'on suppose que la direction de l'axe polaire soit celle des abscisses positives, les formules de transformation seront :

$$x = -c + \rho\cos\omega, \qquad y = \rho\sin\omega ;$$

faisant la substitution et observant que $a^2 - b^2 = c^2$, il vient :

$$\left(1 - \frac{c^2}{a^2}\cos^2\omega\right)\rho^2 - \frac{2b^2c}{a^2}\rho\cos\omega - \frac{b^4}{a^2} = 0 ,$$

ou, en faisant $\dfrac{b^2}{a} = p, \dfrac{c}{a} = e ,$

$$(1 - e^2\cos^2\omega)\rho^2 - 2pe\rho\cos\omega - p^2 = 0 ,$$

et l'on en tire les deux valeurs de ρ :

$$(2) \quad \rho = \frac{p}{1 - e\cos\omega}, \qquad \rho = \frac{-p}{1 + e\cos\omega} ;$$

or je dis que l'une quelconque de ces équations peut donner tous les points de la courbe. Considérons d'abord la première. Si l'on fait croître ω de zéro à 180°, la valeur de ρ est constamment positive et décroît de $\dfrac{p}{1-e}$ à $\dfrac{p}{1+e}$. On obtient ainsi les deux premiers quadrants de l'ellipse, c'est-à-dire ceux qui sont situés du côté des ordonnées positives. En faisant croître ω de 180° à 360°, la valeur de ρ reste positive et croît de $\dfrac{p}{1+e}$ à $\dfrac{p}{1-e}$; on obtient ainsi les deux derniers quadrants de la courbe. Il est évident qu'en faisant croître ω au delà de 360° ou en attribuant à cet angle des valeurs négatives, on ne retrouvera que les points déjà obtenus.

19

Il est aisé de voir que la deuxième des équations (2) donnera exactement les mêmes points que la première; car, supposons que $\rho = \rho'$, $\omega = \omega'$ soit une solution de la première équation (2); le point dont les coordonnées sont ρ' et ω' peut être considéré, ainsi que nous l'avons vu, comme ayant pour coordonnées $-\rho'$ et $180° + \omega'$; or, $\rho = -\rho'$, $\omega = 180° + \omega'$ forment une solution de la deuxième équation (2). On ferait voir de même que tout point donné par la deuxième équation (2) peut l'être également par la première.

225. Le cas de l'hyperbole est analogue à celui de l'ellipse; l'équation de la courbe rapportée à ses axes étant

$$a^2 y^2 - b^2 x^2 = -a^2 b^2 ,$$

si l'on prend pour pôle le foyer situé du côté des abscisses positives, et si l'on suppose que la direction de l'axe polaire soit aussi celle des abscisses positives, les formules de transformation à employer seront :

$$x = c + \rho \cos \omega , \qquad y = \rho \sin \omega ;$$

faisant la substitution et observant que $a^2 + b^2 = c^2$, il vient :

$$\left(1 - \frac{c^2}{a^2} \cos^2 \omega \right) \rho^2 - \frac{2 b^2 c}{a^3} \rho \cos \omega - \frac{b^4}{a^2} = 0 ,$$

ou, en faisant $\dfrac{b^2}{a} = p$, $\dfrac{c}{a} = e$,

$$(1) \qquad (1 - e^2 \cos^2 \omega) \rho^2 - 2 p e \rho \cos \omega - p^2 = 0 ,$$

équation qui est la même que celle relative à l'ellipse; on en tire ces deux valeurs de ρ :

$$(2) \qquad \rho = \frac{p}{1 - e \cos \omega} , \qquad \rho = \frac{-p}{1 + e \cos \omega} .$$

Si l'on rejette les valeurs négatives de ρ, chacune de ces équations ne représentera que l'une des branches de l'hyperbole ; si, au contraire, on admet les valeurs négatives de ρ, l'une quelconque des équations (2) pourra être prise pour celle de la courbe.

Il est d'abord évident que, si l'on admet les valeurs négatives de ρ, les points, donnés par la première équation (2), le seront également par la seconde et réciproquement; on s'en convaincra en répétant ici le raisonnement que nous avons fait plus haut pour l'ellipse. En second lieu, je dis que si l'on rejette les valeurs négatives de ρ, chacune de ces équations (2) ne peut représenter qu'une seule branche de l'hyperbole. En effet, considérons, par exemple, la première équation (2) :

e étant ici plus grand que 1, nous poserons $\cos\alpha = \dfrac{1}{e}$; α étant un angle compris entre zéro et 90°. L'équation, dont nous nous occupons, peut s'écrire :

$$\rho = \frac{p\cos\alpha}{\cos\alpha - \cos\omega}.$$

Si l'on fait croître ω de zéro à α, ou de 360° — α à 360°, ρ est négatif et nous rejetons les points correspondants. On doit donc se borner à faire croître ω de α à 360° — α; pour ω = α, ρ est infini et décroît constamment jusqu'à ce qu'on ait ω = 180°, il croît ensuite jusqu'à l'infini en reprenant les mêmes valeurs. En donnant à ω des valeurs supérieures à 360° ou des valeurs négatives et rejetant toujours les valeurs négatives de ρ, on n'obtiendra que les points déjà trouvés, et ces points forment évidemment une branche continue qui n'est qu'une demi-hyperbole.

226. Considérons enfin le cas de la parabole et soit

$$y^2 = 2px,$$

l'équation de cette courbe rapportée à son axe et à son sommet. Prenons l'axe pour axe polaire et le foyer pour pôle, les formules à employer sont :

$$x = \frac{p}{2} + \rho \cos\omega , \quad y = \rho \sin\omega.$$

En faisant la substitution, il vient :

$$(1) \qquad (1 - \cos^2\omega)\rho^2 - 2p\rho \cos\omega - p^2 = 0,$$

d'où l'on tire les deux valeurs de ρ,

$$(2) \qquad \rho = \frac{p}{1 - \cos\omega}, \qquad \rho = \frac{-p}{1 + \cos\omega}.$$

Il est aisé de voir, en répétant les raisonnements déjà faits pour l'ellipse, que l'une quelconque de ces équations est propre à représenter toute la parabole si l'on admet toutes les valeurs positives et négatives du rayon vecteur.

Remarque. Il résulte de ce qui précède que l'équation

$$\rho = \frac{p}{1 - e\cos\omega}$$

représente les trois courbes du second degré, savoir: l'ellipse, si e est moindre que 1, la parabole, si $e = 1$, et l'hyperbole, si e est plus grand que 1. On est ainsi conduit à considérer la parabole comme étant une ellipse ou une hyperbole dont l'excentricité est égale à 1.

227. Les propriétés connues des foyers permettent de trouver très-simplement l'équation des courbes du second degré en coordonnées polaires; mais la marche, que nous avons suivie, est bien plus propre à mettre en lumière l'im-

portance des considérations développées plus haut. Nous
nous bornerons à indiquer cette deuxième méthode.

L'ellipse étant rapportée à ses axes, désignons par x l'abscisse d'un point de la courbe, et par ρ la distance de ce point
au foyer situé du côté des abscisses négatives; on a, quel que
soit ce point:

$$\rho = a + \frac{cx}{a};$$

en mettant $-c + \rho\cos\omega$ au lieu de x, et faisant $\frac{b^2}{a} = p$,
$\frac{c}{a} = e$, on obtient:

$$\rho = \frac{p}{1 - e\cos\omega}.$$

On obtient d'une manière analogue l'équation de l'hyperbole et celle de la parabole.

Des tangentes aux courbes dont on a l'équation en coordonnées polaires.

228. Dans le système des coordonnées polaires, on détermine la tangente en un point d'une courbe, en cherchant son
inclinaison sur le rayon vec-
teur. Soient ω et ρ les deux
coordonnées MOx et OM d'un
point M d'une courbe (fig. 124);
soient $\omega + h$ et $\rho + k$ les coordonnées d'un second point M'
de cette courbe; tirons MM' et
désignons par U l'angle OMK,

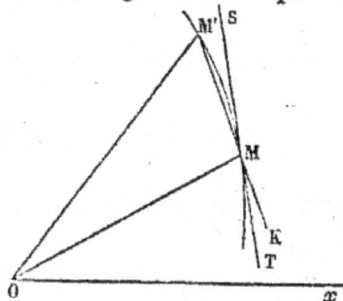

fig. 124.

formé par le rayon vecteur OM et le prolongement de la

corde MM'. Le triangle OMM' donne :

$$\frac{OM'}{OM} = \frac{\sin OMK}{\sin OM'K} \quad \text{ou} \quad \frac{\rho + k}{\rho} = \frac{\sin U}{\sin (U - h)}.$$

On en déduit :

$$\frac{k}{\rho} = \frac{\sin U - \sin (U - h)}{\sin (U - h)};$$

divisant par h, il vient :

$$\frac{1}{\rho}\frac{k}{h} = \frac{2\sin\frac{h}{2}\cos\left(U - \frac{h}{2}\right)}{h\sin(U - h)} = \frac{\sin\frac{h}{2}}{\frac{h}{2}} \cdot \frac{\cos\left(U - \frac{h}{2}\right)}{\sin(U - h)};$$

faisant $h = 0$ et désignant par ρ' la limite de $\dfrac{k}{h}$, c'est-à-dire la dérivée de ρ par rapport à ω, par V la limite de U, il vient :

$$\frac{\rho'}{\rho} = \frac{1}{\tan V} \quad \text{ou} \quad \tan V = \frac{\rho}{\rho'}.$$

229. Prenons pour exemple la courbe du second degré représentée par l'équation

$$\rho = \frac{p}{1 - e\cos\omega}.$$

On a ici :

$$\rho' = -\frac{pe\sin\omega}{(1 - e\cos\omega)^2},$$

et

$$\tan V = -\frac{1 - e\cos\omega}{e\sin\omega}.$$

Des asymptotes aux courbes dont on a l'équation en coordonnées polaires.

230. Considérons une branche infinie d'une courbe; si un point se meut sur cette branche et s'éloigne indéfiniment, la grandeur du rayon vecteur croîtra indéfiniment et sa direction deviendra parallèle à l'asymptote de la branche, si cette branche a une asymptote. Il résulte de là que, pour avoir les asymptotes d'une courbe rapportée à des coordonnées po-laires, il faut chercher d'abord les valeurs de ω pour lesquelles ρ est infini; cela fera connaître les directions des asymptotes; voici maintenant comment on achèvera de les déterminer. Soit MN (fig. 125) une branche de courbe in-finie; soient ω et ρ les co-ordonnées d'un point quel-

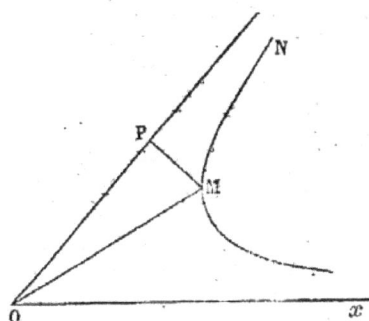
fig. 125.

conque M de cette courbe; enfin soit α l'angle que fait le rayon vecteur avec l'axe polaire Ox, lorsque le point M est à l'infini. On aura évidemment la distance de l'asymptote à la droite OP, en cherchant la limite vers laquelle tend la lon-gueur de la perpendiculaire MP abaissée du point M sur OP, lorsque le point M s'éloigne à l'infini. En désignant donc par δ cette limite, on aura, dans le triangle OMP :

$$\delta = \lim. \rho \sin(\alpha - \omega), \quad \text{ou} \quad \delta = \lim. \rho \sin(\omega - \alpha);$$

suivant que ω sera inférieur ou supérieur à sa limite α.

Si la quantité δ est infinie, la branche de courbe n'a pas

d'asymptote; si elle est nulle, la ligne OP est elle-même l'asymptote.

On a un moyen très-simple de trouver dans chaque cas la valeur de δ.

L'inverse $\dfrac{1}{\rho}$ du rayon vecteur est une fonction de ω, donnée par l'équation de la courbe. Désignons cette fonction par $f(\omega)$; posons en outre $\omega = \alpha + h$, on aura :

$$\delta = \pm \lim \frac{\sin h}{f(\alpha + h)},$$

ou, comme $f(\alpha)$ est nulle par hypothèse,

$$\delta = \pm \lim \frac{\sin h}{f(\alpha + h) - f(\alpha)} = \frac{\lim \dfrac{\sin h}{h}}{\lim \dfrac{f(\alpha + h) - f(\alpha)}{h}},$$

ou, en désignant par $f'(\omega)$ la dérivée de $f(\omega)$,

$$\delta = \pm \frac{1}{f'(\alpha)},$$

formule dans laquelle on prendra seulement le signe $+$ ou le signe $-$, suivant que $f'(\alpha)$ sera positive ou négative.

231. Appliquons ce qui précède à l'hyperbole

$$(1) \qquad \rho = \frac{p}{1 - e \cos \omega}.$$

La quantité e est en valeur absolue plus grande que l'unité; on peut donc trouver un angle tel que l'on ait :

$$e = \frac{1}{\cos \alpha};$$

en substituant pour *e* cette valeur, l'équation (1) devient :

$$\rho = \frac{p \cos \alpha}{\cos \alpha - \cos \omega}.$$

Les valeurs de ω qui rendent ρ infini sont $\omega = \alpha$ et $\omega = 2\pi - \alpha$; ces valeurs indiquent les directions des asymptotes. La fonction $\frac{1}{\rho}$ ou $f(\omega)$ est ici

$$\frac{\cos \alpha - \cos \omega}{p \cos \alpha};$$

et sa dérivée

$$\frac{\sin \omega}{p \cos \alpha}.$$

On a donc :

$$\delta = \pm p \cot \alpha;$$

ce qui achève de déterminer les asymptotes.

EXERCICES.

Questions à résoudre.

I. Trouver l'équation générale du cercle en coordonnées polaires. Cette équation est

$$\rho^2 - 2d \cos (\alpha - \omega)\rho + d^2 - r^2 = 0.$$

II. Trouver l'équation, en coordonnées polaires, de la ligne droite qui passe par deux points donnés, ou satisfait à deux conditions données.

III. Trouver l'équation, en coordonnées polaires, de la tangente à l'ellipse ou à l'hyperbole, ou à la parabole en un point donné.

IV. Trouver l'équation, en coordondées polaires, du lieu décrit par un point d'une circonférence qui roule sur une circonférence fixe de même rayon.

V. Tous les points d'un plan peuvent être déterminés par deux rayons vecteurs, c'est-à-dire par leurs distances à deux points fixes. On demande de démontrer que, dans ce système de coordonnées, le rapport des cosinus des angles, qu'une tangente à une courbe fait avec les deux rayons vecteurs du point de contact, est égal à la dérivée de l'un des rayons vecteurs considéré comme fonction de l'autre. Déduire de là les propriétés connues de la tangente à l'ellipse et à l'hyperbole.

VI. Tous les points d'un plan peuvent être déterminés par les angles que font les deux rayons vecteurs avec la droite qui joint les deux pôles. On demande de trouver l'équation de l'ellipse et de l'hyperbole dans ce système de coordonnées angulaires, en prenant pour pôles les deux foyers. L'équation de ces courbes est :

$$\operatorname{tang} \frac{1}{2}\,\omega : \operatorname{tang} \frac{1}{2}\,\omega' = \text{constante}.$$

CHAPITRE X.

DES LIGNES COURBES EN GÉNÉRAL.

DISCUSSION DE QUELQUES COURBES ALGÉBRIQUES ET TRANSCENDANTES.
— DÉTERMINATION DE LA TANGENTE EN UN DE LEURS POINTS. —
ASYMPTOTES DES BRANCHES INFINIES.

252. Nous nous proposons, dans ce chapitre, de montrer, par des exemples, comment on doit discuter et construire la courbe représentée par une équation donnée. La
discussion consiste à examiner de quelle manière varie l'une
des deux coordonnées, quand on fait varier l'autre d'une
manière continue entre $-\infty$ et $+\infty$. L'algèbre nous fait
connaître un théorème fort important pour cet objet et qui
consiste en ce qu'une fonction est croissante, tant que sa
dérivée est positive; et qu'au contraire elle est décroissante,
tant que sa dérivée est négative. Ce théorème suffit, dans
bien des cas, pour déterminer le cours des diverses branches
dont la courbe est composée. Quant à la construction ulté-
rieure de la courbe, on l'effectue en déterminant un nombre
de points suffisamment grand et joignant ensuite ces points
par un trait continu. La construction des tangentes aux
points qu'on aura ainsi déterminés, celle des asymptotes des
branches infinies permettent ensuite d'obtenir un dessin plus
exact de la courbe.

Exemples de courbes rapportées à des coordonnées rectangulaires.

Premier exemple (courbe parabolique).

253. On nomme généralement *courbe parabolique* du degré *m*, une courbe ayant une équation de la forme :

$$y = f(x),$$

où $f(x)$ désigne un polynôme entier et rationnel du degré *m*. Le cas de $m=2$ donne évidemment la parabole ordinaire.

Proposons-nous de discuter et de construire l'équation

$$y = 2x^3 - 3x^2 - 3x + 2,$$

la dérivée y' de y a pour valeur :

$$y' = 6x^2 - 6x - 3,$$

et l'on peut écrire :

$$y = (x+1)(2x-1)(x-2),$$
$$y' = \frac{1}{2}(2x-1+\sqrt{3})(2x-1-\sqrt{3}).$$

Si x croît depuis $-\infty$ jusqu'à $\frac{1-\sqrt{3}}{2} = -0,36\ldots$, y' est constamment positif et par suite y croît ; au contraire, y décroît, si l'on fait croître x depuis $\frac{1-\sqrt{3}}{2} = -0,36\ldots$; jusqu'à $\frac{1+\sqrt{3}}{2} = 1,36\ldots$; enfin y redevient croissant, lorsque x croît de $\frac{1+\sqrt{3}}{2} = 1,36\ldots$ jusqu'à $+\infty$.

Prenons sur l'axe des x : $OA=1$, $OB=\frac{1}{2}$, $OC=2$; et, sur l'axe des y, OD$=2$ (fig. 126); la courbe part de l'infini négatif, se rapproche de l'axe des x qu'elle coupe en A, s'élève au-dessus de cet axe jusqu'au point E dont l'abscisse est $\dfrac{1-\sqrt{3}}{2}=-0,36\ldots\ldots,$ puis elle s'en rapproche et le rencontre en B; elle s'en éloigne de nouveau jusqu'au point F dont l'abscisse est

fig. 126.

$\dfrac{1+\sqrt{3}}{2}=1,36\ldots\ldots,$ s'en rapproche et le rencontre en C; enfin elle s'en éloigne et s'étend à l'infini.

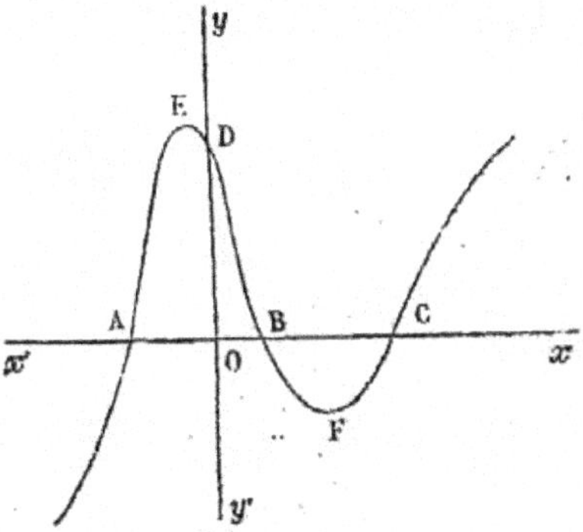

L'angle, que la tangente fait avec l'axe des x au point A, a pour tangente trigonométrique $+9$; au point D, -3; au point B, $-\dfrac{9}{2}$; au point C, $+9$.

En E et F la tangente est parallèle à l'axe des x; ces tangentes correspondent au maximum et au minimum de l'ordonnée.

La courbe n'a pas d'asymptote, puisque $\dfrac{y}{x}$ est infini par $x=\infty$.

Deuxième exemple.

234. Soit l'équation

$$y=\frac{x^2+2x-3}{x^2-8x+12},$$

on trouve, pour la dérivée y' de y,

$$y'=\frac{10x(3-x)}{(x^2-8x+12)^2}.$$

on peut écrire :

$$y = \frac{(x+3)(x-1)}{(x-2)(x-6)}, \qquad y' = -\frac{10x(x-3)}{(x-2)^2(x-6)^2}.$$

Pour $x = -\infty$, on a $y = 1$; de $x = -\infty$ à $x = -3$, y' est négatif, par suite y décroît depuis 1 jusqu'à zéro; de $x = -3$ à $x = 0$, y' est négatif et y décroît de zéro à $-\frac{1}{4}$; de $x = 0$ à $x = +1$, y' est positif et y croît de $-\frac{1}{4}$ à zéro; de $x = 1$ à $x = 2$, y' est positif et y croît de zéro à $+\infty$; de $x = 2$ à $x = 6$, y est négatif, mais y' est positif de $x = 2$ à $x = 3$ et négatif de $x = 3$ à $x = 6$; par suite de $x = 2$ à $x = 3$ y croît de $-\infty$ à -4, et de $x = 3$ à $x = 6$ y décroît de -4 à $-\infty$; de $x = 6$ à $x = +\infty$, y' est négatif, par suite y décroît de $+\infty$ à $+1$.

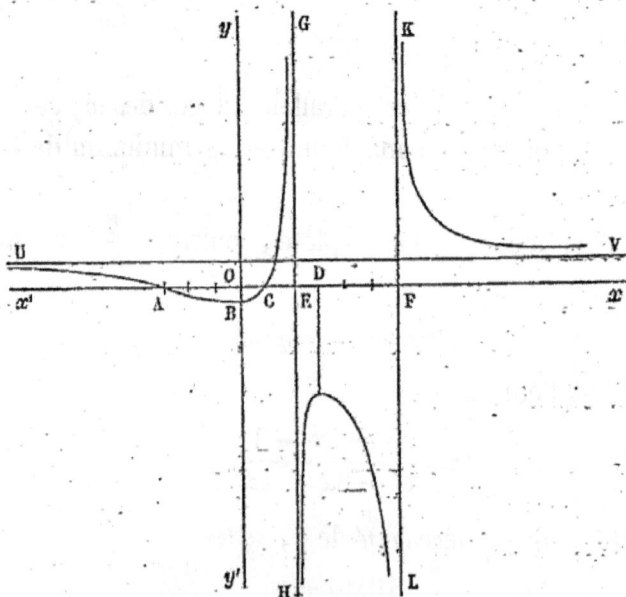

fig. 127.

Il résulte de cette discussion que notre courbe, qui est du troisième degré, est composée de six branches infinies, comme l'indique la figure 127 ; deux de ces branches ont pour asymptote la droite UV, dont l'équation est $y=1$; deux autres la droite GH, $(x=2)$; deux autres la droite KL, $(x=6)$. La courbe coupe l'axe des x aux points A, $(x=-3)$ et C, $(x=1)$; l'axe des y au point B, $\left(y=-\dfrac{1}{4}\right)$; elle a deux tangentes parallèles à l'axe des x, $\left(y=-\dfrac{1}{4},\ y=-4\right)$; ces tangentes correspondent à un minimum et à un maximum de l'ordonnée. Les tangentes aux points A et C font avec l'axe des x des angles dont les tangentes trigonométriques sont $-\dfrac{4}{45}$ et $+\dfrac{4}{5}$.

Troisième exemple (Folium de Descartes).

235. La courbe, connue sous le nom de *folium de Descartes*, a pour équation, en coordonnées rectangulaires :

$$y^3 - 3axy + x^3 = 0.$$

Cette équation ne peut être résolue ni par rapport à x ni par rapport à y; mais, dans toute équation du troisième degré, on peut faire disparaître l'un des termes en y^3 ou en x^3 par la transformation des coordonnées; la nouvelle équation, ne renfermant plus alors que le carré et la première puissance de l'une des variables, peut être résolue par rapport à cette variable. Dans l'exemple qui nous occupe, si l'on prend pour axes de coordonnées les bissectrices des angles formés par les anciens axes, l'équation devient :

$$(3a + 3x\sqrt{2})y^2 + x^3\sqrt{2} - 3ax^2 = 0,$$

on en tire, pour y et pour sa dérivée y', les valeurs suivantes :

$$y = \frac{x\sqrt{3a - \dot{x}\sqrt{2}}}{\sqrt{3}\sqrt{a + x\sqrt{2}}}, \qquad y' = \frac{x(-2x^2 + 3a^2)}{3y(a + x\sqrt{2})^2}.$$

La courbe étant symétrique par rapport à l'axe des x, nous ne nous occuperons que de la valeur positive de y. Cette valeur de y n'est réelle que si x est compris entre $-\dfrac{a}{\sqrt{2}}$ et $\dfrac{3a}{\sqrt{2}}$. Pour $x = -\dfrac{a}{\sqrt{2}}$, y est infini; de $x = -\dfrac{a}{\sqrt{2}}$ à $x = 0$, y' est négatif, par suite y décroît de l'infini à zéro. De $x = 0$ à $x = \dfrac{a\sqrt{3}}{\sqrt{2}}$ y' est positif et y croît de zéro à $\dfrac{a}{2}\sqrt{4\sqrt{3} - 6}$; enfin y décroît depuis cette valeur maximum jusqu'à zéro, lorsque x croît de $\dfrac{a\sqrt{3}}{\sqrt{2}}$ à $\dfrac{3a}{\sqrt{2}}$, puisque y' est alors constamment négatif. La courbe est donc composée d'une boucle fermée et de deux branches infinies ayant même asymptote, comme l'indique la figure 128.

On voit que l'origine est un point double, c'est-à-dire un point par lequel passent deux branches de la courbe; ces deux branches

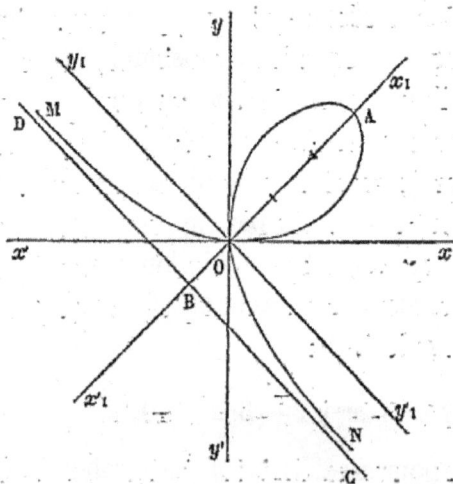

fig. 128.

correspondent aux deux combinaisons de signes que l'on peut former pour les radicaux qui composent la valeur de y; en faisant $x=0$ dans la valeur de y' on obtient ces deux valeurs $y'=+1$, $y'=-1$, d'où il suit que les tangentes au point O ont pour équations :

$$y=x, \qquad y=-x;$$

ces droites ne sont autre chose que les axes auxquels la courbe était primitivement rapportée.

Remarque. Le folium de Descartes peut être construit et discuté de la manière la plus simple au moyen de son équation en coordonnées polaires. Si en effet on pose :

$$x=\rho\cos\omega, \qquad y=\rho\sin\omega,$$

l'équation primitive

$$y^3 - 3axy + x^3 = 0,$$

devient :

$$\rho = \frac{3a\sin\omega\cos\omega}{\sin^3\omega + \cos^3\omega}.$$

Nous engageons le lecteur à étudier la courbe d'après cette équation.

Quatrième exemple.

256. Soit l'équation

$$(1) \qquad y^4 - 96a^2y^2 + 100a^2x^2 - x^4 = 0;$$

la courbe passe par l'origine; elle coupe en outre l'axe des x en deux points, pour lesquels on a :

$$x = \pm 10a;$$

elle coupe aussi l'axe des y en deux points, pour lesquels
on a :

$$y = \pm 4a\sqrt{6}.$$

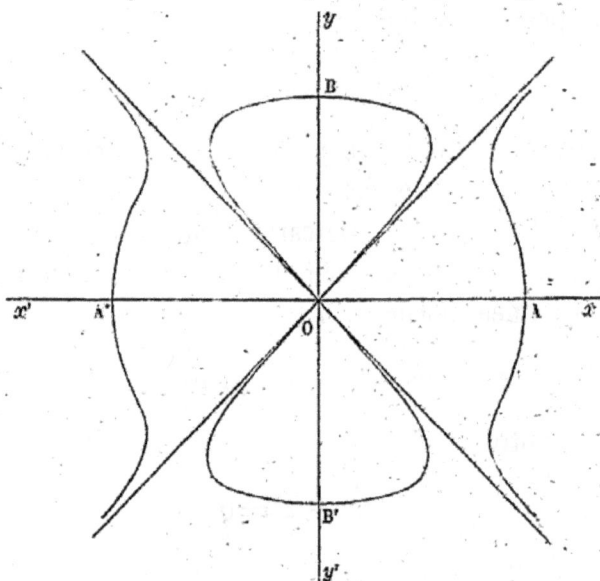

fig. 129.

Les axes de coordonnées sont des axes de la courbe, et
l'origne un centre; il suffit donc de considérer la portion de
la courbe située du côté des abscisses positives.

Si l'on résout l'équation (1) par rapport à y, on trouve :

$$y = \pm\sqrt{48a^2 \pm \sqrt{(x-6a)(x+6a)(x-8a)(x+8a)}};$$

à chaque valeur de x comprise entre zéro et $6a$ correspondent
quatre valeurs de y égales et de signes contraires deux à deux.
De $x = 6a$ à $x = 8a$, toutes les valeurs de y sont imaginaires ;
de $x = 8a$ à $x = 10a$, les quatre valeurs de y sont réelles,
enfin deux seulement le sont de $x = 10a$ à $x = \infty$.

La discussion détaillée des valeurs de y montre que la courbe a la forme indiquée par la figure 129.

Le coefficient angulaire de la tangente est

$$y' = \frac{x^3 - 50a^2x}{y^3 - 48a^2y};$$

pour les branches qui passent par l'origine, on a évidemment $y = \pm \sqrt{48a^2 - \sqrt{x^4 - 100a^2x^2 + 2304a^4}}$; la valeur de y' devient alors, en multipliant haut et bas par $\sqrt{48a^2 + \sqrt{x^4 - 100a^2x^2 + 2304a^4}}$:

$$y' = \frac{(x^2 - 50a^2)\sqrt{48a^2 + \sqrt{x^4 - 100a^2x^2 + 2304a^4}}}{\pm \sqrt{100a^2 - x^2}\sqrt{x^4 - 100a^2x^2 + 2304a^4}};$$

pour $x = 0$, on déduit ces deux valeurs de y' :

$$y' = \pm \frac{5}{\sqrt{24}}.$$

Les équations des deux tangentes qui passent par l'origine sont donc :

$$y = \pm \frac{5}{\sqrt{24}} x.$$

La tangente est parallèle à l'axe des x aux points $x = 0$, $y = \pm 4a\sqrt{6}$; elle est parallèle à l'axe des y aux dix points :

$$y = 0, \quad x = \pm 10a; \quad y = \pm 4a\sqrt{3}, \quad x = +6a, \quad x = +8a;$$
$$y = \pm 4a\sqrt{3}, \quad x = -6a, \quad x = -8a.$$

Enfin la courbe a deux asymptotes :

$$y = x, \qquad y = -x.$$

Cinquième exemple.

237. Soit l'équation

$$y = \sin x,$$

la dérivée de y est

$$y' = \cos x.$$

La courbe passe à l'origine (fig. 130), elle est composée d'une infinité de boucles égales entre elles ; chacun des points où la

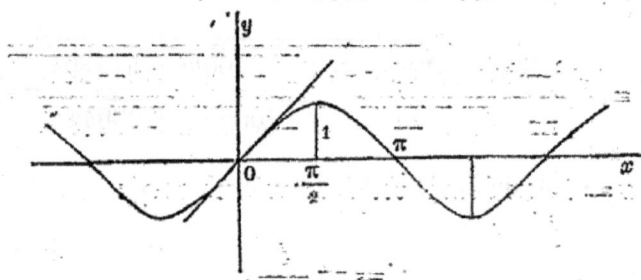

fig. 130.

courbe coupe l'axe des x est un centre ; le coefficient angulaire de la tangente en chacun de ces points est alternativement $+1$ et -1 ; l'aire de chaque boucle est égale au carré de l'ordonnée maximum. Ainsi la courbe est quarrable.

Sixième exemple.

238. Soit l'équation

$$y = lx,$$

on a :

$$y' = \frac{1}{x};$$

et par suite l'ordonnée est croissante pour toutes les valeurs positives de x, les seules qu'on puisse attribuer à cette variable.

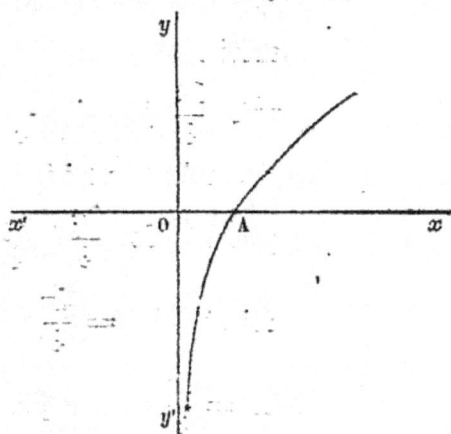

La tangente peut se construire avec la règle et le compas, puisque son coefficient angulaire est $\frac{1}{x}$.

L'axe des y est une asymptote de la courbe.

fig. 131.

Septième exemple.

239. Soit l'équation

$$y = x - \frac{2}{3}\sin x - \frac{1}{3}\operatorname{tang} x,$$

on a :

$$y' = 1 - \frac{2}{3}\cos x - \frac{1}{3\cos^2 x} = -\frac{(1-\cos x)^2(1+2\cos x)}{3\cos^2 x};$$

y' est négatif ou positif suivant que $1+2\cos x$ est positif ou négatif. Si x croît depuis zéro jusqu'à $\frac{\pi}{2}$, y' est négatif et par suite y décroît depuis zéro jusqu'à $-\infty$, et comme $y'=0$ pour $x=0$, la courbe est tangente à l'axe des x à l'origine. La courbe (fig. 132) a pour asymptote la droite GH $\left(x = \frac{\pi}{2}\right)$.

Si l'on fait croître x de $\frac{\pi}{2}$ à $\frac{2\pi}{3}$, y' est toujours négatif et y décroît de $+\infty$ à $\frac{2\pi}{3}$; si donc on prend BC=OB=$\frac{2\pi}{3}$, le point C sera sur la courbe et la tangente en ce point sera parallèle à l'axe des x. Si l'on fait ensuite croître x depuis $\frac{2\pi}{3}$ jusqu'à $\frac{4\pi}{3}$, y' devient positif et y croît de $\frac{2\pi}{3}$ à $\frac{4\pi}{3}$.

Soient $OE = \frac{4\pi}{3}$ et $EF = \frac{4\pi}{3}$, la tangente en F sera parallèle à l'axe des x. Faisons croître x de $\frac{4\pi}{3}$ à $\frac{3\pi}{2}$, y' devient négatif et y décroît depuis $\frac{4\pi}{3}$ jus-

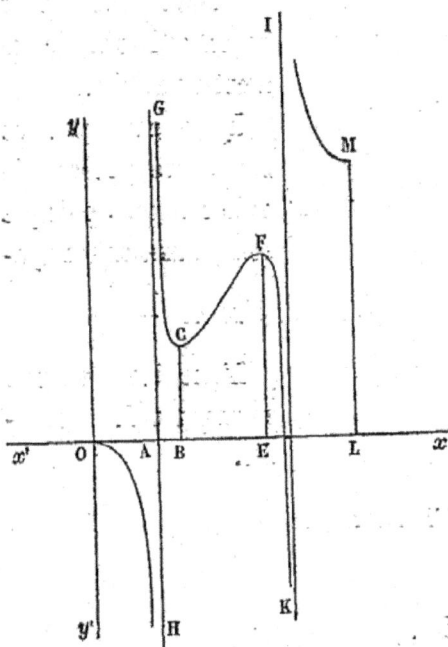

fig. 132.

qu'à $-\infty$; la courbe a pour asymptote la droite IK $\left(x = \frac{3\pi}{2} \right)$;

enfin si x croît de $\frac{3\pi}{2}$ à 2π, y décroît de l'infini à 2π. On obtiendrait une série indéfinie de branches nouvelles, en continuant de faire croître x de 2π à ∞.

Enfin les valeurs de y, qui correspondent aux valeurs négatives de x, sont égales, au signe près, à celles qui correspondent aux valeurs positives; en effet l'équation ne change pas lorsqu'on change x en $-x$ et y en $-y$, de sorte que l'origine est un centre.

Remarque I. Si l'on mène la bissectrice $y = x$, de l'angle formé par les axes, l'ordonnée de la courbe comptée à par-

tir de cette bissectrice est une fonction périodique de l'abscisse.
Cette considération est utile pour suivre la courbe dans toute
son étendue.

Remarque II. Puisque y est négatif tant que x est moindre
que $\frac{\pi}{2}$, on a dans cette hypothèse, $x < \frac{2}{3}\sin x + \frac{1}{3}\tan x$;
ce qui exprime qu'un arc, moindre qu'un quadrant, est plus
petit que les deux tiers de son sinus augmenté du tiers de sa
tangente.

Exemples de courbes rapportées à des coordonnées polaires.

Huitième exemple.

240. Soit l'équation :

$$\rho = \frac{1}{1 - 2\sin \omega},$$

si l'on fait $\omega = 0$, on a $\rho = 1$; soit $OA = 1$ (fig. 133), le

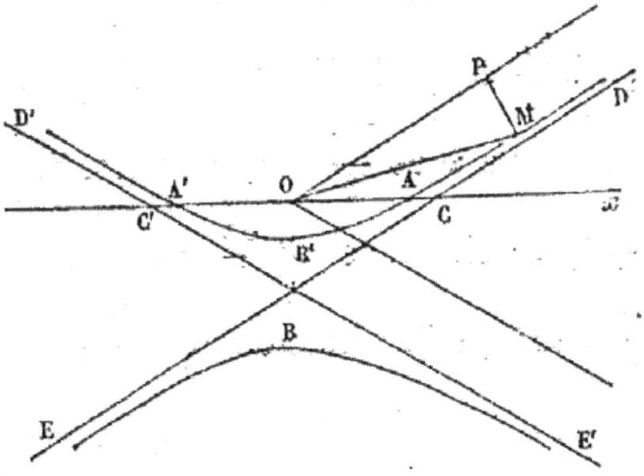

fig. 133.

point A sera un point de la courbe; si l'on fait croître ω
de zéro à $\frac{\pi}{6}$ ρ croît de 1 à $+\infty$; soit $POx = \frac{\pi}{6}$ et M un point

de la courbe correspondant à une valeur de ω moindre que $\dfrac{\pi}{6}$, on aura (n° 230) pour la longueur MP de la perpendiculaire abaissée de M sur OP, en faisant $\omega = \dfrac{\pi}{6}$:

$$\lim. \text{MP} = \frac{1}{\sqrt{3}} = 0, \ 57\ldots;$$

la courbe a donc pour asymptote la droite ED, menée parallèlement à OP et à une distance égale à $\dfrac{1}{\sqrt{3}}$.

Si l'on fait croître ω de $\dfrac{\pi}{6}$ à $\dfrac{\pi}{2}$, ρ est négatif et croît de $-\infty$ à -1; si l'on fait ensuite croître ω de $\dfrac{\pi}{2}$ à $\dfrac{5\pi}{6}$, ρ décroît de -1 à $-\infty$; en opérant comme précédemment, on trouve une seconde asymptote E'D', qui fait avec l'axe polaire un angle à $\dfrac{5\pi}{6}$, et dont la distance au pôle est encore $\dfrac{1}{\sqrt{3}}$.

Si l'on fait croître ω de $\dfrac{5\pi}{6}$ à π, ρ est positif et décroît de $+\infty$ à $+1$; ω croissant de π à $\dfrac{3\pi}{2}$, ρ est positif et décroît de $+1$ à $+\dfrac{1}{3}$; enfin, si l'on fait croître ω de $\dfrac{3\pi}{2}$ à 2π, ρ croît de $\dfrac{1}{3}$ à $+1$.

En donnant à ω des valeurs plus grandes que 2π, ou des valeurs négatives, on n'obtiendrait pas de nouveaux points.

La courbe, dont il s'agit ici, est une hyperbole dont l'un des foyers est au pôle.

· On a (n° 228), en désignant par V l'angle de la tangente et du rayon vecteur :

$$\tan V = \frac{1 - 2\sin\omega}{2\cos\omega}.$$

Aux points A et A′ la valeur de $\tan V$ est $\frac{1}{2}$ et $-\frac{1}{2}$. Cette valeur est infinie en B et B′, où $\omega = 90°$ et $270°$; ce qui montre qu'en ces points la tangente est parallèle à l'axe polaire.

Neuvième exemple.

241. Soit l'équation

$$\rho = a\sin\frac{1}{2}\omega;$$

pour $\omega = 0$, $\rho = 0$; la courbe passe donc au pôle et elle est

fig. 134.

tangente en ce point à l'axe polaire; si l'on fait ensuite croître ω de zéro à $\frac{\pi}{2}$, ρ croît de zéro à $\frac{a\sqrt{2}}{2}$; on trouve ainsi la branche OMA (fig. 134);

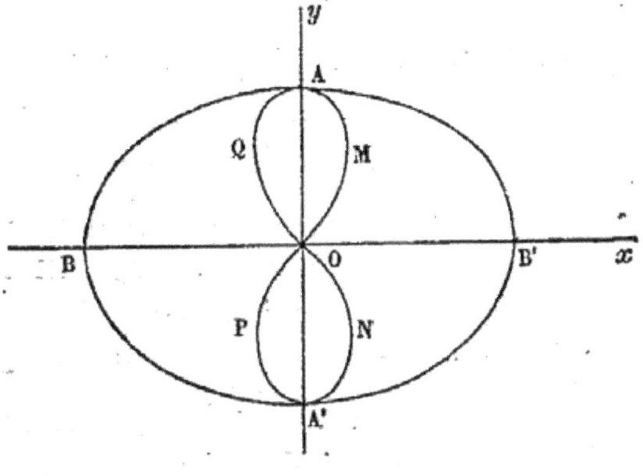

si l'on fait croître ω de $\frac{\pi}{2}$ à π, ρ croît de $\frac{a\sqrt{2}}{2}$ à a, et on obtient la branche AB; si l'on fait ensuite croître ω de π à 2π, ρ reprend dans l'ordre inverse les mêmes valeurs que de zéro à π, et on trouve de cette manière les deux branches BA′ et A′NO. De 2π à 4π, ρ reprend les mêmes valeurs, mais négativement, que de zéro à 2π; on trouve les quatre branches OPA', A'B', B'A et AQO.

Enfin si l'on donne à ω des valeurs plus grandes que 4π, on ne trouve que les points déjà obtenus.

On a ici :

$$\tang V = 2 \tang \frac{1}{2}\omega.$$

La tangente est perpendiculaire au rayon vecteur aux points B et B'; les points A, O, A' sont des points multiples.

Dixième exemple.

242. Soit l'équation

$$\rho = \frac{a \sin \omega}{\omega},$$

Dans les exemples, où l'angle ω n'entre que par l'une de ses

fig. 135.

onctions circulaires, il est indifférent que cet angle soit évalué en parties de la circonférence ou qu'il soit représenté par l'arc de la circonférence dont le rayon est 1; mais dans l'exemple dont il s'agit ici, et dans tous ceux du même genre, l'angle ω doit toujours être évalué de la seconde manière.

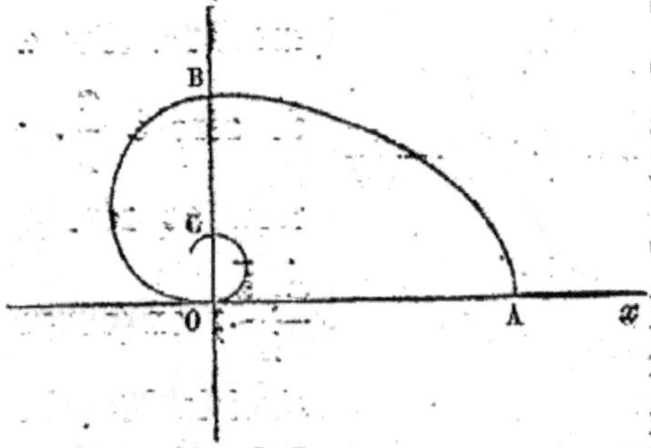

Pour $\omega = 0$, l'équation proposée donne $\rho = a$; soit OA $= a$ (fig. 135), le point A sera un point de la courbe; si l'on fait croître ω de zéro à $\frac{\pi}{2}$, ρ décroîtra de a à $\frac{2a}{\pi}$, car sa dérivée ρ'_s

dont la valeur est $\rho' = a \dfrac{\omega \cos \omega - \sin \omega}{\omega^2}$, est constamment

négative ; on obtient ainsi l'arc AB ; si l'on fait croître ω de $\dfrac{\pi}{2}$

à π, ρ décroîtra de $\dfrac{2a}{\pi}$ à zéro et on obtiendra l'arc BO ; la

courbe est tangente en O à l'axe polaire. Si l'on fait croître ω

de π à $\dfrac{3\pi}{2}$, ρ devient négatif et décroît de O à $-\dfrac{2a}{3\pi}$; on

trouve la branche OC. Enfin si ω croît de $\dfrac{3\pi}{2}$ à 2π, ρ croîtra

de $-\dfrac{2a}{3\pi}$ à zéro. On obtiendrait une série indéfinie de branches

nouvelles, en faisant croître ω de 2π à $+\infty$ ou de $-\infty$

à zéro.

L'angle V de la tangente et du rayon vecteur est donné par
l'équation

$$\tang V = \frac{\omega \sin \omega}{\omega \cos \omega - \sin \omega} ;$$

cet angle est droit pour $\omega = 0$; il est nul pour $\omega = \pi$, $\omega = 2\pi$...

CONSTRUCTION DES RACINES RÉELLES DES ÉQUATIONS DE FORME QUELCONQUE A UNE INCONNUE.

243. Toute équation à une inconnue

$$f(x) = 0,$$

peut être considérée d'une infinité de manières comme résultant de l'élimination de y entre deux équations, renfermant les deux inconnues x et y et qui, en conséquence, représentent deux courbes. Si l'on construit ces deux courbes, les abscisses des points d'intersection seront des racines réelles de la proposée; mais il pourra se faire qu'on n'ait pas ainsi toutes les racines réelles. Effectivement, pour être assuré que deux courbes se coupent réellement, il ne suffit pas de savoir que l'abscisse de leur point commun est réelle, il faut encore que l'ordonnée le soit. Nous allons appliquer les considérations qui précèdent à la construction des racines de l'équation du troisième et du quatrième degré.

244. Toute équation du troisième degré peut être ramenée à la forme

$$(1) \qquad x^3 + px + q = 0.$$

1° On peut d'abord poser :

$$(2) \qquad y = x^3 \quad \text{et} \quad y = -px - q\,;$$

on sera conduit alors à construire la courbe

$$y = x^3,$$

et la droite

$$y = -px - q\,;$$

les abscisses des points de rencontre seront les racines de l'équation (1).

2° On peut aussi poser :

$$(3) \qquad ay = x^2 \quad \text{et} \quad axy + px + q = 0\,;$$

ces équations représentent une parabole et une hyperbole; leurs points d'intersection indiqueront les racines de l'équation (1).

3° Enfin on peut substituer à l'équation (1) celle-ci :

$$x^4 + px^2 + qx = 0\,,$$

et poser

$$(4) \qquad ay = x^2 \quad \text{et} \quad y^2 + \frac{p}{a}y + \frac{q}{a^2}x = 0;$$

en ajoutant, on trouve :

$$y^2 + x^2 + \left(\frac{p}{a} - a\right)y + \frac{q}{a^2}x = 0,$$

équation d'un cercle qui passe à l'origine; et on pourra substituer cette dernière équation à l'une des équations (4); on rejettera ensuite la solution $x = 0$.

245. L'équation du quatrième degré peut être ramenée à la forme

$$(1) \qquad x^4 + px^2 + qx + r = 0;$$

pour construire ses racines on posera :

$$(2) \qquad ay = x^2 \quad \text{et} \quad a^2y^2 + pay + qx + r = 0;$$

les points de rencontre des paraboles représentées par ces équations, indiqueront les racines réelles de la proposée. On peut aussi résoudre la même question en déterminant, comme au n° précédent, les points de rencontre de l'une des paraboles (2) et du cercle :

$$y^2 + x^2 + \left(\frac{p}{a} - a\right)y + \frac{q}{a^2}x + \frac{r}{a^2} = 0,$$

équation qu'on peut substituer à l'une des équations (2); alors la question sera ramenée à construire une parabole et un cercle.

246. Le problème, qui consiste à mener une normale à une ellipse par un point extérieur, conduit à une équation du quatrième degré, dont on peut construire les racines par l'intersection d'une circonférence et de l'ellipse donnée. Cette méthode, connue depuis longtemps, a été reprise et développée par M. Catalan dans un article (*) dont nous extrayons ce qui va suivre.

Les normales abaissées sur cette courbe par un point (p, q) pris dans son plan seront déterminées par les équations

(1) $$a^2Y^2 + b^2X^2 = a^2b^2,$$

(2) $$c^2XY - a^2pY + b^2qX = 0 ;$$

lesquelles donnent par l'élimination de Y :

(3) $$X^4 - 2\frac{a^2}{c^2}pX^3 + \frac{a^2}{c^4}(a^2p^2 + b^2q^2 - c^4)X^2 + 2\frac{a^4}{c^2}pX - \frac{a^6}{c^4}p^2 = 0.$$

Afin de construire les racines de cette équation, essayons de combiner l'ellipse donnée avec un cercle. L'équation de ce cercle sera :

(4) $$(x - \alpha)^2 + (y - 6)^2 = R^2 ;$$

et si l'on cherche les abscisses des points communs de ces deux courbes, on trouvera qu'elles sont fournies par l'équation :

(5) $$x^4 - 4\frac{a^2}{c^2}\alpha x^3 + 2\frac{a^2}{c^4}[2(a^2\alpha^2 + b^26^2) + c^2k^2]x^2$$

$$- 4\frac{a^4}{c^4}k^2\alpha x + \frac{a^4}{c^4}(k^4 - 4b^26^2) = 0,$$

dans laquelle

$$k^2 = b^2 + \alpha^2 + 6^2 - R^2.$$

Maintenant, pour ramener l'équation (3) à l'équation (5), posons X = mx; et identifions; il viendra :

(*) Voir les nouvelles Annales de mathématiques, tome VII.

$$x = \frac{p}{2m}, \ 2(a^2\alpha^2 + b^2\mathfrak{6}^2) + c^2k^2 = \frac{1}{2m^2}(a^2p^2 + b^2q^2 - c^4),$$

$$k^2\alpha = -\frac{c^2p}{2m^3}, \ k^4 - 4b^2\mathfrak{6}^2 = -\frac{a^2p^2}{m^4}.$$

Ces relations déterminent facilement $\alpha, \mathfrak{6}$, R et m. En effet, la première et la troisième donnent $k^2 = -\dfrac{c^2}{m^2}$.

On tire ensuite de la quatrième, $\mathfrak{6}^2 = \dfrac{c^4 + a^2p^2}{4m^4b^2}$. Puis, de la seconde :

$$m^2 = \frac{a^2p^2 + c^4}{b^2q^2 + c^4}. \qquad (6)$$

Cette formule donne pour m *deux valeurs réelles*, égales et de signes contraires : comme m est un rapport, on peut convenir de prendre seulement la valeur positive. Alors

$$\alpha = \frac{p}{2}\sqrt{\frac{b^2q^2 + c^4}{a^2p^2 + c^4}}, \qquad (7)$$

$$\mathfrak{6} = \pm\frac{b^2q^2 + c^4}{2b\sqrt{a^2p^2 + c^4}}, \qquad (8)$$

$$R^2 = \alpha^2 + \mathfrak{6}^2 + b^2 + \frac{c^2}{m^2}. \qquad (9)$$

Le centre et le rayon de la circonférence étant connus, si l'on construit cette circonférence, et que l'on multiplie par m les abscisses des points communs aux deux courbes, on connaîtra les abscisses des pieds des différentes normales menées à l'ellipse par le point donné.

Si l'on pose $f = \dfrac{ap}{c}, \ g = \dfrac{bq}{c}$, on obtient :

$$m^2 = \frac{f^2+c^2}{g^2+c^2}, \quad \alpha = \frac{p}{2}\sqrt{\frac{g^2+c^2}{f^2+c^2}}, \quad b = \pm\,\frac{c(g^2+c^2)}{2b\sqrt{f^2+c^2}},$$

et ces dernières valeurs se construisent assez simplement.

247. La construction graphique des racines des équations algébriques ou transcendantes est souvent utile pour effectuer ultérieurement la résolution numérique; nous n'ajouterons rien à ce que nous avons dit précédemment au sujet des équations algébriques, et nous nous bornerons à examiner le cas d'une équation transcendante. Considérons l'équation :

$$(1) \qquad 2x - 4\sin x - 1 = 0 ;$$

les racines de cette équation seront les abscisses des points communs à la courbe

$$(2) \qquad y = \sin x,$$

et à la droite

$$(3) \qquad 2x - 4y - 1 = 0.$$

La courbe (2) (fig. 136) est formée d'une infinité de parties

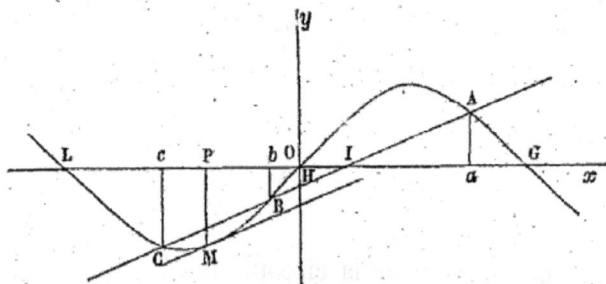

fig. 136.

telles que OAG et OCL (n° 237). Il est évident que la droite (3) rencontrera en un point A la première des parties de la courbe, située du côté des abscisses positives et qu'elle ne rencontrera point les autres parties. L'équation proposée n'a donc qu'une seule racine positive et cette racine Oa est comprise entre $\frac{\pi}{2}$ et π; effectivement ces deux nombres substitués à x dans le premier membre de l'équation (1) donnent des résultats de signes contraires.

La droite (3) ne peut évidemment rencontrer que la première des parties de la courbe situées du côté des abscisses négatives. Pour savoir s'il y a effectivement rencontre, nous allons chercher si la tangente parallèle à la droite (3) rencontre l'axe des y au-dessus ou au-dessous de cette droite; le coefficient angulaire de cette tangente étant $\frac{1}{2}$, on doit avoir, pour le point de contact M,

$$\cos x = \frac{1}{2}, \quad \text{d'où} \quad x = -\frac{\pi}{3} \quad \text{et} \quad y = -\sin\frac{\pi}{3} = -\frac{\sqrt{3}}{2};$$

l'équation de cette tangente sera alors

$$y + \frac{\sqrt{3}}{2} = \frac{1}{2}\left(x + \frac{\pi}{3}\right).$$

La valeur absolue de l'ordonnée du point, où cette droite coupe l'axe des y, est $\frac{1}{2}\sqrt{3} - \frac{\pi}{6}$, quantité plus grande que la valeur absolue, $OH = \frac{1}{4}$, de l'ordonnée du point où la droite (3) coupe l'axe des y. Il s'ensuit que la droite (3) coupe la courbe en deux points B et C dont les abscisses sont l'une plus grande, l'autre moindre que $-\frac{\pi}{3}$. Sachant que l'équation a trois racines réelles, on pourra les calculer par les méthodes exposées en algèbre.

EXERCICES.

Étude de quelques courbes.

I. CISSOÏDE DE DIOCLÈS. Par l'extrémité B du diamètre AB d'un cercle, on mène la tangente BC; par l'autre extrémité, on mène une sécante quelconque qui rencontre le cercle en D, et la tangente BC en C; ensuite on prend sur AC, à partir du point A, AM = CD. Le lieu géométrique du point M est une courbe du troisième degré, qu'on nomme *cissoïde de Dioclès*.

II. CONCHOÏDE. Étant donnée une droite BC et un point A situé à une distance a de BC, on mène par le point A une sécante, et on prend sur cette sécante, à partir du point P, où elle rencontre BC, des longueurs PM, PM′ égales à une longueur donnée b. Le lieu des points M et M′ est une courbe du quatrième degré connue sous le nom de conchoïde. La courbe affecte trois formes différentes suivant que l'on a $b > a$, $b = a$ ou $b < a$.

III. ELLIPSE DE CASSINI. Cette courbe est le lieu géométrique des points dont le produit des distances à deux points donnés est constant. En désignant par $2a$ la distance des deux points donnés et par b^2 le produit donné, la courbe présente trois formes très-différentes suivant que l'on a $b > a$, $b = a$ ou $b < a$.

IV. LEMNISCATE DE BERNOULLI. Cette courbe est un cas particulier de la précédente, c'est le lieu géométrique des points dont le produit des distances à deux points fixes est égal au carré de la demi-distance de ces points fixes. La lemniscate de Bernoulli est aussi le lieu des pieds des perpendiculaires abaissées du centre d'une hyperbole équilatère sur ses tangentes. L'équation de cette courbe en coordonnées polaires est $\rho^2 = 2a^2 \cos 2\omega$.

V. Cycloïde. La cycloïde est la courbe engendrée par un point d'une circonférence qui roule sans glisser sur une droite fixe. Si l'on désigne par a le rayon du cercle mobile, que l'on prenne pour axe des x la droite fixe, et pour origine le point décrivant lorsqu'il est situé sur la droite fixe; que l'on désigne enfin par ω la quantité angulaire, dont le cercle a tourné lorsque le point décrivant a pour coordonnées x et y, on aura :

$$x = a(\omega - \sin\omega), \qquad y = a(1 - \cos\omega).$$

VI. Épicycloïde. Cette courbe est le lieu engendré par un point d'une circonférence mobile, qui roule sans glisser sur une autre circonférence fixe. L'épicycloïde est dite intérieure ou extérieure, suivant qu'elle est située à l'intérieur ou à l'extérieur du cercle fixe.

Toute épicycloïde intérieure peut.être engendrée de deux manières, savoir : par le moyen de deux cercles roulant intérieurement dans le cercle fixe et dont les rayons sont l'un plus grand et l'autre plus petit que la moitié du rayon du cercle fixe. Toutefois, si le rayon de l'un des cercles mobiles est égal à la moitié du rayon du cercle fixe, les deux cercles mobiles deviennent égaux et l'épicycloïde est une ligne droite.

Toute épicycloïde extérieure peut être engendrée de deux manières, savoir : par le mouvement de deux cercles, dont l'un enveloppe le cercle fixe, dont l'autre est extérieur au cercle fixe.

Les coordonnées rectangulaires d'une épicycloïde quelconque s'expriment très-aisément en fonction de l'angle, que forme avec une droite fixe la droite qui joint les centres du cercle mobile et du cercle fixe. L'épicycloïde est une courbe algébrique, toutes les fois que le rayon du cercle mobile et le rayon du cercle fixe sont commensurables entre eux.

Courbes à construire.

I. Construire les courbes algébriques représentées par les équations :

$$(3x - 2a)y^2 - 2b(x - a)y - x(x - a)^2 = 0.$$
$$y - b + c(x - a)^m = 0. \quad \text{(Supposer successivement } m$$
$$\text{entier et fractionnaire.)}$$
$$y^4 - x^4 + 2ax^2y = 0.$$
$$y^4 + x^4 - 2ay^3 - 2bx^2y = 0.$$
$$y^4 + 2x^2y^2 + x^4 - 6axy^2 - 2ax^3 + 2a^2x^2 = 0.$$
$$xy^2 + yx^2 - 1 = 0.$$
$$y^2 = x^3 - x^4. \quad \text{(Démontrer que l'aire de cette courbe est la}$$
$$\text{moitié de celle du cercle } y^2 + x^2 - x = 0.)$$

II. Construire les courbes transcendantes :

$$y = ae^{\frac{x}{\alpha}} + be^{-\frac{x}{\alpha}}.$$
$$e^x + e^y = a.$$

III. Construire les courbes algébriques représentées par les équations :

$$\rho^m = 2a^m \cos m\omega. \quad (m \text{ quelconque.})$$
$$\rho = a(1 + \tang 2\omega).$$
$$\rho = \frac{a}{1 - \tang \omega},$$
$$\cos \omega = \frac{\rho^3 + 6\rho - 2}{3\rho^2 \sqrt{3}}.$$

IV. Construire les courbes transcendantes représentées par les équations :

$$\rho = \frac{\omega}{\sin \omega}.$$
$$\rho = ae^{m\omega}.$$

CHAPITRE XI.

INTERSECTION DE DEUX COURBES DU SECOND DEGRÉ.

DU NOMBRE DE CONDITIONS NÉCESSAIRES POUR LA DÉTERMINATION D'UNE COURBE DU SECOND DEGRÉ.

248. L'équation générale du second degré renferme six termes, mais le coefficient de l'un quelconque de ces termes peut être pris égal à 1, en sorte qu'il ne reste en réalité que cinq coefficients arbitraires ; on peut donc établir entre ces coefficients cinq relations ; en d'autres termes, on peut assujettir une courbe du second degré à satisfaire à cinq conditions.

En particulier, une courbe du second degré est déterminée, lorsqu'elle est assujettie à passer par cinq points donnés. Cependant, comme on pourrait craindre que les cinq équations, qui déterminent les coefficients de l'équation de cette courbe, ne fussent dans certains cas indéterminées ou incompatibles, il est important d'examiner la question dans ses détails. Nous allons démontrer que ces cas d'exception ne peuvent se présenter que lorsque quatre des points donnés sont en ligne droite.

Soient A, A', B, B', M les cinq points donnés par lesquels il s'agit de faire passer une courbe du second degré, et laissons de côté pour un moment le cas où trois d'entre eux seraient en ligne droite ; on peut évidemment supposer que les droites

AA′ et BB′ ne sont pas parallèles, puisqu'on peut changer les points les uns dans les autres ; désignons donc par O le point de rencontre des droites AA′, BB′ et prenons ces droites pour axes des x et des y. La courbe demandée ne passant pas par l'origine, le terme indépendant des variables dans l'équation de cette courbe ne peut être nul ; on peut donc supposer qu'on ait tout divisé par ce terme, et l'équation sera :

$$(1) \qquad Ay^2 + Bxy + Cx^2 + Dy + Ex + 1 = 0.$$

Désignons par a et a' les abscisses des points A et A′, par b et b' les ordonnées des points B et B′, enfin par x' et y' les coordonnées du point M ; si l'on fait successivement $y = 0$, $x = 0$ dans l'équation (1), il vient :

$$(2) \qquad Cx^2 + Ex + 1 = 0,$$
$$(3) \qquad Ay^2 + Dy + 1 = 0,$$

les racines de l'équation (2) sont a et a', celles de l'équation (3) sont b et b', donc les quatre coefficients A, C, D, E sont déterminés ; on a :

$$C = \frac{1}{aa'}, \quad E = -\frac{a+a'}{aa'}, \quad A = \frac{1}{bb'}, \quad D = -\frac{b+b'}{bb'}.$$

Il ne reste donc plus, pour déterminer la courbe (1), qu'à exprimer qu'elle passe par le point M. Cela donne :

$$Ay'^2 + Bx'y' + Cx'^2 + Dy' + Ex' + 1 = 0,$$

d'où l'on tire une valeur finie et déterminée pour le seul coefficient inconnu B.

Si trois des cinq points donnés A, A′ et M, par exemple, sont en ligne droite, il est clair que la seule courbe du second degré, passant par les cinq points, est celle qui est formée des droites AA' et BB'. Le problème est encore déterminé. Il n'y a indétermination que si quatre des points donnés sont en ligne droite. Alors on satisfait au problème, en prenant un système de deux droites dont l'une passe par quatre des points donnés, et dont l'autre n'est assujettie qu'à la condition de passer par le cinquième point. Enfin le problème est doublement indéterminé si les cinq points donnés sont en ligne droite.

CALCULER LES COORDONNÉES DES POINTS COMMUNS A DEUX COURBES DU SECOND DEGRÉ. — ÉTANT DONNÉES LES ÉQUATIONS DE DEUX COURBES DU SECOND DEGRÉ, TROUVER L'ÉQUATION GÉNÉRALE DES COURBES DU SECOND DEGRÉ QUI PASSENT PAR LES QUATRE POINTS D'INTERSECTION DES DEUX PREMIÈRES. DISPOSER DE L'INDÉTERMINÉE QUE RENFERME CETTE ÉQUATION, DE MANIÈRE QU'ELLE PUISSE SE DÉCOMPOSER EN DEUX FACTEURS DU PREMIER DEGRÉ.

249. Soient

$$(1) \quad \begin{cases} M = Ay^2 + Bxy + Cx^2 + Dy + Ex + F = 0, \\ M' = A'y^2 + B'xy + C'x^2 + D'y + E'x + F' = 0, \end{cases}$$

les équations de deux courbes du second degré. L'équation

$$(2) \qquad M + \lambda M' = 0,$$

où λ est une indéterminée, sera l'équation générale des courbes du second degré qui passent par les quatre points d'intersection des courbes (1). En effet, il est d'abord évident que la courbe représentée par l'équation (2) passe par les points communs aux courbes (1); en second lieu, elle peut représenter toute courbe du second degré qui passerait par ces quatre points et par un cinquième (x', y'); car, à cause de l'indétermination de λ, on peut faire en sorte que l'équation (2) soit satisfaite pour $x = x'$, $y = y'$.

La condition pour que l'équation (2) représente deux droites est (n° 99) :

$$(A + \lambda A')(E + \lambda E')^2 - (B + \lambda B')(D + \lambda D')(E + \lambda E') + (C + \lambda C')(D + \lambda D')^2 \\ + (F + \lambda F')[(B + \lambda B')^2 - 4(A + \lambda A')(C + \lambda C')] = 0.$$

Cette équation est du troisième degré, elle a donc toujours une racine réelle. Cette racine étant connue, on aura aisément les équations de deux droites passant par les points communs aux deux courbes (1). La recherche de ces points communs est donc ramenée à trouver l'intersection de l'une de ces courbes avec chacune des deux droites.

Remarque. Si les deux courbes se coupent en quatre points réels, les trois racines de l'équation en λ seront réelles. On peut effectivement faire passer, par quatre points donnés, trois systèmes de deux droites.

CHAPITRE XII.

DES SECTIONS CONIQUES ET CYLINDRIQUES.

ÉTUDE DES SECTIONS PLANES DU CÔNE ET DU CYLINDRE DROIT A BASE CIRCULAIRE. — SECTION ANTI-PARALLÈLE DU CÔNE ET DU CYLINDRE OBLIQUE A BASE CIRCULAIRE.

Des sections planes du cône droit.

250. On nomme *cône droit* la surface engendrée par une droite qui tourne autour d'une droite fixe en passant constamment par un même point de celle-ci, et faisant avec elle un angle constant. La droite fixe est dite l'*axe* du cône ; la droite mobile, considérée dans une quelconque de ses positions, en est une *génératrice ;* le point de rencontre de la génératrice et de l'axe est le *sommet* du cône. On voit que le cône droit est une surface illimitée ; le sommet partage la génératrice en deux parties indéfinies qui engendrent chacune une *nappe* de la surface.

Tout plan, perpendiculaire à l'axe, coupe le cône suivant un cercle ; tout plan, mené par le sommet et par deux points de la surface du cône coupe cette surface suivant un système de deux droites, qui peut être considéré comme constituant une ligne du second ordre.

Nous allons démontrer généralement que toute section

faite dans un cône droit par un plan est une courbe du second degré. Soient S (fig. 137)
le sommet d'un cône droit
donné, HAH′ l'intersection de
ce cône par un plan P; menons, par l'axe ZZ′, un plan
perpendiculaire à celui de la
section; ce plan coupera le
plan P suivant la droite Ax et
le cône suivant les génératrices BB′ et CC′. Nous poserons
SA $= d$, SA$x = \alpha$, BSZ $= 6$;
l'angle 6 est compris entre
zéro et 90°; l'angle α est compris entre zéro et 180°.

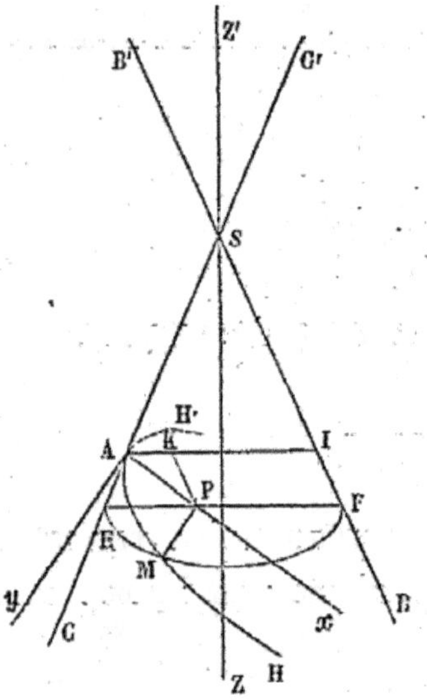

fig. 137.

Prenons pour axe des x la droite Ax et pour axe des y la
droite Ay, menée perpendiculairement à celle-ci dans le plan
de la section. Soit MP l'ordonnée d'un point M de la courbe;
par le point M, menons un plan perpendiculaire à l'axe du
cône; ce plan coupera le cône suivant un cercle ayant pour
diamètre EF; en sorte qu'on aura :

$$(1) \qquad \overline{\text{MP}}^2 = \text{EP} \times \text{PF}.$$

Le triangle AEP donne :

$$\frac{\text{EP}}{x} = \frac{\sin \alpha}{\cos 6};$$

en second lieu, si l'on tire les droites AI et PK, respectivement parallèles à EF et BB′, il vient :

$$\text{PF} = \text{KI} = 2d \sin 6 - \text{AK};$$

mais le triangle PAK donne :

$$\frac{\text{AK}}{x} = \frac{\sin(\alpha + 2\delta)}{\cos \delta}.$$

D'après cela l'équation (1) peut s'écrire :

$$(2) \quad y^2 = \frac{2d \sin \alpha \sin \delta}{\cos \delta} x - \frac{\sin \alpha \sin(\alpha + 2\delta)}{\cos^2 \delta} x^2 ;$$

ce qui montre que les sections planes d'un cône droit sont des courbes du second degré.

L'équation (2) représente une ellipse, une hyperbole ou une parabole, suivant que $\alpha + 2\delta$ est inférieur, égal ou supérieur à 180°. Dans tous les cas la droite Ax est l'axe focal de la courbe.

251. Examinons maintenant si une courbe du second degré donnée peut être placée sur un cône droit donné. On a vu que toutes les courbes du second degré peuvent être représentées par l'équation

$$(3) \qquad y^2 = 2px + qx^2 ;$$

x et y désignant des coordonnées rectangulaires et l'abscisse x étant comptée sur l'axe focal. Cette équation a la même forme que l'équation (2) et, pour qu'elle représente la même courbe que celle-ci, il faut et il suffit que l'on ait :

$$(4) \quad \frac{d \sin \alpha \sin \delta}{\cos \delta} = p, \qquad (5) \quad \frac{\sin \alpha \sin(\alpha + 2\delta)}{\cos^2 \delta} = -q.$$

Il s'agit de savoir si l'on peut tirer pour d et α des valeurs réelles en supposant que p, q et δ soient des quantités données. L'équation (5) détermine α; et si on en tire une valeur réelle, on aura aussi une valeur réelle de d par le moyen de l'équation (4). Il suffit donc que l'équation (5) donne pour α une valeur réelle. En remplaçant $\sin \alpha \sin (\alpha + 2\delta)$ par $\dfrac{\cos 2\delta - \cos (2\alpha + 2\delta)}{2}$, cette équation devient :

$$(6) \qquad \cos (2\alpha + 2\delta) = 2(q+1) \cos^2 \delta - 1.$$

Si la courbe donnée est une parabole ou une ellipse, q est nul ou négatif, et, dans ce dernier cas, sa valeur absolue est inférieure à 1 ; donc $\cos (2\alpha + 2\delta)$ est compris entre -1 et $+1$ et, par suite, α est réel.

Donc *on peut toujours couper un cône droit donné suivant une parabole ou une ellipse donnée.*

Quand la courbe donnée est une hyperbole, q est positif. Si, alors, $2(q+1)\cos^2\delta - 1$ est négatif, $\cos (2\alpha + 2\delta)$ est compris entre 0 et -1, et, par suite, α est réel. Mais si $2(q+1)\cos^2\delta - 1$ est positif, il faut que l'on ait :

$$2(q+1)\cos^2\delta - 1 < 1, \quad \text{ou} \quad 2(q+1)\cos^2\delta - 1 = 1,$$

pour qu'on puisse avoir une valeur réelle de α; on déduit de là :

$$\cos^2\delta < \quad \text{ou} \quad = \frac{1}{q+1}.$$

Si l'on désigne par $2a$ et $2b$ les axes de l'hyperbole donnée et que l'on fasse, à l'ordinaire, $c^2 = a^2 + b^2$; on a $q = \dfrac{b^2}{a^2}$, et la condition précédente devient :

$$\cos^2\delta < \quad \text{ou} \quad = \frac{a^2}{c^2},$$

d'où l'on tire :

$$\cos\delta < \quad \text{ou} \quad = \frac{a}{c}.$$

On conclut de là ce théorème : *pour qu'on puisse couper un cône droit donné suivant une hyperbole donnée, il faut et il suffit que l'angle du cône soit supérieur ou au moins égal à l'angle des asymptotes de l'hyperbole.*

Les courbes du second degré pouvant toujours être placées sur la surface d'un cône droit, on a donné à ces courbes le nom de *sections coniques*, et on les désigne aussi par la simple dénomination de *coniques*.

Étude géométrique des sections planes du cône droit.

252. On peut, par de simples considérations géométriques, établir une propriété générale commune aux sections coniques et qui suffit pour établir leur identité avec les courbes du second degré.

Menons par l'axe SZ du cône (fig. 138) un plan perpendiculaire au plan de la section considérée. Ce plan coupera le cône suivant deux génératrices SV et SV'. Quant au plan de la section, il coupera le plan VSV' suivant une droite A*x* et le cône suivant une courbe telle que AM. Cela posé, construisons un cercle tangent en

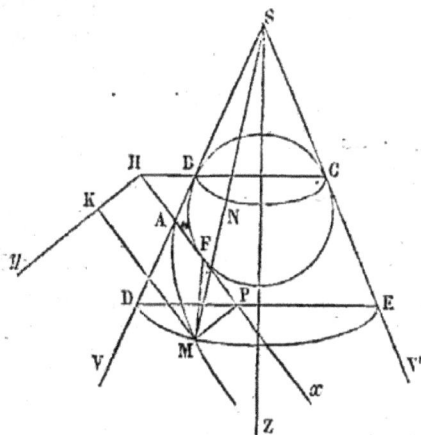

fig. 138

B, C et F aux génératrices SV, SV' et à la droite A*x*; si l'on conçoit que la génératrice SV tourne autour de l'axe pour engendrer le cône, le cercle CBF engendrera une sphère inscrite dans le cône et tangente au plan MA*x*; en effet, le rayon OF, étant situé dans le plan VSV' et étant perpendiculaire à Ax, est par suite perpendiculaire au plan MAx; il suit de là que toute droite menée, par le point F, dans le plan MAx, est tangente à la sphère. Dans le mouvement de la génératrice SV autour de l'axe, le point B décrit un cercle dont le plan BNC est perpendiculaire à VSV'; par conséquent le plan VSV' est perpendiculaire à l'intersection des plans BNC et MAx. On aura évidemment cette intersection, en prolongeant Ax jusqu'à sa rencontre en H avec BC et menant, par le point H, Hy perpendiculaire au plan VSV'. Soit maintenant M un point quelconque de la section conique AM; menons, par ce point, un plan perpendiculaire à l'axe : ce plan coupera le cône suivant le cercle DME, le plan VSV' suivant DE et le plan de la courbe suivant MP. Cette droite MP, intersection de deux plans perpendiculaires à VSV', sera elle-même perpendiculaire à VSV'; par suite, elle sera parallèle à Hy. Donc, si par le point M on mène MK parallèle à PH, cette droite rencontrera Hy en un point K et, dans le parallélogramme MPHK, on aura :

$$(1) \qquad MK = PH.$$

Si l'on joint MS, cette droite sera tangente à la sphère en un point N; or la droite MF l'est aussi; donc MF et MN sont égales, comme tangentes à une sphère, issues d'un même point; d'ailleurs il est évident que MN est égale à BD, on a donc :

$$(2) \qquad MF = BD.$$

Des égalités (1) et (2), on déduit :

$$\frac{MF}{MK} = \frac{BD}{PH};$$

mais, à cause des parallèles BC et DE, on a $\dfrac{BD}{PH} = \dfrac{AB}{AH}$. Donc

$$\frac{MF}{MK} = \frac{AB}{AH}.$$

Donc : *dans toute section conique, autre que celles qui passent par l'axe ou sont perpendiculaires à l'axe, le rapport des distances d'un point de la courbe à un point fixe et à une droite fixe est constant.*

Si l'on désigne par α l'angle générateur du cône, par i l'inclinaison du plan de la section sur l'axe, le triangle ABH donnera :

$$\frac{AB}{AH} = \frac{\sin AHB}{\sin HBA} = \frac{\cos i}{\cos \alpha}.$$

Donc

$$\frac{MF}{MK} = \frac{\cos i}{\cos \alpha}.$$

Ce qui précède suffit pour établir que :

1° *Les sections planes du cône droit sont des courbes du second degré;*

2° *Une courbe du second degré donnée peut toujours être placée sur un cône droit donné, à moins que l'angle des asymptotes de la courbe, si celle-ci est une hyperbole, ne soit plus grand que l'angle du cône;*

Propositions que nous avons établies par le calcul aux nos 250 et 251.

Des sections planes du cylindre droit.

253. On nomme *cylindre droit* la surface engendrée par une droite qui se meut parallèlement à un axe fixe, en restant constamment à la même distance de cet axe. Il résulte de cette définition que tout plan perpendiculaire à l'axe coupe la surface suivant un cercle, et que tout plan mené parallèlement à l'axe la coupe suivant deux génératrices. Le cylindre est un cas particulier du cône; c'est réellement un cône dont le sommet est à l'infini. Aussi la méthode, que nous avons employée pour étudier les sections coniques, s'applique-t-elle textuellement, comme on va le voir, aux sections cylindriques.

Nous allons démontrer que toute section faite dans un cylindre droit, par un plan non parallèle à l'axe, est une ellipse. Soit HAH' (fig. 139) la section faite dans le cylindre; menons par l'axe un plan perpendiculaire au plan de la section, qui coupe celui-ci suivant la droite Ax et le cylindre suivant les génératrices BB', CC'. Nous désignerons par α l'angle B'Ax; cet angle est compris entre zéro et 180°.

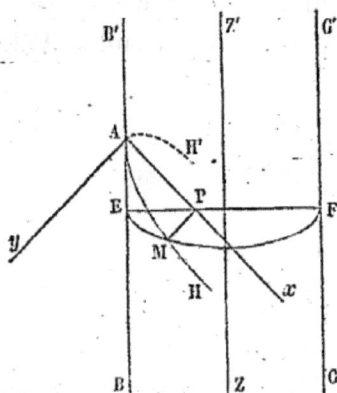

fig. 139.

Prenons pour axe des x la droite Ax et pour axe des y la droite Ay, menée perpendiculairement à Ax dans le plan de la section. Soit MP l'ordonnée d'un point M de la courbe; par le point M menons un plan perpendiculaire à l'axe du cylindre; ce plan coupera le cylindre suivant un cercle, ayant pour diamètre EF, et on aura :

$$(1) \qquad \overline{MP}^2 = EP \times PF;$$

le triangle AEP donne :

$$EP = x \sin \alpha,$$

et, en désignant EF par $2r'$, on a :

$$PF = 2r - x \sin \alpha.$$

D'après cela, l'équation (1) peut s'écrire :

(2) $y^2 = x \sin \alpha (2r - x \sin \alpha)$ ou $y^2 = 2rx \sin \alpha - x^2 \sin^2 \alpha$.

Cette équation représente une ellipse dont Ax est l'axe focal ; en désignant par $2a$ le grand axe et par par $2b$ le petit axe, on a :

$$\frac{b^2}{a} = r \sin \alpha \qquad \text{et} \qquad \frac{b^2}{a^2} = \sin^2 \alpha,$$

d'où

$$b = r \qquad \text{et} \qquad a = \frac{r}{\sin \alpha}.$$

Il suit de là que : *les sections planes d'un cylindre droit sont des ellipses, ayant pour petit axe le diamètre de la section droite du cylindre* (qu'on nomme ordinairement le diamètre du cylindre). Il résulte encore de là que : *on peut placer une ellipse donnée sur un cylindre droit donné, lorsque le petit axe de l'ellipse est égal au diamètre du cylindre.*

Section anti-parallèle.

254. On nomme *cône oblique à base circulaire* la surface engendrée par une droite mobile, assujettie à passer par un point donné et à s'appuyer sur une circonférence donnée. Le point donné est le sommet du cône et la circonférence donnée est la base. On voit que le cône droit est un cas particulier du cône à base circulaire.

On peut démontrer aisément, par une marche analogue à celle que nous avons suivie, que les sections planes du cône oblique à base circulaire sont des courbes du second degré. Mais nous nous bornerons ici à établir qu'il existe un système de sections circulaires autres que celles qui sont parallèles à la base.

Soient S le sommet d'un cône oblique à base circulaire; AB la base (fig. 140); joignons le sommet au centre O de la base, et, par la droite SO, menons un plan perpendiculaire au plan de la base, qui coupe celui-ci suivant la droite AB et le cône suivant les génératrices SA, SB. Soit IMK la section faite par

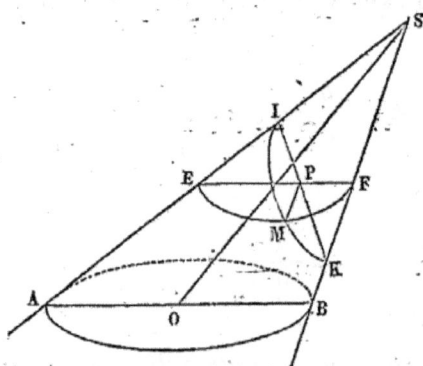

fig. 140.

un plan perpendiculaire au plan ASB. Menons l'ordonnée MP d'un point M de la section et, par le même point M, un plan parallèle à la base du cône; l'intersection de ce dernier plan et du cône sera un cercle ayant pour diamètre EF, de sorte qu'on aura :

$$(1) \qquad \overline{MP}^2 = EP \times PF.$$

Si la section IMK est aussi un cercle, on aura :

$$(2) \qquad \overline{MP}^2 = IP \times PK,$$

et, par suite,

$$EP \times PF = IP \times PK;$$

d'où :

$$\frac{EP}{PK} = \frac{IP}{PF}.$$

Les triangles EIP, PFK sont donc semblables; d'où il suit que l'angle SIK est égal à SFE ou à SBA; réciproquement, si cette condition est remplie, l'équation (2) a lieu, et, par suite, la section est un cercle. Le plan perpendiculaire à la base d'un cône à base circulaire, mené par le centre de cette base et par le sommet, est dit *plan principal*.

On nomme *section anti-parallèle* du cône oblique celle dont le plan est perpendiculaire au plan principal, et qui, sans être parallèle à la base, fait les mêmes angles que le plan de cette base avec les génératrices contenues dans le plan principal.

255. On nomme *cylindre oblique à base circulaire* la surface engendrée par une droite assujettie à se mouvoir parallèlement à une droite donnée et à s'appuyer constamment sur une circonférence donnée, qu'on nomme la *base* du cylindre. La droite mobile est la génératrice du cylindre. Cette surface se réduit à un cylindre droit, lorsque la génératrice est perpendiculaire à la base.

Le plan, perpendiculaire à la base d'un cylindre à base circulaire, mené par le centre parallèlement aux génératrices, est dit *plan principal*.

On nomme *section anti-parallèle* du cylindre oblique celle dont le plan est perpendiculaire au plan principal, et qui, sans être parallèle à la base, fait les mêmes angles que le plan de cette base avec les génératrices contenues dans le plan principal.

Le cylindre oblique est un cas particulier du cône oblique; il s'en déduit en supposant que le sommet de celui-ci s'éloigne à l'infini, en restant toujours sur la même génératrice. Cette considération permet d'établir immédiatement que la section anti-parallèle du cylindre oblique est un cercle, ce qu'on pourrait, au surplus, démontrer directement en suivant la marche employée au n° 254.

APPENDICE

A LA GÉOMÉTRIE ANALYTIQUE A DEUX DIMENSIONS.

DU PÔLE ET DE LA POLAIRE D'UN POINT PAR RAPPORT A UNE CONIQUE.

256. Soit

$$(1) \qquad Ay^2 + Bxy + Cx^2 + Dy + Ex + F = 0,$$

une équation quelconque du second degré; les dérivées du premier membre par rapport à x et par rapport à y sont : $By+2Cx+E$, $2Ay+Bx+D$. Soient x', y' les coordonnées d'un point quelconque M du plan de la conique représentée par l'équation (1); l'équation du premier degré

$$(2) \quad (2Ay'+Bx'+D)y+(By'+2Cx'+E)x+Dy'+Ex'+2F=0,$$

représentera une droite D qui est dite la *polaire* du point M par rapport à la courbe. Réciproquement le point M est dit le *pôle* de la droite D. Il est important de remarquer que si le point (x', y') est sur la courbe (1), l'équation (2) est celle de la tangente en M à la courbe (n° 120); d'où il suit que la *polaire d'un point de la courbe* n'est autre chose que la tangente en ce point. On voit que l'équation de la polaire de l'origine des coordonnées est simplement :

$$Dy + Ex + 2F = 0.$$

257. Toutes les propriétés des pôles et polaires découlent immédiatement d'un seul principe, que l'on peut énoncer de l'une des deux manières suivantes :

Étant donnés deux points M et M', si la polaire de M, par rapport à une conique, passe par M', réciproquement, la polaire de M' passera par M; ou, *étant données deux droites D et D', si le pôle de D est sur D', réciproquement le pôle de D' sera sur D.*

Ce principe résulte de ce que l'équation (2) ne change pas quand on change x et y en x' et y' et réciproquement; en d'autres termes, si l'on représente, pour abréger, l'équation (2) par

$$f(x, y, x', y') = 0,$$

on aura l'identité :

$$f(x, y, x', y') = f(x', y', x, y).$$

Cela posé, soient les deux points $M(x', y')$, $M'(x'', y'')$; les polaires D et D' de ces points auront pour équations :

$$f(x, y, x', y') = 0, \quad f(x, y, x'', y'') = 0.$$

Or si le point M' est sur D, on a l'identité :

$$f(x'', y'', x', y') = 0,$$

qu'on peut écrire aussi :

$$f(x', y', x'', y'') = 0;$$

elle exprime alors que le point M est sur D'.

258. Ce qui précède permet de traduire géométriquement la définition analytique que nous avons donnée de la polaire d'un point.

Soit M un point extérieur à une conique; menons, par ce point, deux tangentes à la courbe; désignons par A et B les points de contact et tirons AB; je dis que AB est la polaire du point M; en effet, le point M est sur la droite MA qui est la polaire du point A, donc la polaire du point M passe par le point A; le même raisonnement prouve qu'elle passe par le point B; c'est donc la droite AB. Il résulte de là que :

La polaire d'un point extérieur à une conique, par rapport à cette courbe, est la ligne qui joint les points de contact des tangentes menées à la conique par le point.

Mais on peut comprendre dans une même définition le cas du point intérieur et celui du point extérieur. Soit M un point quelconque intérieur ou extérieur à une conique; menons par ce point M une sécante quelconque qui coupe la courbe en A et B; enfin, par les points A et B menons à la courbe des tangentes qui se coupent en P. D'après ce qu'on a vu plus haut, AB est la polaire du point P, d'ailleurs elle passe par le point M, donc la polaire du point M passe par le point P; il résulte de là que :

La polaire d'un point quelconque M par rapport à une conique est le lieu géométrique des sommets des angles circonscrits à la conique et dont les cordes de contact avec cette conique passent par le point M.

Remarque. Il est évident que cette définition embrasse même le cas où le point M est sur la conique elle-même.

La proposition précédente fournit un moyen de trouver la polaire d'un point donné par rapport à une conique; il est aisé de voir qu'elle permet aussi de trouver le pôle d'une droite donnée. Effectivement, si par un point de la droite donnée on mène deux tangentes à la conique, la droite qui joindra les points de contact passera par le pôle cherché. En opérant de même pour un second point de la droite donnée, on aura une seconde corde de contact qui, par son intersection avec la première, déterminera le pôle.

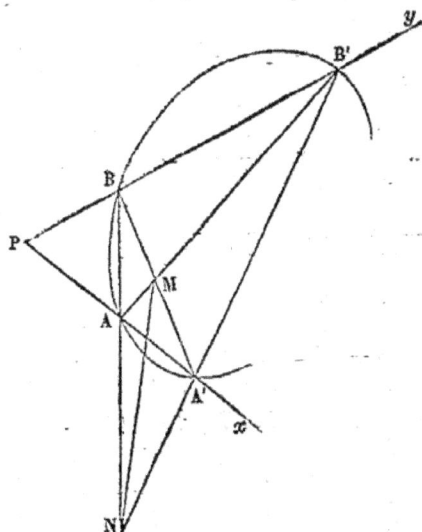

fig. 141.

259. *Si, par un point P quelconque* (fig. 141) *situé dans le plan d'une conique, on mène deux sécantes qui rencontrent la conique, la première en A et A', la seconde en B et B'; que l'on joigne AB et A'B' qui se coupent en N, AB' et BA' qui se coupent en M, la ligne MN sera la polaire du point P.*

En effet, prenons pour axe des x la sécante PAA' et pour axe des y la sécante PBB'; désignons en outre par a et a' les abscisses des points A et A', par b et b' les ordonnées des points B et B'. Les équations des droites AB et A'B' seront :

$$(1) \qquad \frac{x}{a}+\frac{y}{b}=1, \qquad \frac{x}{a'}+\frac{y}{b'}=1;$$

celles des droites AB' et BA' seront :

$$(2) \qquad \frac{x}{a}+\frac{y}{b'}=1, \qquad \frac{x}{a'}+\frac{y}{b}=1;$$

il est aisé de voir, d'après cela, que la droite MN a pour équation :

$$(3) \qquad \left(\frac{1}{a}+\frac{1}{a'}\right)x+\left(\frac{1}{b}+\frac{1}{b'}\right)y=2.$$

En effet, l'équation (3) est obtenue en ajoutant membre à membre, soit les équations (1), soit les équations (2); la droite qu'elle représente passe donc par le point de rencontre des droites (1) et par le point de rencontre des droites (2). Cela posé, soit

$$Ay^2 + Bxy + Cx^2 + Dy + Ex + F = 0$$

l'équation de la conique donnée; en y faisant successivement $y=0$ et $x=0$, il vient :

$$Cx^2 + Ex + F = 0, \qquad Ay^2 + Dy + F = 0;$$

les racines de la première de ces équations sont a et a', les racines de la seconde sont b et b'; on a donc :

$$a + a' = -\frac{E}{C}, \quad aa' = \frac{F}{C}; \quad \text{d'où} \quad \frac{1}{a}+\frac{1}{a'} = -\frac{E}{F};$$

$$b + b' = -\frac{D}{A}, \quad bb' = \frac{F}{A}; \quad \text{d'où} \quad \frac{1}{b}+\frac{1}{b'} = -\frac{D}{F}.$$

D'après cela l'équation (3) peut s'écrire :

$$Dy + Ex + 2F = 0.$$

Cette équation représente la polaire du point P par rapport à la conique; ce qu'il fallait démontrer.

CoROLLAIRE. Ce théorème permet de construire, au moyen de la règle seulement, les tangentes à une conique par un point extérieur donné; en effet, on aura immédiatement, par ce qui précède, la polaire du point donné : les points où cette polaire rencontrera la courbe seront les points de contact des tangentes demandées.

260. *Si un quadrilatère ABB'A' (fig. 141) est inscrit dans une conique, la ligne MN, qui joint le point de rencontre des diagonales avec le point de rencontre de deux côtés opposés AB, A'B', passe par les pôles des deux côtés opposés AA' et BB'.*

En effet, d'après le théorème précédent, la ligne MN est la polaire du point P; mais le point P est situé sur les droites AA' et BB', donc la droite MN passe par les pôles de AA' et BB'.

CoROLLAIRE. Ce théorème permet de mener une tangente à une conique au moyen de la règle seulement, par un point donné sur la conique. Supposons qu'il s'agisse de mener la tangente en B ; on mènera une corde quelconque BB', puis deux autres cordes quelconques BA, B'A'; joignant ensuite BA' et B'A, puis MN, on aura une droite passant par le pôle de BB' ; on construira de la même manière une seconde droite qui, par son intersection avec la première, donnera le pôle de BB'; joignant ensuite ce pôle au point B, on aura la tangente demandée.

261. Pour mieux étudier les positions respectives du pôle et de la polaire d'un point par rapport à une conique, nous examinerons successivement les trois cas que présentent ces courbes.

ELLIPSE. Soient P un point et HH' sa polaire par rapport à une ellipse; prenons pour axe des x le diamètre qui passe par le point P et pour axe des y le conjugué; on aura, pour ce point P :

$$x = x', \qquad y = 0,$$

et pour l'ellipse :

$$a^2 y^2 + b^2 x^2 = a^2 b^2 ;$$

enfin l'équation de la ligne HH' sera :

$$xx' = a^2 ;$$

cette droite est donc parallèle à l'axe des y. Le point Q où elle coupe l'axe des x est situé du même côté du centre O que le point P ; on a en outre :

$$OP \times OQ = a^2.$$

Deux points P et Q, situés sur un même diamètre de l'ellipse, d'un même côté du centre et qui sont tels que la précédente équation ait lieu, sont dits *points conjugués;* la polaire de chacun d'eux passe par l'autre, et les deux polaires sont parallèles au diamètre conjugué de celui qui passe par les deux points.

HYPERBOLE. Soit P un point quelconque et HH' sa polaire par rapport à une hyperbole; prenons pour axe des x le diamètre qui passe par le point P et pour axe des y le conjugué. On aura pour le point P :

$$x = x', \qquad y = 0;$$

et, si l'axe des x est transverse, l'équation de l'hyperbole sera :

$$a^2 y^2 - b^2 x^2 = - a^2 b^2 ;$$

enfin l'équation de HH' sera :

$$xx' = a^2.$$

Le point Q, où cette droite coupe l'axe des x, est situé du même côté du centre O que le point P, et on a comme dans l'ellipse :

$$OP \times OQ = a^2.$$

Mais si l'axe des x est un diamètre non transverse de l'hyperbole, l'équation de cette courbe est :

$$a^2 y^2 - b^2 x^2 = a^2 b^2,$$

et celle de HH' est :

$$xx' = -a^2 ;$$

ici le centre O est situé entre le point P et le point Q où HH' coupe l'axe des x; on a comme précédemment :

$$OP \times OQ = a^2.$$

Dans les deux cas, les points P et Q sont des points conjugués.

PARABOLE. Soit P un point et HH' sa polaire par rapport à une parabole; prenons pour axe des x le diamètre qui passe par le point P; pour axe des y la tangente à l'extrémité de ce diamètre, on aura, pour le point P

$$x = x', \qquad y = 0;$$

pour la parabole :

$$y^2 = 2px,$$

et pour HH' :

$$x + x' = 0;$$

ce qui montre que HH' est parallèle à l'axe des y, et si Q est le point où elle coupe l'axe des x, on aura :

$$OP = OQ.$$

Les points P et Q sont encore des points conjugués. Il est aisé de voir, par ce qui précède, que la polaire d'un foyer d'une conique quelconque est la directrice qui correspond à ce foyer.

262. Il est aisé de démontrer que *toute corde d'une conique, menée par un point quelconque P, est divisée par ce point P et par sa polaire* *en parties proportionnelles.* Nous engageons le lecteur à chercher la démonstration de ce théorème.

HEXAGONE DE PASCAL.

263. LEMME. *Si trois coniques ont une corde commune* AA', *les trois cordes* BB', CC', DD' *communes à ces courbes, prises deux à deux, passent toutes trois par un même point.*

Prenons pour axe des x la corde commune et pour axe des y une droite quelconque qui pourtant ne passe pas par l'une des extrémités de la corde commune; l'équation de l'une des coniques sera :

$$Ay^2 + Bxy + Cx^2 + Dy + Ex + 1 = 0,$$

car le terme indépendant des variables n'étant pas nul par hypothèse, on peut diviser toute l'équation par ce terme. En faisant $y = 0$, il vient :

$$Cx^2 + Ex + 1 = 0,$$

équation qui a pour racines les abscisses des extrémités de la corde commune aux trois coniques. Il s'en suit que dans les équations de ces trois courbes, les termes en x^2 et en x ont respectivement le même coefficient. Soit donc

$$Ay^2 + Bxy + Cx^2 + Dy + Ex + 1 = 0,$$
$$A'y^2 + B'xy + Cx^2 + D'y + Ex + 1 = 0,$$
$$A''y^2 + B''xy + Cx^2 + D''y + Ex + 1 = 0,$$

les équations des trois coniques. En retranchant les deux premières l'une de l'autre, il vient :

$$(A - A')y^2 + (B - B')xy + (D - D')y = 0,$$

qui se décompose en deux autres, savoir :

$$y = 0, \quad (A - A')y + (B - B')x + D - D' = 0.$$

Les droites représentées par ces équations passent par les quatre points communs aux deux premières coniques; la première $y = 0$ comprend les deux points situés sur l'axe des x, l'autre est relative aux deux autres points. Si donc on désigne, pour abréger, par P, P', P'' les premiers membres des équations des trois coniques, les trois cordes communes, que nous considérons, auront pour équations :

$$\frac{P - P'}{y} = 0, \qquad \frac{P - P''}{y} = 0, \qquad \frac{P' - P''}{y} = 0.$$

Il est évident que ces trois droites se coupent en un même point.

264. Théorème. *Dans tout hexagone inscrit à une conique, les points de rencontre des côtés opposés sont en ligne droite.*

Soient ABCDEF un hexagone inscrit dans une conique C (fig. 142); tirons la diagonale AD; prolongeons les côtés AB, DE qui se coupent en I;

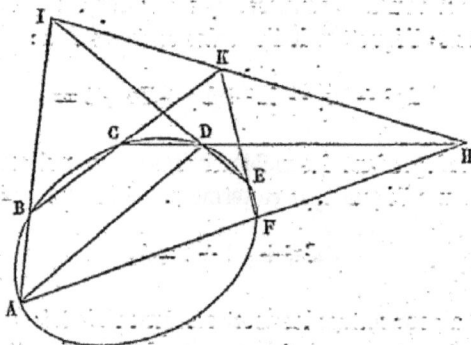

fig. 142.

BC, EF qui se coupent en K; CD, AF qui se coupent en H, et joignons IH; je dis que la droite IH passe par le point K. En effet la conique C, la conique formée des droites AB, CD et celle qui est formée des droites AF, DE ont une corde commune AD, d'ailleurs les trois cordes communes à ces coniques deux à deux sont BC, EF et IH; les deux premières se coupent en K; donc, d'après le théorème précédent, la droite IH passera par le point K.

Corollaire. Le théorème ne cesse pas d'avoir lieu si l'un des côtés de l'hexagone se réduit à zéro, auquel cas la direction de ce côté est celle d'une tangente à la conique. Il résulte de là que : *si les côtés d'un pentagone inscrit dans une conique sont numérotés* 1, 2, 3, 4, 5, *le point de concours des côtés* 2 *et* 4, *celui des côtés* 3 *et* 5 *et celui du côté* 1 *avec la tangente au sommet opposé seront tous trois en ligne droite.*

265. On déduit facilement de ce qui précède le théorème suivant dû à M. Brianchon :

Les trois diagonales, qui joignent les sommets opposés d'un hexagone circonscrit à une conique, passent par un même point.

En effet, soit un hexagone circonscrit à une conique; si l'on joint les points de contact de ses côtés avec la courbe, on formera un hexagone inscrit. D'après le théorème de Pascal, les points de rencontre des côtés opposés de cet hexagone inscrit sont en ligne droite; donc les polaires de ces trois points passent par un même point. Mais ces polaires sont précisément les lignes qui joignent les sommets opposés de l'hexagone circonscrits; le théorème est donc démontré.

Remarque. Ce théorème continue d'avoir lieu si un ou plusieurs des angles de l'hexagone se réduisent à deux droits. Cette considération conduit à quelques remarques curieuses, que le lecteur fera aisément lui-même et que nous nous dispenserons de développer ici.

DU NOMBRE DE CONDITIONS NÉCESSAIRES POUR LA DÉTERMINATION D'UNE COURBE D'UNE ESPÈCE DONNÉE.

266. On nomme généralement *paramètres* d'une courbe, d'une espèce donnée, les longueurs nécessaires pour la détermination complète de la courbe. Ainsi le cercle ne dépend que d'un seul paramètre qui est, à volonté, son rayon ou son diamètre; l'ellipse dépend de deux paramètres qui sont, si l'on veut, les longueurs de ses axes, etc.

Lorsqu'une courbe dépend de m paramètres, dont on peut choisir à volonté les valeurs, on peut l'assujettir à $m+3$ conditions, par exemple à passer par $m+3$ points. En effet, quels que soient les axes que l'on ait choisis d'abord pour y rapporter la courbe, axes que nous supposerons rectangulaires, l'équation de celle-ci renfermera les m paramètres dont elle dépend; en outre par une transformation de coordonnées, en mettant $(x-a)\cos\alpha-(y-b)\sin\alpha$ au lieu de x, $(x-a)\sin\alpha+(y-b)\cos\alpha$ au lieu de y, on introduira trois nouvelles indéterminées a, b et α. On aura donc en tout $m+3$ arbitraires, et par suite on pourra établir $m+3$ équations de condition entre les coefficients de la nouvelle équation de la courbe. En particulier, on pourra assujettir la courbe à passer par $m+3$ points; elle sera alors complétement déterminée.

Ainsi, il faut quatre points pour déterminer une courbe qui ne dépend que d'un seul paramètre; tels sont les cas de la parabole, de l'hyperbole équilatère, etc. Mais le cercle fait une exception remarquable, il suffit en effet de trois points pour le déterminer. Il est aisé d'expliquer la cause de cette exception; car, ayant pris d'abord $x^2+y^2=R^2$ pour l'équation du cercle, si l'on met $(x-a)\cos\alpha-(y-b)\sin\alpha$ au lieu de x, et $(x-a)\sin\alpha+(y-b)\cos\alpha$ au lieu de y, la nouvelle équation $(x-a)^2+(y-b)^2=R^2$ ne renferme aucune trace de α; cet angle s'est éliminé de lui-même par suite de la symétrie de la courbe autour de son centre; et, son équation ne renfermant que trois arbitraires, le cercle ne peut être assujetti qu'à trois conditions. Les courbes du second degré, que nous allons considérer exclusivement, dépendent de deux paramètres et peuvent être assujetties à cinq conditions. Mais si l'on établit d'avance une relation entre ces paramètres; en d'autres termes, si l'on considère, comme formant une espèce, les courbes du second degré dont les paramètres sont liés par la relation dont il s'agit, il suffira de quatre points pour les déterminer. C'est ainsi que la parabole ou l'hyperbole équilatère sont déterminées par quatre points.

EXPRESSIONS ANALYTIQUES DES DIVERSES CONDITIONS, AUXQUELLES UNE
COURBE DU SECOND DEGRÉ PEUT ÊTRE ASSUJETTIE.

267. POINT. On exprime immédiatement qu'un point est donné, en remplaçant x et y par les coordonnées de ce point dans l'équation de la courbe qu'on considère.

TANGENTE. Le moyen le plus simple, pour exprimer qu'une droite $y = mx + n$ est tangente à une courbe du second degré, consiste à éliminer y entre cette équation et l'équation de la courbe, et à exprimer que l'équation finale a pour premier membre un carré parfait.

CENTRE. On exprime qu'un point est le centre d'une courbe du second degré, en égalant à zéro les dérivées du premier membre de l'équation proposée, et en y remplaçant x et y par les coordonnées du point donné.

Remarque. La donnée du centre équivaut à deux conditions.

DIAMÈTRE. On exprime qu'une droite donnée est un diamètre, en remplaçant dans son équation x et y par les coordonnées du centre, dans les cas de l'ellipse et de l'hyperbole. Dans le cas de la parabole, on exprimera que la droite donnée est parallèle au diamètre qui divise en deux parties égales les cordes parallèles à l'un des axes.

AXE. On exprime qu'une droite donnée est un axe, en écrivant d'abord la condition pour qu'elle soit un diamètre; puis, les axes de coordonnées étant supposés rectangulaires, si α désigne l'angle que fait la droite donnée avec l'axe des x, on égalera $-\tan 2\alpha$ au coefficient du rectangle dans l'équation de la courbe divisé par la différence entre le coefficient de y^2 et le coefficient de x^2.

Remarque. La donnée d'un axe, en position, équivaut à deux conditions.

SOMMET. On exprime qu'un point est un sommet, en écrivant d'abord que ce point est sur la courbe, puis que la tangente menée par ce même point est perpendiculaire au diamètre qui y passe.

Foyer et Directrice. L'équation générale des courbes du second degré, qui ont pour foyer (x', y'), est en coordonnées rectangulaires :

$$(x-x')^2 + (y-y')^2 - (lx + my + n)^2 = 0.$$

L'équation de la directrice est alors :

$$lx + my + n = 0.$$

Lors donc qu'un foyer ou une directrice est donné dans une courbe du second degré, on doit prendre l'équation de cette courbe sous la forme précédente ; il ne reste plus alors que trois quantités indéterminées, et, par suite, la courbe ne peut plus être assujettie qu'à trois conditions ; de sorte que la connaissance du foyer ou de la directrice équivaut à la donnée de deux points.

Asymptote. Pour exprimer qu'une droite $y = mx + n$ est asymptote d'une courbe du second degré, il suffit d'éliminer y entre cette équation et l'équation de la courbe, puis d'exprimer que les deux racines de l'équation finale sont infinies. En effet, l'équation de la courbe est nécessairement de la forme :

$$(y - mx - n)(y - m'x - n') + \text{constante} = 0 ;$$

si l'on y fait $y = mx + n$, elle ne renfermera ni terme en x^2 ni terme en x ; les deux racines seront donc infinies.

268. Ce qui précède permet de former facilement l'équation générale des coniques qui satisfont à une, deux, trois, quatre ou cinq conditions données. Cette équation renfermera quatre arbitraires dans le premier cas, trois dans le deuxième, deux dans le troisième, une seulement dans le quatrième ; dans le dernier cas la courbe sera déterminée.

Nous indiquerons encore une méthode très-commode pour résoudre les problèmes de ce genre et qui consiste dans la transformation des coordonnées. Cette méthode peut être employée avec avantage dans un grand nombre de cas ; par exemple, si l'on propose de trouver l'équation générale des ellipses qui ont pour axes $2a$ et $2b$, on écrira d'abord l'équation de l'ellipse rapportée à ses axes et qui est :

$$a^2 y^2 + b^2 x^2 = a^2 b^2.$$

Mettant ensuite $x_0 + x \cos \alpha - y \sin \alpha$ au lieu de x et $y_0 + x \sin \alpha + y \cos \alpha$ au lieu de y, on aura l'équation demandée, savoir :

$$a^2 (y_0 + x \sin \alpha + y \cos \alpha)^2 + b^2 (x_0 + x \cos \alpha - y \sin \alpha)^2 = a^2 b^2.$$

Il reste trois indéterminées : x_0, y_0 et α.

LIEUX GÉOMÉTRIQUES RELATIFS AUX COURBES DU SECOND DEGRÉ ASSUJETTIES A QUATRE CONDITIONS.

269. L'équation générale des coniques, assujetties à quatre conditions, ne renferme qu'une seule indéterminée; par conséquent les coordonnées du centre, ou des foyers, ou des sommets de ces courbes, ne contiennent elles-mêmes que cette seule indéterminée. Éliminant donc cette indéterminée entre les équations qui déterminent soit le centre, soit les foyers, soit les sommets de la courbe, on obtiendra le lieu géométrique de ce point. Nous allons examiner quelques exemples.

270. PREMIER EXEMPLE. *Trouver le lieu des sommets des hyperboles, qui ont une asymptote et un foyer communs.*

Prenons pour axe des y l'asymptote donnée, et pour axe des x la perpendiculaire abaissée du foyer donné sur l'asymptote; désignons par p la distance du foyer à cette asymptote. L'équation des hyperboles qui ont pour foyer le point F est :

$$y^2 + (x - p)^2 - (lx + my + n)^2 = 0.$$

Mais, puisque l'axe des y est une asymptote, l'équation ne doit renfermer ni terme en y^2 ni terme en y; cela exige que l'on ait :

$$1 - m^2 = 0 \text{ et } - 2mn = 0;$$

d'où

$$n = 0 \text{ et } m = 1.$$

L'équation des hyperboles, qui satisfont aux conditions de l'énoncé, est donc en définitive :

$$(1) \qquad y^2 + (x - p)^2 = (lx + y)^2;$$

elle ne renferme que la seule arbitraire l. L'axe focal, passant par le foyer et étant perpendiculaire à la directrice $lx + y = 0$, aura pour équation :

$$(2) \qquad y = \frac{1}{l}(x - p).$$

Les sommets sont à l'intersection de la courbe avec l'axe; on aura donc le lieu de ces points en éliminant l entre les équations (1) et (2), et supprimant de l'équation finale le facteur $x-p$ qui ne donne rien; il vient:

$$y = x \sqrt{\frac{p-x}{p+x}}.$$

271. Deuxième exemple. *Trouver le lieu des foyers des hyperboles, qui ont une asymptote et un sommet communs.*

Prenons pour axe des y l'asymptote donnée et pour axe des x la perpendiculaire abaissée du sommet donné sur l'asymptote. Désignons par p la distance du sommet à l'asymptote. Soient enfin x', y' les coordonnées de l'un des foyers. Pour que l'axe des y soit une asymptote de la courbe

$$(y-y')^2 + (x-x')^2 = (lx + my + n)^2,$$

il faut que l'on ait:

$$1 - m^2 = 0 \quad y' = -mn,$$

ce qui donne:

$$m = 1 \quad n = -y';$$

l'équation de la courbe est donc

(1) $$\qquad (y-y')^2 + (x-x')^2 = (lx + y - y')^2.$$

L'axe focal, passant par le foyer et étant perpendiculaire à la directrice

$$lx + y - y' = 0,$$

a pour équation:

(2) $$\qquad y - y' = \frac{1}{l}(x - x').$$

Les coordonnées du sommet satisfont aux équations (1) et (2); on a donc :

$$y'^2 + (x' - p)^2 = (y' - lp)^2, \qquad y' = \frac{1}{l}(p - x').$$

Éliminant l entre ces deux équations, on aura celle du lieu demandé qui est, après la suppression du facteur étranger $x' - p$ et la substitution de x et y au lieu de x' et y':

$$y = p \sqrt{\frac{x-p}{x+p}}.$$

272. Troisième exemple. *Trouver le lieu géométrique des foyers et des sommets des hyperboles équilatères, qui ont même centre et qui passent par un point donné.*

Prenons le centre donné pour origine et pour axe polaire la droite qui joint ce centre au point donné ; désignons enfin par a la distance du centre au point donné. L'équation générale des hyperboles équilatères satisfaisant aux conditions de l'énoncé sera

$$\rho^2 = \frac{a^2 \cos 2\alpha}{\cos 2(\omega - \alpha)}.$$

α est le paramètre variable que doit renfermer l'équation ; il est égal à l'angle formé par l'axe focal de l'hyperbole avec l'axe polaire. Faisant $\omega = \alpha$, on aura évidemment le rayon vecteur du sommet qui est :

$$\rho^2 = a^2 \cos 2\alpha ;$$

et enfin si l'on met ω au lieu de α, on aura l'équation du lieu des sommets :

$$\rho^2 = a^2 \cos 2\omega ;$$

le rayon vecteur du foyer est évidemment égal à celui du sommet multiplié par $\sqrt{2}$; le lieu des foyers sera donc :

$$\rho^2 = 2a^2 \cos 2\omega.$$

Les lieux que nous venons de trouver sont deux lemniscates. Il est aisé de démontrer que la seconde coupe à angle droit toutes les hyperboles équilatères.

EXERCICES.

Questions proposées.

I. Trouver le lieu des foyers des paraboles qui ont même sommet et un point commun ou une tangente commune.

II. Trouver le lieu des sommets des paraboles qui ont même foyer et un point commun ou une tangente commune.

III. Trouver le lieu des foyers et des sommets des paraboles qui ont même directrice et un point commun ou une tangente commune.

IV. Trouver le lieu des sommets ou des foyers des paraboles qui ont même paramètre et deux points communs ou deux tangentes communes.

V. Trouver le lieu des sommets, des foyers, des centres des ellipses connaissant deux tangentes avec leur point de contact.

VI. Trouver le lieu des centres des coniques qui passent par quatre points ou qui sont tangentes à quatre droites.

VII. Trouver le lieu des foyers d'une ellipse, connaissant le centre, un point et la longueur du grand axe.

DÉTERMINATION DE LA CONIQUE QUI PASSE PAR CINQ POINTS,
OU QUI EST TANGENTE A CINQ DROITES DONNÉES.

273. On peut trouver, par ce qui précède, l'équation de la conique assujettie à cinq conditions, et cette équation peut servir ensuite à construire la courbe. Dans bien des cas, on peut simplifier la solution à l'aide de considérations particulières; mais, à cet égard, on ne peut poser aucun principe général. Nous nous bornerons ici à indiquer comment on peut construire la conique qui passe par cinq points, ou qui est tangente à cinq droites données.

274. *Construire la conique qui passe par cinq points donnés.*

Soient A, B, C, D, E, les cinq points par lesquels il faut faire passer une conique : le théorème de Pascal permet de construire autant de points qu'on voudra de la courbe. Par exemple, si par l'un quelconque des points donnés A (fig. 142), on mène une droite quelconque AP, on aura, comme il suit, le point F où cette ligne AF rencontre la courbe cherchée. On joindra AB, BC, CD, DE; soit I le point de rencontre de AB et de DE, H le point de rencontre de CD avec AF et enfin K le point de rencontre de BC et de la droite IH; si l'on joint KE, cette droite rencontrera AF au point cherché F.

En second lieu, on peut construire aisément la tangente en un quelconque des points donnés ou déterminés comme il vient d'être dit; car supposons qu'il s'agisse de mener la tangente en A, on prolongera AB et DE jusqu'à leur rencontre en I, BC et AE jusqu'à leur rencontre en N, on joindra IN qui coupera en P le côté CD prolongé; enfin on joindra PA qui sera la tangente demandée.

En troisième lieu, on peut déterminer les éléments de la conique qui pourra alors être construite, comme il a été indiqué dans un chapitre précédent.

Par les trois points A, B, C (fig. 143), menons les tangentes à la courbe; prolongeons les tangentes en A et B jusqu'à leur point de rencontre G; par ce dernier point et par le milieu M de la corde AB, tirons le diamètre GM; tirons de même un second diamètre HN par le point de rencontre H des tangentes en B et C et le milieu N de la corde BC. Si la courbe est une ellipse ou une hyperbole, ces deux diamètres se rencontreront en un point qui sera le centre de la courbe; si ces deux diamètres sont parallèles, la courbe sera une parabole.

Supposons que la courbe ait un centre; par ce point menons LL′ parallèle à la corde AB; les deux diamètres GM et LL′ seront conjugués; par le point A menons AP parallèle à GM; AM et AP seront les deux coordonnées du point A rapporté aux diamètres GM et LL′.

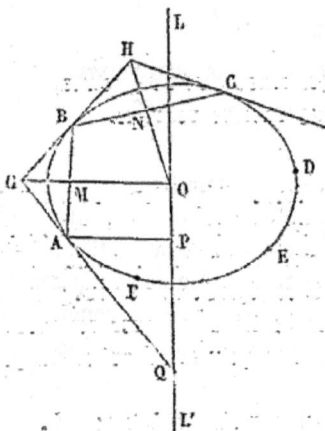

Si la courbe est une ellipse, la tangente en A rencontrera les diamètres GM, LL′ en deux points situés respectivement du même côté du centre que les points M et P; et on aura les demi-longueurs de ces diamètres en prenant deux moyennes proportionnelles, l'une entre OG et OM, et l'autre entre OQ et OP.

fig. 143.

Si la courbe est une hyperbole, la tangente en A rencontrera les diamètres GM, LL′ en deux points situés l'un du même côté du centre que les points M et P, l'autre du côté opposé. On construira les longueurs des demi-diamètres comme pour l'ellipse.

On déterminera ensuite, dans ces deux cas, les axes de la courbe d'après les méthodes indiquées nᵒˢ 156 et 194.

Si la courbe est une parabole, on connaît un diamètre, la direction des cordes conjuguées, un point de la courbe et la tangente en ce point; on pourra donc déterminer le point de rencontre de la courbe et du diamètre, puis la distance de ce point au foyer, puis enfin le foyer et le sommet.

275. *Construire la conique tangente à cinq droites données.*

Ce problème se ramène au précédent, en déterminant les points de contact des tangentes. Soit ABCDE le pentagone formé par les cinq tangentes données; menons les diagonales AC et EB qui se coupent en O et tirons la droite DO; elle ira passer par le point de contact M du côté AB. En effet, si l'on circonscrit d'abord à la conique un hexagone ayant pour côtés AE, AE, DC, BC, et qu'on réduise ensuite à deux droits l'angle dont le sommet F est placé entre A et B, les deux côtés adjacents coïncideront avec AB, et les deux points de contact se réuniront en F.

On déterminera de la même manière les autres points de contact.

EXERCICES.

Questions à résoudre.

I. Construire une ellipse, connaissant un foyer et trois points, ou une directrice et trois points.

II. Construire une ellipse, connaissant un foyer et trois tangentes.

III. Construire une ellipse, connaissant un foyer, un point et deux tangentes.

IV. Construire une hyperbole, connaissant une asymptote, un foyer et un point ou une tangente.

V. Construire une parabole, connaissant le foyer et deux points; ou le foyer et deux tangentes; ou le foyer, un point et une tangente.

VI. Construire la parabole qui passe par quatre points donnés.

DE LA SIMILITUDE.

276. Considérons deux courbes C et C′ situées dans le même plan, ou dans des plans parallèles. Soit O un point quelconque du plan de la courbe C et OM, OM′, OM″,... différents rayons vecteurs de cette courbe; si dans le plan de la courbe C_1 on peut trouver un point O_1 tel que les rayons vecteurs O_1M_1, $O_1M'_1$...... de cette courbe respectivement parallèles à OM, OM′..... soient tels que l'on ait :

$$\frac{O_1M_1}{OM} = \frac{O_1M'_1}{OM'} \dots = k,$$

les deux courbes seront dites semblables et semblablement placées; k sera le rapport de similitude; les points O, O_1, M, M_1... seront homologues. A chaque point du plan de la courbe C correspondra un point homologue de la courbe C_1, car soit I un point quelconque du plan de la courbe C, joignons OI, puis menons par O_1 une parallèle à OI, et prenons sur cette ligne le point I_1 tel que l'on ait $\frac{O_1I_1}{OI} = k$, je dis que les points I et I_1 seront des points homologues et qu'ils peuvent tenir lieu des points primitifs O et O_1; effectivement, les rayons vecteurs IM, IM′,... sont évidemment parallèles à I_1M_1, $I'_1M'_1$..... et on a de plus :

$$\frac{I_1M_1}{IM} = \frac{I'_1M'_1}{I'M'} \dots = k.$$

Lorsque deux points homologues se confondent en un seul, ce point unique est dit le centre de similitude des deux courbes. Ce centre de similitude est évidemment le point de rencontre C de deux droites telles que OO_1 et II_1 qui joignent deux points homologues; on démontre dans les éléments de géométrie que les droites CM, CM', ... passent respectivement par les points M_1, M'_1, ...

Il est aisé de voir que les tangentes en deux points homologues des courbes C et C_1, sont parallèles; en effet, les triangles OMM', $O_1M_1M'_1$ ont les côtés parallèles chacun à chacun; or le parallélisme des côtés MM', $M_1M'_1$ continuera d'avoir lieu, si les points homologues M' et M'_1 se rapprochent indéfiniment des points M et M'; or à la limite ces deux lignes deviennent des tangentes.

277. Deux figures semblables et semblablement placées étant données, si l'une d'elles est fixe et qu'on fasse tourner l'autre dans son plan, la similitude de position sera complétement détruite, mais la similitude de forme continuera d'avoir lieu. Il est très-aisé, d'après ce qui précède, de reconnaître si deux courbes données par leurs équations sont semblables.

Soient

$$f(x, y) = 0 \quad \text{et} \quad F(x, y) = 0,$$

les équations de deux courbes situées dans un même plan ou dans des plans parallèles. Nous supposerons que les axes auxquels la première courbe est rapportée soient rectangulaires et parallèles à ceux qui se rapportent à la seconde courbe. Supposons les deux courbes semblables et semblablement placées, et soit k le rapport de similitude; soient x_0, y_0 le point du plan de la seconde courbe homologue de l'origine relative à la première courbe; x', y' un point quelconque de cette courbe, (x, y) le point homologue de la première, on aura évidemment, par de simples triangles semblables :

$$\frac{x' - x_0}{x} = k, \qquad \frac{y' - y_0}{y} = k.$$

Donc les équations (1) et (2) seront identiques quand on aura mis dans la première $\frac{(x' - x_0)}{k}$ au lieu de x, $\frac{(y' - y_0)}{k}$ au lieu de y. Supposons par exemple qu'il s'agisse de deux courbes du second degré :

$$Ay^2 + Bxy + Cx^2 + Dy + Ex + F = 0, \quad A'y^2 + B'xy + C'x^2 + D'y + E'x + F' = 0.$$

En faisant la substitution indiquée dans la première, elle devient :

$$Ay^2 + Bxy + Cx^2 + (Dk - 2Ay_0 - Bx_0)y + (Ek - 2Cx_0 - By_0)x +$$
$$Ay^2_0 + Bx_0y_0 + Cx^2_0 - kDy_0 - kE_0 + Fk^2 = 0.$$

Cette équation devant être identique à l'équation (2), on a les cinq relations :

$$\frac{A}{A'} = \frac{B}{B'} = \frac{C}{C'}$$

$$\frac{A}{A'} = \frac{Dk - 2Ay_0 - Bx_0}{D'}$$

$$\frac{A}{A'} = \frac{Ek - 2Cx_0 - By_0}{E'}$$

$$\frac{A}{A'} = \frac{Ay^2_0 + Bx_0y_0 + Cx^2_0 + kDy_0 - kEx_0 + Fk^2}{F'}.$$

On a ici trois inconnues x_0, y_0 et k; il y aura donc deux conditions de similitude qui sont :

$$\frac{A}{A'} = \frac{B}{B'} = \frac{C}{C'}.$$

Les trois dernières équations, écrites plus haut, serviront à déterminer x_0, y_0 et k.

Il résulte de là que deux ellipses dont les axes sont proportionnels sont semblables. La même chose a lieu pour deux hyperboles dont les axes sont proportionnels. Seulement ici il faut distinguer le cas où les axes transverses sont homologues, et le cas où l'axe transverse de l'une est l'homologue de l'axe non transverse de l'autre. Dans le premier cas, tout se passe comme pour l'ellipse; mais dans le second cas, le rapport de similitude est imaginaire; les deux hyperboles satisfont bien à la condition analytique de la simitude, mais elles ne sont pas semblables au point de vue où l'on se place ordinairement dans les spéculations géométriques. On peut dire que chacune d'elles est semblable à la conjuguée de l'autre. On voit enfin que toutes les paraboles sont semblables.

On trouvera très-aisément les conditions pour que deux courbes données soient semblables seulement de forme; il suffit effectivement pour cet objet de faire tourner l'une des deux courbes dans son plan d'un angle indéterminé α, de manière à rendre les courbes semblablement placées. Cela équivaut évidemment à changer dans l'une des équations proposées x en $(x \cos \alpha - y \sin \alpha)$, y en $(x \sin \alpha + y \cos \alpha)$; on suivra ensuite la marche que nous avons indiquée. En appliquant ceci aux équations du second degré, on retrouverait les conditions déjà obtenues.

FIN DE LA PREMIÈRE PARTIE.

GÉOMÉTRIE ANALYTIQUE

A TROIS DIMENSIONS.

CHAPITRE PREMIER.

THÉORIE DES PROJECTIONS.

LA SOMME DES PROJECTIONS DE PLUSIEURS DROITES CONSÉCUTIVES SUR
UN AXE EST ÉGALE A LA PROJECTION DE LA LIGNE RÉSULTANTE.

278. On nomme *projection* d'un point A, sur une droite $x'x$, le pied a, de la perpendiculaire abaissée de A sur $x'x$. Cette projection a est aussi le point de rencontre de $x'x$ avec le plan mené, perpendiculairement à cette droite, par le point A.

La projection d'une droite finie AB sur une droite $x'x$ est la partie ab de $x'x$, terminée par les projections a et b des extrémités de AB.

THÉORÈME. *La projection d'une droite finie* AB (fig. 144) *sur une droite $x'x$ est égale au produit de* AB *par le cosinus de l'angle que forment les droites* AB *et* xx'.

Soient M et N les plans perpendiculaires à $x'x$ menés par les points A et B; a et b les points où ces plans coupent $x'x$; ab sera la projection de AB. Abaissons du point A la droite AC perpendiculaire sur le plan M et joignons BC; les droites AC et ab seront égales, comme parallèles comprises entre plans parallèles. On aura donc, par le triangle ABC,

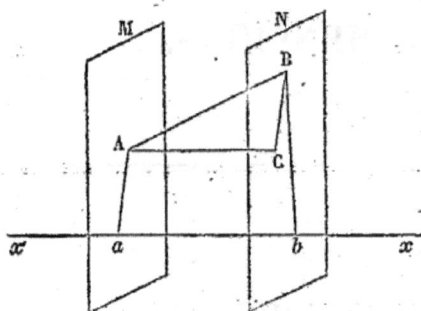

$$ab = \text{AB} \cos \text{BAC},$$

fig. 144.

ce qui démontre le théorème énoncé.

279. Dans les applications de la théorie des projections, il y a lieu de distinguer deux directions différentes, non-seulement sur la ligne projetante, mais encore sur la ligne que l'on projette. Les projections que nous aurons à considérer pourront ainsi être positives ou négatives, et pour que leurs signes soient déterminés sans aucune ambiguïté, nous adopterons la définition suivante :

La projection, sur une droite de direction $x'x$, d'une droite finie AB dont la direction est celle d'un mobile qui se mouvrait de A vers B, est égale au produit de la distance AB par le cosinus de l'angle aigu, droit ou obtus, que forment les directions AB et $x'x$.

Il résulte de cette définition que les projections de AB et de BA sur $x'x$ sont égales et de signes contraires : pareillement, les projections de AB ou sur $x'x$ et sur xx' sont égales et de signes contraires.

Si l'angle des directions AB et $x'x$ est aigu, il est évident

que la projection *ab* de AB a la même direction que *x'x*, et,
d'après notre définition, elle est positive ; au contraire, si
l'angle des directions AB et *x'x* est obtus, la projection de AB,
qui est négative, a la direction de *xx'*.

Remarquons enfin que les projections d'une même droite
sur des directions parallèles sont égales entre elles.

280. THÉORÈME FONDAMENTAL. *La somme des projections
des côtés d'un polygone fermé sur une direction quelconque est nulle ; la direction de chaque côté étant celle que suit
un mobile qui parcourt le polygone en marchant toujours
dans le même sens.*

Soit ABCDEF (fig. 145) un polygone fermé, plan ou gauche ;

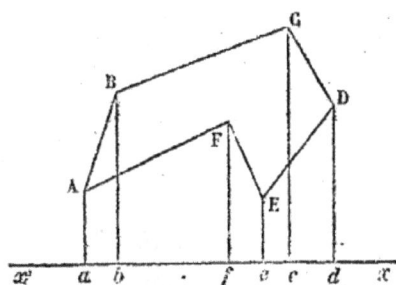

fig. 145.

a, b, c, d, e, f, les projections de ses sommets
sur la droite donnée, de
direction *x'x*. Imaginons
un mobile parcourant le
polygone dans le sens
ABCDEF, puis un second
mobile constamment pla-
cé sur la projection du

premier. Pendant que le premier mobile parcourra les côtés
AB, BC, CD, DE, EF et FA, le second décrira les lignes *ab,
bc, cd, ef, fa ;* la somme algébrique de ces dernières lignes
est évidemment nulle, car, après les avoir successivement
décrites, le mobile revient à son point de départ ; or ces
lignes *ab, bc,.....* prises avec le signe qui leur convient, sont
précisément les projections des côtés AB, BC,.....; donc la
somme de ces projections est égale à zéro.

COROLLAIRE. Les projections, sur une direction quelconque,
de deux contours polygonaux ABCD, AB'C'D (fig. 146),

terminés aux mêmes extrémités A et D, sont égales entre

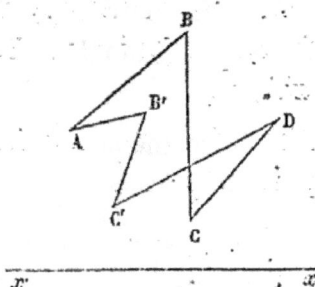

fig. 146.

elles; en effet, la réunion de ces deux contours forme un polygone fermé; si donc on désigne, par la notation abrégée (AB), la projection sur $x'x$ de la droite AB dont la direction est indiquée par l'ordre des lettres A et B, on aura :

$$(AB) + (BC) + (CD) + (DC') + (C'B') + (B'A) = 0.$$

Or on a : $(DC') = - (C'D), (C'B') = -(B'C'), (B'A) = -(AB')$; et alors l'équation précédente devient :

$$(AB) + (BC) + (CD) = (AB') + (B'C') + (C'D);$$

ce qui démontre la proposition énoncée.

En particulier : *La somme des projections de plusieurs droites consécutives sur un axe est égale à la projection de la ligne résultante, c'est-à-dire, de la ligne qui joint les points extrêmes.*

LA SOMME DES CARRÉS DES PROJECTIONS D'UNE DROITE SUR TROIS AXES RECTANGULAIRES EST ÉGALE AU CARRÉ DE CETTE DROITE. — LA SOMME DES CARRÉS DES COSINUS DES ANGLES QU'UNE DROITE FAIT AVEC TROIS DROITES RECTANGULAIRES EST ÉGALE A L'UNITÉ.

281. Soit OM (fig. 147) la droite dont nous considérons les projections; par le point O menons trois droites OA, OB, OC respectivement parallèles aux droites de projection données;

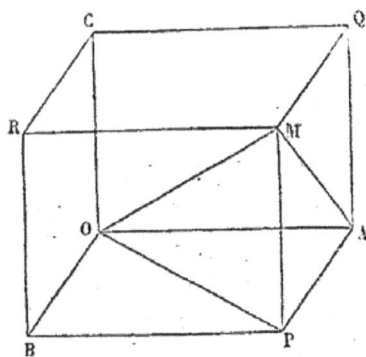

fig. 147.

ces droites prises deux à deux détermineront trois plans qui seront évidemment rectangulaires; menons par le point M trois plans respectivement parallèles aux trois premiers. On déterminera ainsi un parallélipipède rectangle OAPBRCQM dont OM sera une diagonale; or si l'on mène OP, le triangle rectangle OMP donnera :

$$\overline{OM}^2 = \overline{OP}^2 + \overline{MP}^2 = \overline{OP}^2 + \overline{OC}^2 ;$$

mais le triangle OAP est aussi rectangle et donne :

$$\overline{OP}^2 = \overline{OA}^2 + \overline{AP}^2 = \overline{OA}^2 + \overline{OB}^2 ;$$

donc

(1) $$\overline{OM}^2 = \overline{OA}^2 + \overline{OB}^2 + \overline{OC}^2.$$

Ce qui démontre que le carré de la ligne OM est égal à la somme des carrés de ses projections sur les trois droites OA, OB, OC.

Si l'on joint MA, le triangle rectangle OMA donne :

$$OA = OM \cos MOA.$$

On aura de même :

$$OB = OM \cos MOB$$

et

$$OC = OM \cos MOC ;$$

ajoutant les trois équations précédentes après les avoir élevées au carré, et ayant égard à l'équation (1), il vient :

$$\cos^2 MOA + \cos^2 MOB + \cos^2 MOC = 1.$$

Cette équation prouve que la somme des carrés des cosinus des angles, que fait une direction donnée avec trois directions rectangulaires, est égale à l'unité. A la vérité, notre démonstration suppose que les trois angles soient aigus, mais le théorème est général; si α, β, γ désignent les angles formés par une direction quelconque avec trois directions rectangulaires quelconques, on a :

$$\cos^2 \alpha + \cos^2 \beta + \cos^2 \gamma = 1.$$

Effectivement si l'un des angles α, β, γ est obtus, il suffira, pour rentrer dans les conditions de notre figure, de changer la direction de la droite de projection correspondante dans la direction opposée, ce qui ne produira qu'un changement de signe dans le cosinus.

LA PROJECTION D'UNE AIRE PLANE SUR UN PLAN EST ÉGALE AU PRODUIT DE CETTE AIRE PAR LE COSINUS DE L'ANGLE DES DEUX PLANS.

282. On nomme projection d'une aire plane sur un plan, l'aire terminée, par la projection sur le plan, du contour de l'aire donnée.

Cas du triangle.

283. Soit un triangle ABC (fig. 148), et supposons d'abord que l'un des côtés, AB, par exemple, soit parallèle au plan de

projection; menons par AB un plan parallèle à ce plan de
projection; abaissons la perpendicu-
laire C*c* sur ce plan , menons enfin
*c*O perpendiculaire sur AB, et joignons OC qui, par un théorème
connu, sera perpendiculaire à AB.
Le triangle AB*c* sera la projection
de ABC, et ces deux triangles, ayant
même base AB, seront entre eux
comme leurs hauteurs; on aura donc :

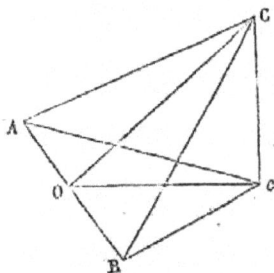

fig. 148.

$$ABc = ABC \times \frac{Oc}{OC}$$

or le rapport $\frac{Oc}{OC}$ est égal au cosinus de l'angle CO*c*, angle
qui est précisément celui que forme le plan du triangle ABC
avec le plan de projection.

Supposons, en second lieu (fig. 149), qu'aucun côté du
triangle ABC ne soit paral-
lèle au plan de projection.
Menons par le sommet B un
plan MN parallèle à ce plan
de projection; soit A' le point
où ce plan rencontre le côté
CA prolongé, et tirons BA'.

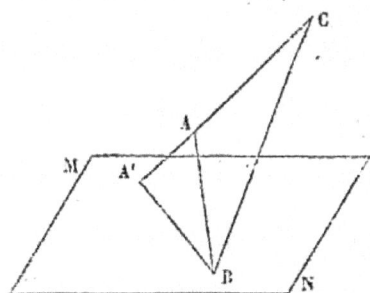

fig. 149.

Désignons enfin par α l'angle
aigu du plan ABC et du plan MN. Les projections de A'BC
et de A'AB seront, d'après ce qui précède, ABC × cos α et
A'AB × cos α; mais ABC est la différence des deux triangles A'BC, A'AB et sa projection est évidemment la différence
des projections de ces mêmes triangles; par suite, elle a pour
valeur ABC × cos α.

Cas d'un polygone.

284. Considérons un polygone P dont le plan fasse un angle α avec le plan de projection. Décomposons ce polygone en triangles T, T',.... au moyen de diagonales; la projection du polygone P sera évidemment $T \cos\alpha + T' \cos\alpha + \ldots$, ou $P \cos\alpha$.

Cas d'une aire plane terminée par un contour quelconque.

285. Considérons une aire plane P terminée dans l'une de ses parties par une courbe AB, et inscrivons dans cette courbe une ligne polygonale; désignons par P' l'aire obtenue en remplaçant la courbe par la ligne polygonale dont il s'agit. La projection de P' sur un plan sera $P' \cos\alpha$, α étant l'angle des deux plans. Mais si les côtés de notre ligne polygonale auxiliaire diminuent indéfiniment, de manière à avoir zéro pour limite, P' tendra vers la limite P; donc la projection de P sera encore $P \cos\alpha$.

CHAPITRE II.

DES COORDONNÉES RECTILIGNES.

REPRÉSENTATION D'UN POINT PAR SES COORDONNÉES. — ÉQUATIONS
DES LIGNES ET DES SURFACES.

286. Considérons trois droites quelconques Ox, Oy, Oz
(fig. 150) menées par un même point O et qui ne soient pas
dans un même plan; ces droites détermineront trois plans
yOz, zOx, xOy. Cela posé, soit M un point quelconque de
l'espace; menons par ce point des plans respectivement pa-

rallèles aux trois dont nous
venons de parler; on for-
mera un parallélipipède
MABC, et la position du
point M sera déterminée, si
l'on connaît en grandeur et
en signe les longueurs MQ,
MR, MP, ou, ce qui revient
au même, OA, AP et PM.

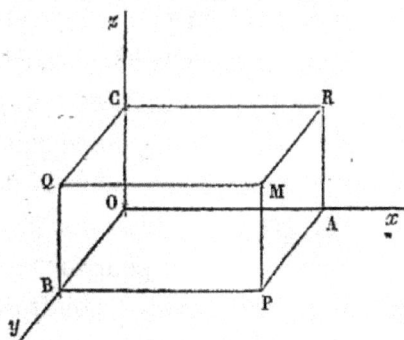

fig. 150.

Ces trois longueurs sont dites les *coordonnées rectilignes* du
point M. Elles sont positives si leurs directions sont les
mêmes que celles des lignes Ox, Oy, Oz; elles sont négatives
dans le cas contraire; on les désigne d'une manière générale

24

par les lettres x, y, z. Par exemple si les coordonnées d'un point M ont pour valeurs a, b, c, on a pour ce point :

$$x = a, \quad y = b, \quad z = c.$$

Les droites Ox, Oy, Oz sont dites *axes des coordonnées rectilignes*. Si les trois angles formés par ces axes deux à deux sont droits, les coordonnées sont *rectangulaires*. Les plans yz, xz, xy prennent aussi le nom de *plans coordonnés*.

Quels que soient les axes Ox, Oy, Oz, rectangulaires ou non, nous dirons que les points P, Q, R sont les projections du point M sur les plans xy, yz et xz. Il est évident que le point M a deux coordonnées communes avec chacune de ses projections et que la troisième coordonnée de cette projection est nulle.

287. Toute équation qui ne renferme que deux coordonnées, x et y par exemple, représente sur le plan xy une certaine ligne PQ ; soit P (fig. 151) un point de cette ligne, et menons PM parallèle à Oz. Les coordonnées x et y seront les mêmes pour le point P et pour chaque point M de PM ; par suite, l'équation proposée aura lieu pour tous les

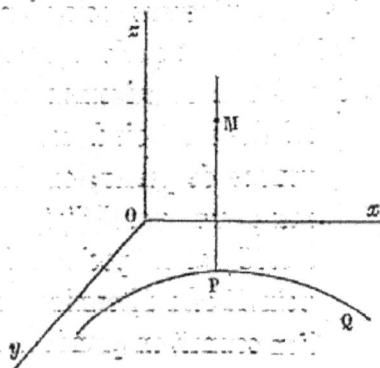
fig. 151.

points de la ligne PM, c'est-à-dire, pour tous les points de la surface cylindrique, engendrée par une droite qui se meut en restant parallèle à l'axe des z et en s'appuyant sur la ligne PQ. Réciproquement, tout point, dont les coordonnées satisfont à l'équation proposée, est sur cette surface cylindrique ; en effet, les coordonnées x et y de ce point sont les mêmes que celles de sa projection sur le plan xy; donc cette projection est sur la ligne PQ, et, par suite, le point considéré est sur le cylindre. On voit d'après cela que :

Toute équation, qui ne contient que deux coordonnées, représente une surface cylindrique, parallèle à l'axe de même nom que la coordonnée qui n'entre pas dans l'équation.

Si l'équation dont on vient de parler est linéaire, le cylindre se réduit à un plan ; par conséquent :

Toute équation du premier degré, qui ne renferme que deux coordonnées, représente un plan, parallèle à l'axe de même nom que la coordonnée qui n'entre pas dans l'équation.

Il résulte de là que :

Toute équation du premier degré, qui ne renferme qu'une coordonnée, représente un plan parallèle au plan des deux coordonnées qui n'entrent pas dans l'équation.

Cette dernière conséquence peut être établie immédiatement sur la figure.

288. Théorème. *Toute équation à trois variables représente une surface.*

Soit

$$(1) \qquad F(x, y, z) = 0,$$

une équation à trois variables x, y, z; donnons à z une valeur quelconque c, l'équation proposée devient :

$$(2) \qquad F(x, y, c) = 0.$$

D'après ce qu'on a vu plus haut, l'équation (2) appartient à un cylindre parallèle à l'axe des z; d'ailleurs l'équation

$$(3) \qquad z = c,$$

appartient à un plan parallèle au plan xy; donc l'ensemble des équations (2) et (3) représente une ligne plane dont le plan est parallèle au plan xy; il est évident que les points de cette ligne satisfont à l'équation (1); d'ailleurs si l'on fait varier c d'une manière continue, la ligne dont il s'agit variera de position et de forme, ou de position seulement. Dans son mouvement cette ligne engendrera une surface à laquelle appartiendra l'équation proposée.

Corollaire I. *Le système de deux équations simultanées à trois variables x, y, z représente une ligne.*

En effet, chacune des deux équations appartient à une surface, et le système des deux équations représente l'intersection des deux surfaces.

Il faut remarquer qu'aucune des équations d'une ligne n'est nécessaire; en effet, soient

$$F(x, y, z) = 0, \quad f(x, y, z) = 0,$$

les deux équations d'une ligne; on pourra leur substituer deux autres équations obtenues en les combinant entre elles d'une manière quelconque. Si, par exemple, on élimine y entre les deux équations proposées; qu'on élimine ensuite x entre ces mêmes équations, les équations finales

$$\varphi(x, z) = 0, \quad \psi(y, z) = 0,$$

pourront être prises pour celles de la ligne donnée. Chacune de ces dernières équations représente un cylindre et elles donnent immédiatement les projections de la ligne, que l'on considère, sur les plans xz, yz.

Corollaire II. *Le système de trois équations à trois variables représente un ou plusieurs points.*

289. Il est aisé d'établir les réciproques des propositions qu'on vient de démontrer.

Je dis en premier lieu que toute ligne, définie géométriquement, peut être représentée par le système de deux équations ; en effet, si l'on coupe cette ligne par un plan parallèle au plan yz et dont la coordonnée x soit prise arbitrairement, le point d'intersection sera déterminé ; ses coordonnées y et z dépendent donc de x, ou, en d'autres termes, sont des fonctions de x; on a donc deux équations :

$$y = f(x), \quad z = \varphi(x).$$

En second lieu, je dis que toute surface, définie géométriquement, est représentée par une équation ; en effet, coupons cette surface par un plan

$$(1) \qquad\qquad z = c,$$

parallèle au plan xy ; l'intersection sera une courbe égale à sa projection sur le plan xy ; l'équation de cette projection contiendra généralement la quantité c et sera de la forme

$$(2) \qquad\qquad f(x, y, c) = 0.$$

L'équation

$$f(x, y, z) = 0,$$

obtenue en éliminant c entre les équations (1) et (2), aura évidemment lieu pour tous les points de la surface donnée.

290. La *géométrie analytique à trois dimensions* a pour objet l'étude des propriétés des surfaces et des lignes dans l'espace, d'après les équations qui les représentent.

291. On a vu, dans la première partie, combien est importante la théorie de la transformation des coordonnées; nous
allons compléter ici cette théorie et établir des formules générales dont se déduisent immédiatement celles qui sont relatives à la géométrie plane.

Changement d'origine. Supposons, en premier lieu, que
les nouveaux axes soient parallèles aux anciens et qu'ils
aient la même direction. Désignons par x, y, z les coordonnées d'un point relatives aux anciens axes; par x', y', z' les
coordonnées relatives aux nouveaux axes; enfin par a, b, c
les coordonnées de la nouvelle origine par rapport aux anciens axes. Par les considérations dont nous avons déjà fait
usage (n° 59), on trouve immédiatement :

$$x = a + x', \quad y = b + y', \quad z = c + z'.$$

292. *Changement de la direction des axes.* Supposons que
l'on veuille passer
des axes Ox, Oy, Oz
(fig. 152) aux axes
Ox', Oy', Oz' ayant
même origine O.
Nous désignerons
par x, y, z les an-
ciennes coordon-
nées d'un point M,
par x', y', z' les nouvelles coordonnées
du même point ;

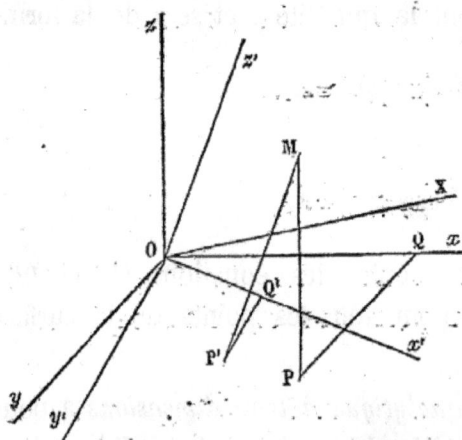

fig. 152.

ainsi on aura, dans le cas de la figure 152 :

$$x = + OQ, \quad y = + QP, \quad z = + PM;$$
$$x' = + OQ', \quad y' = + Q'P', \quad z' = + P'M.$$

Les deux contours OQPM et OQ'P'M étant terminés aux mêmes extrémités O et M, si on les projette sur une ligne OX perpendiculaire au plan yOz, on aura :

$$(OQ) = (OQ') + (Q'P') + (P'M),$$

en adoptant la notation du n° 280 et observant que les projections de QP et de PM sur OX sont nulles. Or, si la disposition de la figure a lieu, on a $(OQ) = x \cos XOx$, ou, pour abréger,

$$(OQ) = x \cos (Xx).$$

Cette égalité aura lieu encore si le point Q est du côté des x négatives; car alors la grandeur de OQ, au lieu d'être x, serait $-x$, et, d'autre part, il faudrait substituer à l'angle (Xx) son supplément.

On aura de même :

$$(OQ') = x'\cos(Xx'), \quad (Q'P') = y'\cos(Xy'), \quad P'M = z'\cos(Xz');$$

donc

$$x \cos(Xx) = x' \cos(Xx') + y' \cos(Xy') + z' \cos(Xz').$$

Cette formule donne la valeur de x en fonction de x', y', z' et des angles qui fixent la position des nouveaux axes par rapport aux anciens. On aura de même les valeurs de y et de z, en projetant les deux contours OQPM, OQ'P'M sur deux droites OY et OZ respectivement perpendiculaires aux plans xOz, xOy. On a ainsi les formules :

$$(1) \quad \begin{cases} x\cos(Xx) = x'\cos(Xx') + y'\cos(Xy') + z'\cos(Xz'), \\ y\cos(Yy) = x'\cos(Yx') + y'\cos(Yy') + z'\cos(Yz'), \\ z\cos(Zz) = x'\cos(Zx') + y'\cos(Zy') + z'\cos(Zz'). \end{cases}$$

La démonstration que nous venons de donner est générale et embrasse tous les cas. On en déduit immédiatement les formules de la géométrie plane, en faisant $z = 0$, $z' = 0$ et supposant que le plan xy coïncide avec le plan $x'y'$.

295. Supposons que les anciens axes soient rectangulaires ; les lignes OX, OY et OZ coïncideront avec Ox, Oy, Oz respectivement. Si alors on désigne par a, b, c les cosinus des angles que fait Ox avec Ox', Oy' et Oz' ; et par a', b', c'; a'', b'', c'' les cosinus des angles formés avec ces mêmes axes par Oy et Oz respectivement, les équations (1) deviennent :

$$(2) \quad \begin{cases} x = ax' + by' + cz', \\ y = a'x' + b'y' + c'z', \\ z = a''x' + b''y' + c''z'. \end{cases}$$

Les neuf cosinus, qui figurent dans ces équations (2), ne sont pas indépendants les uns des autres ; il n'y en a que six d'arbitraires ; on a effectivement entre eux (n° 281) les trois équations :

$$(3) \quad \begin{cases} a^2 + a'^2 + a''^2 = 1, \\ b^2 + b'^2 + b''^2 = 1, \\ c^2 + c'^2 + c''^2 = 1. \end{cases}$$

294. Les mêmes formules (2) sont aussi relatives au cas où les nouveaux axes sont rectangulaires en même temps que les anciens ; mais cette condition établit trois nouvelles relations entre les neuf cosinus, en sorte qu'il n'en reste plus que trois d'arbitraires. On peut obtenir très-simplement, comme il suit, les trois conditions dont on vient de parler. Pour un point M situé sur Ox à une distance de l'origine égale à l'unité, on a :

$$x=1, \quad y=0, \quad z=0,$$
$$x'=a, \quad y'=b, \quad z'=c;$$

les équations (2) deviennent alors :

$$1 = a^2 + b^2 + c^2,$$
$$0 = aa' + bb' + cc',$$
$$0 = aa'' + bb'' + cc''.$$

On aurait six autres équations en appliquant les mêmes formules (2) à un point de l'axe Oy et à un point de l'axe Oz. Cela donne, en résumé, six équations distinctes, savoir :

$$(4) \begin{cases} a^2 + b^2 + c^2 = 1, \\ a'^2 + b'^2 + c'^2 = 1, \\ a''^2 + b''^2 + c''^2 = 1, \end{cases} \qquad (5) \begin{cases} aa' + bb' + cc' = 0, \\ aa'' + bb'' + cc'' = 0, \\ a'a'' + b'b'' + c'c'' = 0. \end{cases}$$

Il est aisé d'établir directement et *à priori* qu'il suffit de trois quantités pour fixer la position de trois axes rectangulaires par rapport à trois autres.

En exprimant x', y', z' en fonction de x, y, z, on trouve évidemment :

$$x' = ax + a'y + a''z,$$
$$y' = bx + b'y + b''z,$$
$$z' = cx + c'y + c''z.$$

En appliquant ces formules à trois points situés respectivement sur les axes Ox', Oy', Oz' à la distance 1 de l'origine, on obtiendra les équations suivantes :

$$(6) \begin{cases} a^2 + a'^2 + a''^2 = 1, \\ b^2 + b'^2 + b''^2 = 1, \\ c^2 + c'^2 + c''^2 = 1, \end{cases} \qquad (7) \begin{cases} ab + a'b' + a''b'' = 0, \\ ac + a'c' + a''c'' = 0, \\ bc + b'c' + b''c'' = 0. \end{cases}$$

Mais il est aisé de s'assurer que le système formé par ces six dernières équations est équivalent au système des six équations (4) et (5).

295. *Formules d'Euler.* On peut exprimer au moyen de trois angles seulement les neuf constantes qui figurent dans les formules relatives au passage d'axes rectangulaires à d'autres axes rectangulaires. On obtient

ainsi les formules données par Euler et que nous allons établir. Soient Ox, Oy, Oz les anciens axes rectangulaires; Ox', Oy', Oz' les nouveaux (fig. 153); soient enfin ON l'intersection des deux plans xy et $x'y'$. Nous désignerons par φ l'angle NOx, par ψ l'angle NOx', et enfin par θ l'angle du plan xy et du plan $x'y'$. Cela posé, imaginons

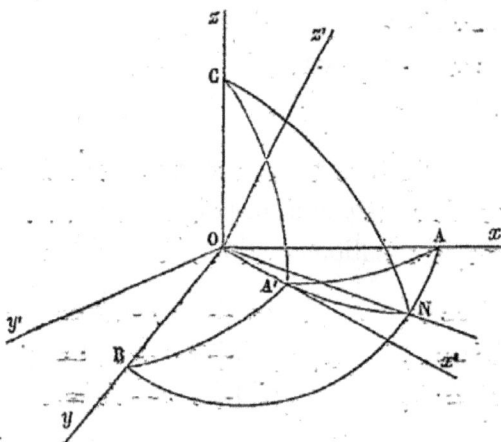
fig. 153.

une sphère décrite du point O comme centre et qui coupe en A, B, C, A' et N les lignes Ox, Oy, Oz, Ox' et ON; formons enfin les triangles sphériques NAA', NA'B, NA'C. Les cosinus des côtés AA', BA', CA' sont respectivement égaux à a, a', a''; on a d'ailleurs NA$=\varphi$, NB$=90°-\varphi$, NA'$=\psi$, NC$=90°$, A'NB$=\theta$, A'NA$=180°-\theta$, A'NC$=90°-\theta$. On a donc, par la formule fondamentale de la trigonométrie sphérique :

$$a = \cos\varphi\cos\psi - \sin\varphi\sin\psi\cos\theta,$$
$$a' = \sin\varphi\cos\psi + \cos\varphi\sin\psi\cos\theta,$$
$$a'' = \sin\psi\sin\theta.$$

Il est clair que les valeurs de b, b', b'' se déduisent de celles de a, a', a'', en changeant ψ en $90°+\psi$, car ce changement fait prendre à Ox' la position Oy'; on obtient ainsi :

$$b = -\cos\varphi\sin\psi - \sin\varphi\cos\psi\cos\theta,$$
$$b' = -\sin\varphi\sin\psi + \cos\varphi\cos\psi\cos\theta,$$
$$b'' = \cos\psi\sin\theta.$$

Enfin, pour avoir les valeurs de c, c', c'', il suffit de remplacer, dans les valeurs de a, a', a'', θ par $90° + \theta$ et ψ par $90°$; en effet, par ce changement, le plan $x'ON$ se change en $z'ON$ et la ligne Ox' en Oz'. On obtient ainsi :

$$c = \sin\varphi \sin\theta,$$
$$c' = -\cos\varphi \sin\theta,$$
$$c'' = \cos\theta.$$

Ce qui précède permet de ramener les formules de la transformation des coordonnées à ne contenir que les trois angles φ, ψ, θ.

296. *Manière d'obtenir l'intersection d'une surface par un plan.* Pour avoir l'intersection d'une surface par l'un des plans coordonnés, le plan xy par exemple, il suffit de faire $z = 0$ dans l'équation de la surface. Supposons maintenant qu'il s'agisse d'avoir l'intersection d'une surface :

$$F(x, y, z) = 0,$$

par un plan quelconque; nous supposerons les axes rectangulaires et nous changerons de coordonnées en prenant pour plan des xy le plan donné. Les formules à employer sont alors :

$$x = x_0 + ax' + by' + cz',$$
$$y = y_0 + a'x' + b'y' + c'z',$$
$$z = z_0 + a''x'' + b''y'' + c''z'',$$

x_0, y_0, z_0 étant les coordonnées de la nouvelle origine. Or, si l'on a pris l'axe des x' parallèle au plan xy, on a $\psi = 0$; et, si l'on fait en outre $z' = 0$, les formules précédentes deviendront :

$$x = x_0 + x'\cos\varphi - y'\sin\varphi\cos\theta,$$
$$y = y_0 + x'\sin\varphi + y'\cos\varphi\cos\theta,$$
$$z = z_0 + y'\sin\theta.$$

Après la substitution de ces valeurs dans l'équation proposée, cette équation représentera l'intersection demandée.

297. Les formules, qui expriment les coordonnées relatives à trois axes, en fonction de celles relatives à trois autres axes, sont linéaires; il s'ensuit que le degré d'une équation

algébrique à trois variables ne change pas par la transformation des coordonnées. Cela conduit à classer les surfaces algébriques d'après le degré de leur équation. Ainsi une surface
sera du premier, du deuxième, etc., degré, suivant que
l'équation qui la représente sera elle-même du premier, du
deuxième, etc., degré. Il s'ensuit qu'une surface du degré m ne
peut rencontrer une droite en plus de m points; en effet, si
l'on prend la droite dont il s'agit pour axe des x, on aura
les abscisses x des points d'intersection en faisant $y = 0$ et
$z = 0$ dans l'équation de la surface; or l'équation résultante
est au plus du degré m et ne peut avoir plus de m racines
réelles, ce qui démontre la proposition énoncée. Il faut
cependant remarquer le cas où l'équation proposée se ré-
duirait à une identité; alors la droite serait contenue tout
entière dans la surface.

Remarquons encore que les sections planes d'une surface
du degré m sont généralement des courbes de ce même degré;
en effet, si l'on prend pour le plan xy celui d'une section faite
dans une surface algébrique de degré m, on obtiendra l'équation de la section en faisant $z = 0$ dans celle de la surface.
Le degré de l'intersection sera donc en général égal à m.
Toutefois il pourra être moindre que m, dans quelques cas
particuliers; car l'hypothèse $z = 0$ peut faire disparaître tous
les termes du degré m. Il peut même arriver que tous les
termes de l'équation disparaissent; mais, dans ce cas, le plan
$z = 0$ fait partie de la surface considérée et l'équation de
celle-ci se décompose en facteurs.

CHAPITRE III.

DE LA LIGNE DROITE ET DU PLAN.

ÉQUATIONS DE LA LIGNE DROITE.—ÉQUATION DU PLAN.—TOUTE ÉQUATION DU PREMIER DEGRÉ A TROIS VARIABLES REPRÉSENTE UN PLAN.

298. D'après ce qui a été dit précédemment, on peut prendre, pour les équations d'une ligne, celles qui représentent ses projections sur deux des trois plans coordonnés. Par exemple, si $x = az + p$ représente la projection d'une droite sur le plan xz; que $y = bz + q$ représente sa projection sur le plan yz, on pourra prendre, pour la droite elle-même, le système des deux équations :

$$(1) \qquad \begin{cases} x = az + p, \\ y = bz + q. \end{cases}$$

Si l'on élimine z entre ces deux équations, on aura évidemment la projection de la droite sur le plan xy.

Les quantités p et q sont les coordonnées x et y du point où la droite, représentée par les équations (1), rencontre le plan xy; en effet, on a, pour ce point, $z = 0$; par suite, ces équations donnent $x = p$, $y = q$.

Le cas d'une droite parallèle au plan xy n'est pas compris dans ce qui précède; car les projections sur les plans

xz et yz sont représentées par une même équation de la forme :

$$z = c ;$$

il faut joindre alors à cette équation celle de la projection sur le plan xy et qui a la forme :

$$y = ax + b.$$

299. Proposons-nous maintenant de trouver l'équation du plan. Soient I (fig. 154) le pied de la perpendiculaire abaissée de l'origine O sur un plan donné, et M un point quelconque de ce plan; les coordonnées x, y, z du point M ont pour valeurs absolues les droites OQ, QP et PM. Nous désignerons en outre par p la longueur de la perpendiculaire OI, et par α, δ, γ les angles que fait sa direction avec les axes des coordonnées. Cela posé, la projection sur la direction OI du contour OQPMI sera évidemment égale à OI ou p; on aura donc, en observant que la projection de MI est nulle :

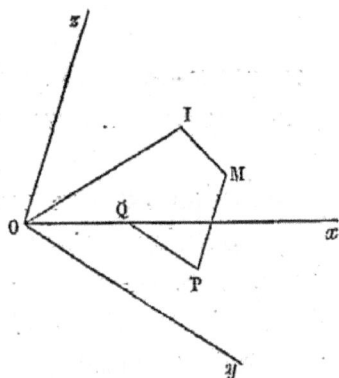

fig. 154.

$$(OQ) + (QP) + (PM) = p,$$

ou

$$x \cos \alpha + y \cos \delta + z \cos \gamma - p = 0.$$

Remarque. Il est aisé de voir que le raisonnement subsiste dans le cas de $p = 0$; alors la projection du contour que nous avons considéré est nulle, et on a simplement pour l'équation du plan :

$$x \cos \alpha + y \cos \delta + z \cos \gamma = 0.$$

300. On voit, par ce qui précède, que l'équation du plan est du premier degré. Réciproquement *toute équation du premier degré représente un plan.* Cette propriété résulte de ce qui a été dit au n° 297; effectivement, l'équation du premier degré représente une surface; en outre, cette surface ne peut rencontrer une ligne droite qu'en un seul point, à moins de la contenir tout entière; ce qui est la propriété caractéristique du plan.

TROUVER LES ÉQUATIONS D'UNE DROITE : 1° QUI PASSE PAR DEUX POINTS DONNÉS ; 2° QUI PASSE PAR UN POINT DONNÉ ET QUI SOIT PARALLÈLE A UNE DROITE DONNÉE.

301. Supposons d'abord qu'il s'agisse de trouver les équations d'une droite menée, par un point donné, parallèlement à une droite donnée.

Première solution. Si deux droites sont parallèles, il est évident que leurs projections rectangulaires ou obliques sur un même plan sont parallèles; réciproquement, deux droites sont parallèles si leurs projections sur deux plans qui se coupent sont parallèles. Il résulte de là que les conditions du parallélisme de deux droites

$$\begin{cases} x = az + p \\ y = bz + q \end{cases} \qquad \begin{cases} x = a'z + p', \\ y = b'z + q', \end{cases}$$

sont :

$$a = a', \quad b = b'.$$

Cela posé, on peut supposer que la droite donnée passe par l'origine des coordonnées. Soient alors

$$x = az, \quad y = bz,$$

les équations de cette droite. D'après ce qui a été dit (n° 298), les équations de la droite demandée auront la forme :

$$x = az + p , \quad y = bz + q ;$$

et, si x', y', z' désignent les coordonnées du point donné, on aura :

$$x' = az' + p , \quad y' = bz' + q ,$$

équations qui donnent les valeurs de p et q; d'après cela, les équations de la droite demandée seront

$$x - x' = a(z - z') , \quad y - y' = b(z - z').$$

Deuxième solution. Soient $M'(x', y', z')$ (fig. 155) le point donné de la droite demandée D, et $M(x, y, z)$ un autre point quelconque de cette droite; les coordonnées des points M et M' seront représentées en valeur absolue par OQ, QP, PM et OQ', Q'P', P'M'. Cela posé, si l'on projette sur une droite OX perpendiculaire au plan yz le contour QPMM'P'Q' et la ligne résultante QQ', on aura, en faisant abstraction des projections qui sont nulles :

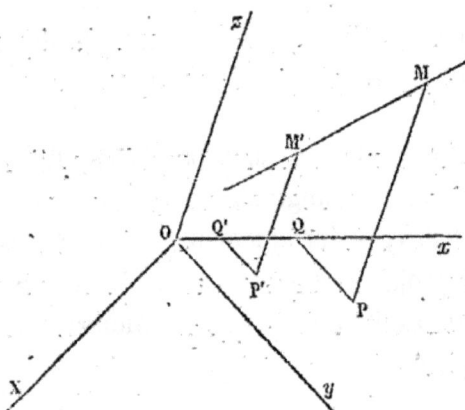

fig. 155.

$$(QQ') = (MM') ;$$

si l'on désigne par ρ la distance MM' et par les notations (Xx), (Dx) les angles formés par la droite OX avec l'axe Ox et avec la droite D, l'équation précédente deviendra :

$$(x - x') \cos (Xx) = \rho \cos (DX).$$

On voit, d'après cela, que si l'on considère deux autres droites OY, OZ respectivement perpendiculaires aux plans xz et xy, on aura :

$$\frac{(x-x')\cos(\mathrm{X}x)}{\cos(\mathrm{DX})} = \frac{(y-y')\cos(\mathrm{Y}y)}{\cos(\mathrm{DY})} = \frac{(z-z')\cos(\mathrm{Z}z)}{\cos(\mathrm{DZ})},$$

car chacune de ces trois quantités exprime la distance ρ.

Deux quelconques, des équations renfermées dans la formule précédente, peuvent être prises pour celles de la droite. Dans le cas des axes rectangulaires, les équations de la droite D peuvent s'écrire :

$$\frac{x-x'}{\cos\alpha} = \frac{y-y'}{\cos 6} = \frac{z-z'}{\cos\gamma},$$

en désignant par α, 6, γ les angles que forme l'une des directions de cette droite avec les axes des coordonnées.

502. Supposons maintenant qu'il s'agisse de trouver les équations de la droite qui passe par deux points donnés (x', y', z'), (x'', y'', z''). La droite passant par le point (x', y', z') aura des équations de la forme :

$$x-x' = a(z-z'), \quad y-y' = b(z-z'),$$

quels que soient les axes des coordonnées. Mais, puisque cette droite passe par le point (x'', y'', z''), on aura :

$$x''-x' = a(z''-z'); \quad y''-y' = b(z''-z');$$

d'où l'on tire :

$$a = \frac{x''-x'}{z''-z'}, \quad b = \frac{y''-y'}{z''-z'}.$$

Les équations de la droite demandée sont donc :

$$x-x' = \frac{x''-x'}{z''-z'}(z-z'), \quad y-y' = \frac{y''-y'}{z''-z'}(z-z').$$

25

303. Soient

$$(1) \qquad x = az + p, \quad y = bz + q,$$

et

$$(2) \qquad x = a'z + p', \quad y = b'z + q',$$

les équations des deux droites données. Si ces droites se coupent, les coordonnées de leur point d'intersection devront vérifier les quatre équations (1) et (2), ce qui exige qu'on ait la condition :

$$\frac{p - p'}{a - a'} = \frac{q - q'}{b - b'}.$$

Si cette condition a lieu, on aura l'intersection demandée en tirant les valeurs de x, y, z de trois quelconques des équations (1) et (2).

FAIRE PASSER UN PLAN : 1° PAR TROIS POINTS DONNÉS ; 2° PAR UN POINT DONNÉ, PARALLÈLEMENT A UN PLAN DONNÉ ; 3° PAR UN POINT ET PAR UNE DROITE DONNÉS.

304. Supposons qu'il s'agisse de faire passer un plan par trois points donnés (x', y', z'), (x'', y'', z''), (x''', y''', z'''). Soit

$$(1) \qquad Ax + By + Cz + D = 0,$$

l'équation du plan demandé. Ce plan passant par le point (x', y', z'), on aura :

$$Ax' + By' + Cz' + D = 0;$$

tirant de cette équation la valeur de D, pour la porter dans l'équation (1), celle-ci devient :

$$(2) \qquad A(x-x')+B(y-y')+C(z-z')=0;$$

elle est alors l'équation générale des plans qui passent par le point (x', y', z'). Mais, puisque le plan représenté par l'équation (2) doit contenir le point (x'', y'', z''), on aura :

$$A(x''-x')+B(y''-y')+C(z''-z')=0;$$

si l'on tire de cette équation la valeur de B pour la porter dans l'équation (2), il vient :

$$(3) \qquad A[(y''-y')(x-x')-(x''-x')(y-y')]$$
$$+C[(y''-y')(z-z')-(z''-z')(y-y')]=0;$$

cette équation (3) est celle des plans qui passent par deux points donnés. Si le plan qu'elle représente passe en outre par le point (x''', y''', z'''), on aura :

$$A[(y''-y')(x'''-x')-(x''-x')(y'''-y')]$$
$$+C[(y''-y')(z'''-z')-(z''-z')(y'''-y')]=0;$$

si l'on tire de cette équation la valeur de A pour la porter dans l'équation (3), il vient :

$$\frac{(y''-y')(x-x')-(x''-x')(y-y')}{(y''-y')(x'''-x')-(x''-x')(y'''-y')}$$
$$-\frac{(y''-y')(z-z')-(z''-z')(y-y')}{(y''-y')(z'''-z')-(z''-z')(y'''-y')}=0.$$

Telle est l'équation du plan qui passe par les trois points donnés.

Remarque. Il est aisé de s'assurer que cette équation se

réduit à une identité dans le cas où les trois points donnés sont en ligne droite, auquel cas le problème est indéterminé.

305. Nous allons traiter par d'autres considérations le cas particulier, où il s'agit de faire passer un plan par trois points respectivement donnés sur les trois axes ; cela revient à trouver l'équation d'un plan, connaissant les points où il coupe les axes des coordonnées. Soit

$$Ax + By + Cz + D = 0,$$

l'équation du plan ; si l'on y fait $y = 0$ et $z = 0$, il vient $x = -\dfrac{D}{A}$; nous désignerons par a cette valeur de x qui est donnée, et l'on aura : $A = -\dfrac{D}{a}$; on trouvera de même : $B = -\dfrac{D}{b}$, $C = -\dfrac{D}{c}$; b et c étant des quantités données. Mettant pour A, B, C ces valeurs dans l'équation du plan, il vient :

$$\frac{x}{a} + \frac{y}{b} + \frac{z}{c} = 1.$$

L'équation du plan sous cette forme est souvent employée.

306. Si deux plans

$$(1) \qquad Ax + By + Cz + D = 0,$$
$$(2) \qquad A'x + B'y + C'z + D' = 0,$$

sont parallèles, leurs traces sur les plans coordonnés sont aussi parallèles. Les traces des plans (1) et (2) sur le plan xy ont pour équations :

$$Ax + By + D = 0,$$
$$A'x + B'y + D' = 0 ;$$

pour que ces deux droites soient parallèles, il faut et il suffit que l'on ait :

$$\frac{A}{A'} = \frac{B}{B'}.$$

On peut conclure de suite que si les plans (1) et (2) sont parallèles, on a :

$$\frac{A}{A'} = \frac{B}{B'} = \frac{C}{C'}.$$

Réciproquement, si ces conditions ont lieu, les plans (1) et (2) sont parallèles, puisqu'ils contiennent respectivement deux angles dont les côtés sont parallèles.

En résumé, pour que deux plans soient parallèles, il faut et il suffit que les coefficients des variables soient proportionnels; et, comme on est maître de disposer à volonté de l'un des coefficients, on peut dire que les conditions du parallélisme de deux plans consistent dans l'égalité des coefficients des variables. Cela posé, supposons qu'il s'agisse de mener par un point (x', y', z') un plan parallèle à un plan donné

$$Ax + By + Cz + D = 0.$$

D'après ce qui précède, le plan demandé aura une équation de la forme :

$$Ax + By + Cz + D' = 0.$$

On déterminera D' par la condition que le plan demandé passe par le point (x', y', z'), et alors l'équation de ce plan sera :

$$A(x - x') + B(y - y') + C(z - z') = 0.$$

307. Supposons enfin qu'il s'agisse de faire passer un

plan par un point donné (x', y', z') et par une droite donnée

$$x = az + p, \qquad y = bz + q.$$

Si λ désigne un coefficient indéterminé, il est évident que

$$(x - az - p) + \lambda(y - bz - q) = 0$$

sera l'équation générale des plans passant par la droite donnée. Pour avoir un plan passant par le point (x', y', z'), il faut
déterminer λ par la condition

$$(x' - az' - p) + \lambda(y' - bz' - q) = 0;$$

si l'on tire de là la valeur de λ et qu'on la porte dans l'équation précédente, il vient :

$$\frac{x - az - p}{x' - az' - p} - \frac{y - bz - q}{y' - bz' - q} = 0,$$

équation qui est celle du plan demandé.

CONNAISSANT LES ÉQUATIONS DE DEUX PLANS, TROUVER LES
PROJECTIONS DE LEUR INTERSECTION.

508. Soient

$$Ax + By + Cz + D = 0,$$
$$A'x + B'y + C'z + D' = 0,$$

les équations des deux plans donnés ; on aura évidemment
la projection de l'intersection sur le plan xz, en éliminant y
entre ces deux équations ; il vient ainsi :

$$(AB' - BA')x + (CB' - BC')z + DB' - BD' = 0.$$

On aura d'une manière semblable les projections sur les deux autres plans coordonnés.

Les équations de ces projections sont impossibles, si l'on a :

$$\frac{A}{A'}=\frac{B}{B'}=\frac{C}{C'};$$

mais alors les plans sont parallèles, ainsi qu'on l'a vu (n° 306).

TROUVER L'INTERSECTION D'UNE DROITE ET D'UN PLAN DONT ON CONNAÎT LES ÉQUATIONS.

309. Soient

(1) $\qquad Ax+By+Cz+D=0,$

l'équation du plan donné,

(2) $\qquad x=az+p, \qquad y=bz+q,$

celles de la droite donnée; on aura les coordonnées du point d'intersection demandé en résolvant les équations (1) et (2) par rapport à x,y,z; on trouve ainsi :

$$z=-\frac{Ap+Bq+D}{Aa+Bb+C}, \qquad x=-a\frac{Ap+Bq+D}{Aa+Bb+C}+p,$$

$$y=-b\frac{Ap+Bq+D}{Aa+Bb+C}+q.$$

Ces valeurs sont infinies, si $Aa+Bb+C$ est nulle et que $Ap+Bq+D$ ne le soit pas. Il en résulte que la condition du parallélisme du plan (1) et de la droite (2) est

$$Aa+Bb+C=0.$$

Si l'on a en outre :

$$Ap + Bq + D = 0,$$

la droite (2) est tout entière contenue dans le plan (1).

310. La solution de cette question se déduit immédiate-ment de la formule qui fait connaître l'expression de la dia-gonale d'un parallélipipède donné. L'expression dont il s'agit a été obtenue (n° 281) pour le parallélipipède rectangle. Nous allons traiter la même question pour le parallélipipède

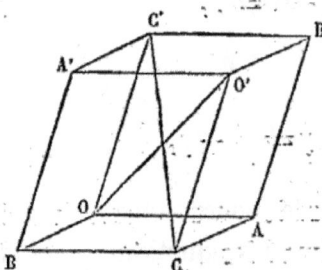

oblique. Soit le parallélipipède OABCO'A'B'C' (fig. 156). Dési-gnons par a, b, c les arêtes con-tiguës OA, OB, OC'; par $\alpha, \mathfrak{b}, \gamma$ les angles BOC', C'OA et AOB que forment ces arêtes. La figure OCO'C' est un parallélogramme, par suite la somme des carrés des diagonales est égale à la somme des carrés des quatre côtés ; on a donc :

$$\overline{OO'}^2 + \overline{CC'}^2 = 2c^2 + 2\overline{OC}^2 ;$$

fig. 156.

mais le triangle OAC donne :

$$\overline{OC}^2 = a^2 + b^2 - 2ab \cos OAC = a^2 + b^2 + 2ab \cos \gamma ;$$

donc

(1) $\quad \overline{OO'}^2 + \overline{CC'}^2 = 2a^2 + 2b^2 + 2c^2 + 4ab \cos \gamma.$

On trouverait d'une manière semblable :

(2) $\overline{OO'}^2 + \overline{BB'}^2 = 2a^2 + 2b^2 + 2c^2 + 4ac\cos 6,$

et

(3). $\overline{BB'}^2 + \overline{CC'}^2 = 2a^2 + 2b^2 + 2c^2 - 4bc\cos \alpha;$

si l'on ajoute les équations (1) et (2) et qu'on retranche du résultat l'équation (3), il viendra, en désignant OO′ par d :

$$d^2 = a^2 + b^2 + c^2 + 2ab\cos\gamma + 2ac\cos 6 + 2bc\cos\alpha.$$

311. Supposons maintenant qu'il s'agisse de trouver la distance d de deux points $A(x, y, z)$, $B(x', y', z')$; nous désignerons par $\alpha, 6, \gamma$ les angles yOz, xOz, xOy. Cela posé, menons par chacun des points A et B trois plans parallèles aux plans coordonnés; les arêtes contiguës de ce parallélipipède seront égales aux valeurs absolues de $x-x', y-y', z-z'$; en outre, si ces différences sont positives, les angles, formés avec les axes par les côtés du parallélipipède qui partent du point A, seront $\alpha, 6, \gamma$. On aura donc :

$$\delta^2 = (x-x')^2 + (y-y')^2 + (z-z')^2 + 2(x-x')(y-y')\cos\gamma$$
$$+ 2(x-x')(z-z')\cos 6 + 2(y-y')(z-z')\cos a.$$

La même formule aura lieu, si les différences ne sont pas toutes positives; en effet, si $x-x'$ était négatif, il faudrait changer son signe dans la formule que nous venons de trouver; mais il est évident qu'il faudrait en même temps changer 6 et γ dans leurs suppléments, ce qui ne produit aucun changement dans l'équation. On voit ainsi que la formule précédente est générale; cette formule, dans le cas des coordonnées rectangulaires, se réduit à :

$$\delta^2 = (x-x')^2 + (y-y')^2 + (z-z')^2.$$

312. Pour qu'un plan soit perpendiculaire à une droite, il faut et il suffit que les traces du plan sur deux plans perpendiculaires soient respectivement perpendiculaires aux projections de la droite sur ces plans.

Soient

$$Ax + By + Cz + D = 0,$$

l'équation d'un plan et

$$x = az + p_2 \qquad y = bz + q$$

les équations d'une droite. Les traces du plan sur les plans xz, yz auront pour équations :

$$Ax + Cz + D = 0, \qquad By + Cz + D = 0.$$

Les conditions de perpendicularité sont donc :

$$A - Ca = 0, \qquad B - Cb = 0.$$

313. Supposons qu'il s'agisse de mener par un point (x', y', z') une droite perpendiculaire au plan

$$(1) \qquad Ax + By + Cz + D = 0.$$

Les équations de la droite seront de la forme

$$x - x' = a(z - z'), \qquad y - y' = b(z - z');$$

et, puisqu'elle doit être perpendiculaire au plan donné, on a :

$$a = \frac{A}{C} \quad \text{et} \quad b = \frac{B}{C}.$$

Les équations de la droite demandée sont donc :

$$(2) \qquad x - x' = \frac{A}{C}(z - z'), \quad y - y' = \frac{B}{C}(z - z').$$

Pour avoir l'intersection du plan donné avec la droite (2), nous écrirons l'équation du plan sous la forme :

$$(3) \quad A(x - x') + B(y - y') + C(z - z') + (Ax' + By' + Cz' + D) = 0.$$

Des équations (2) et (3) on tire :

$$(4) \qquad z - z' = -\frac{C(Ax' + By' + Cz' + D)}{A^2 + B^2 + C^2};$$

cette formule fait connaître la coordonnée z du point d'intersection demandé. Les équations (2) donnent ensuite x et y.

Désignons par d la distance du point donné au plan donné ; on aura :

$$d^2 = (x - x')^2 + (y - y')^2 + (z - z')^2 ,$$

ou, à cause des équations (2) et (4),

$$d^2 = \frac{(Ax' + By' + Cz' + D)^2}{A^2 + B^2 + C^2},$$

et

$$d = \frac{Ax' + By' + Cz' + D}{\sqrt{A^2 + B^2 + C^2}}.$$

Remarque I. Si l'on supprime les accents dans l'équation précédente, il vient :

$$Ax + By + Cz + D = d\sqrt{A^2 + B^2 + C^2}.$$

Ce qui montre que le premier membre de l'équation d'un plan, quand on y remplace x, y, z par les coordonnées d'un point quelconque de l'espace, est proportionnel à la distance de ce point au plan.

Remarque II. Si l'on prend l'équation du plan sous la forme

$$x \cos \alpha + y \cos \delta + z \cos \gamma - p = 0,$$

la distance du point (x, y, z) à ce plan sera simplement :

$$\pm (x \cos \alpha + y \cos \delta + z \cos \gamma - p).$$

Remarque III. Pour mener, par une droite donnée, un plan perpendiculaire à un plan donné, il suffit de mener par la droite donnée un plan parallèle à une droite perpendiculaire au plan donné.

MENER, PAR UN POINT DONNÉ, UN PLAN PERPENDICULAIRE A UNE DROITE DONNÉE (COORDONNÉES RECTANGULAIRES).

314. Soit (x', y', z') le point donné par lequel il faut mener un plan perpendiculaire à la droite

$$x = az + p, \quad y = bz + q;$$

le plan demandé passant par le point (x', y', z'), son équation sera de la forme

$$A(x - x') + B(y - y') + C(z - z') = 0;$$

en outre, puisqu'il est perpendiculaire à la droite donnée, on aura :

$$\frac{A}{C} = a, \quad \frac{B}{C} = b;$$

l'équation du plan demandé sera donc

$$a(x - x') + b(y - y') + (z - z') = 0.$$

MENER PAR UN POINT DONNÉ UNE PERPENDICULAIRE A UNE DROITE DONNÉE ; DÉTERMINER LE PIED ET LA GRANDEUR DE CETTE PERPENDICULAIRE (COORDONNÉES RECTANGULAIRES).

315. Soient (x', y', z') le point donné, et

$$(1) \qquad x = az + p, \qquad y = bz + q,$$

les équations de la droite donnée. L'équation du plan, mené par le point donné perpendiculairement à la droite donnée, est :

$$(2) \qquad a(x - x') + b(y - y') + (z - z') = 0;$$

celle du plan mené, par le point donné et par la droite donnée, est :

$$\frac{x - az - p}{x' - az' - p} = \frac{y - bz - q}{y' - bz' - q},$$

ou, si l'on veut,

$$(3) \qquad \frac{(x - x') - a(z - z')}{x' - az' - p} = \frac{(y - y') - b(z - z')}{y' - bz' - q}.$$

La perpendiculaire demandée est donc représentée par les équations (2) et (3). On aura évidemment le pied de cette perpendiculaire en résolvant les équations (1) et (2) par rapport à x, y et z.

On peut écrire de la manière suivante les équations des projections de la droite donnée sur les trois plans coordonnés,

$$(4) \quad \begin{cases} (x - x') - a(z - z') = -(x' - az' - p) \\ (y - y') - b(z - z') = -(y' - bz' - q) \\ b(x - x') - a(y - y') = (ay' - bx' + bp - aq). \end{cases}$$

Si l'on élève au carré l'équation (2) et les équations (4), puis que l'on ajoute ensuite, il vient :

$$(a^2+b^2+1)\,[(x-x')^2+(y-y')^2+(z-z')^2]=(x'-az'-p)^2$$
$$+(y'-bz'-q)^2+(ay'-bx'+bp-aq)^2.$$

Si donc on désigne par d la distance du point donné à la droite donnée, on aura :

$$d=\frac{\sqrt{(x'-az'-p)^2+(y'-bz'-q)^2+(ay'-bx'+bp-aq)^2}}{\sqrt{a^2+b^2+1}};$$

il est aisé de s'assurer que la même formule peut s'écrire de la manière suivante :

$$d=\sqrt{(x'-p)^2+(y'-q)^2+z'^2-\frac{[a(x'-p)+b(y'-q)+z']^2}{a^2+b^2+1}}.$$

CONNAISSANT LES ÉQUATIONS D'UNE DROITE, DÉTERMINER LES ANGLES DE CETTE DROITE AVEC LES AXES DES COORDONNÉES (COORDONNÉES RECTANGULAIRES).

516. Menons, par l'origine des coordonnées, une parallèle à la droite donnée, et soient

$$(1)\qquad\qquad x=az,\qquad y=bz,$$

les équations de cette parallèle. Désignons par α, 6, γ les angles formés avec les axes par l'une des deux directions OM de la droite donnée. Prenons sur cette direction une longueur OM égale à l'unité linéaire. Les coordonnées du point M, qui sont $\cos\alpha$, $\cos 6$, $\cos\gamma$, satisfont aux équations (1); on a donc :

(2) $\cos\alpha = a\cos\gamma, \quad \cos6 = b\cos\gamma;$

d'ailleurs,

(3) $\cos^2\alpha + \cos^2 6 + \cos^2\gamma = 1,$

et l'on tire des équations (2) et (3) :

$$\cos\alpha = \frac{a}{\sqrt{a^2+b^2+1}}, \; \cos6 = \frac{b}{\sqrt{a^2+b^2+1}}, \; \cos\gamma = \frac{1}{\sqrt{a^2+b^2+1}}.$$

Dans ces formules, le radical doit être pris partout avec le même signe; mais ce signe est indéterminé. Le signe $+$ convient à l'une des directions de la droite donnée, le signe $-$ à l'autre direction. Effectivement les deux directions de la droite font avec la direction d'un même axe des angles supplémentaires.

TROUVER L'ANGLE DE DEUX DROITES DONT ON CONNAIT LES ÉQUATIONS
(COORDONNÉES RECTANGULAIRES).

317. Soient Ou et Ou' deux droites données (fig. 157); désignons par α, 6, γ les angles que forme Ou avec les axes des coordonnées; par α', $6'$, γ' les angles que forme Ou' avec ces mêmes axes; enfin par θ l'angle uOu'. Prenons sur Ou une distance OM égale à l'unité linéaire; abaissons MP perpendiculaire sur le plan xy et PQ perpendiculaire sur Ox. Les projections sur Ou' du contour OQPM

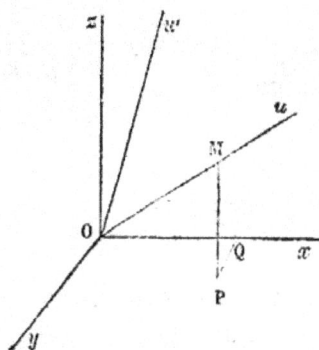
fig. 157.

et de la ligne résultante OM sont égales. On a donc, d'après la notation déjà employée :

$$(OM) = (OQ) + (QP) + (PM).$$

Or $OQ = \pm \cos \alpha$; et, si le signe $+$ a lieu, l'angle $u'OQ$ est égal à α', tandis que cet angle est égal à $180° - \alpha'$ dans le cas contraire. La projection (OQ) est donc égale, dans tous les cas, à $\cos \alpha \cos \alpha'$; on verrait de même que les projections (QP) et (PM) sont respectivement $\cos 6 \cos 6'$, $\cos \gamma \cos \gamma'$; d'ailleurs (OM) est évidemment égale à $\cos \theta$; donc

$$\cos \theta = \cos \alpha \cos \alpha' + \cos 6 \cos 6' + \cos \gamma \cos \gamma'.$$

— Supposons maintenant que les droites données aient pour équations :

$$x = az, \qquad y = bz ;$$
$$x = a'z, \qquad y = b'z.$$

On a :

$$\cos \alpha = \frac{a}{\sqrt{a^2 + b^2 + 1}}, \ \cos 6 = \frac{b}{\sqrt{a^2 + b^2 + 1}}, \ \cos \gamma = \frac{1}{\sqrt{a^2 + b^2 + 1}} ;$$

de même :

$$\cos \alpha' = \frac{a'}{\sqrt{a'^2 + b'^2 + 1}}, \ \cos 6' = \frac{b'}{\sqrt{a'^2 + b'^2 + 1}}, \ \cos \gamma' = \frac{1}{\sqrt{a'^2 + b'^2 + 1}}.$$

Donc

$$\cos \theta = \frac{aa' + bb' + 1.}{\sqrt{a^2 + b^2 + 1} \ \sqrt{a'^2 + b'^2 + 1}}.$$

Remarque I. Si les droites données sont perpendiculaires l'une à l'autre, on a $\cos \theta = 0$; et, par suite, la perpendicularité des deux droites est exprimée par l'une ou l'autre des deux équations :

$$\cos\alpha \cos\alpha' + \cos\theta \cos\theta' + \cos\gamma \cos\gamma' = 0,$$
$$aa' + bb' + 1 = 0.$$

La première de ces conditions s'est déjà présentée immédiatement à nous dans la théorie de la transformation des coordonnées.

Remarque II. On trouve aisément que la valeur de $\sin\theta$ est :

$$\sin\theta = \frac{\sqrt{(a-a')^2 + (b-b')^2 + (ab'-ba')^2}}{\sqrt{a^2 + b^2 + 1}\,\sqrt{a'^2 + b'^2 + 1}}.$$

Pour que $\sin\theta$ soit nul, il faut et il suffit que l'on ait :

$$a = a', \quad b = b'.$$

On retrouve ainsi les conditions, déjà obtenues, du parallélisme de deux droites.

CONNAISSANT L'ÉQUATION D'UN PLAN, TROUVER LES ANGLES QU'IL FAIT AVEC LES PLANS COORDONNÉS (COORDONNÉES RECTANGULAIRES).

318. Soit

$$Ax + By + Cz + D = 0,$$

l'équation d'un plan; désignons par α, θ, γ les angles que ce plan fait avec les plans yz, xz et xy. La perpendiculaire abaissée de l'origine sur le plan perpendiculaire dont les équations sont :

$$x = \frac{A}{C}z, \quad y = \frac{B}{C}z,$$

fera évidemment aussi les angles α, θ, γ avec les axes des x, des y et des z; on aura donc :

$$\cos\alpha = \frac{A}{\sqrt{A^2+B^2+C^2}}, \ \cos 6 = \frac{B}{\sqrt{A^2+B^2+C^2}}, \ \cos\gamma = \frac{C}{\sqrt{A^2+B^2+C^2}}.$$

DÉTERMINER L'ANGLE DE DEUX PLANS (COORDONNÉES RECTANGULAIRES).

319. Soient

$$Ax + By + Cz + D = 0,$$
$$A'x + B'y + C'z + D' = 0,$$

les équations des deux plans donnés, θ l'angle qu'ils font entre eux; les perpendiculaires abaissées de l'origine sur ces plans, perpendiculaires qui ont pour équations :

$$x = \frac{A}{C}z, \quad y = \frac{B}{C}z;$$

$$x = \frac{A'}{C'}z, \quad y = \frac{B'}{C'}z,$$

font entre elles l'angle θ; on a donc :

$$\cos\theta = \frac{AA' + BB' + CC'}{\sqrt{A^2+B^2+C^2}\ \sqrt{A'^2+B'^2+C'^2}}.$$

Remarque I. La condition, pour que les deux plans donnés soient perpendiculaires, est :

$$AA' + BB' + CC' = 0.$$

Remarque II. La valeur de sin θ est :

$$\sin\theta = \frac{\sqrt{(BC'-CB')^2 + (AC'-CA')^2 + (AB'-BA')^2}}{\sqrt{A^2+B^2+C^2}\ \sqrt{A'^2+B'^2+C'^2}};$$

pour que l'angle θ soit nul, il faut et il suffit que l'on ait :

$$\frac{A}{A'} = \frac{B}{B'} = \frac{C}{C'};$$

on retrouve ainsi les conditions du parallélisme de deux plans.

320. Soient

$$Ax + By + Cz + D = 0 ,$$

l'équation du plan donné;

$$x = az + p , \qquad y = bz + q ,$$

celles de la droite donnée. La perpendiculaire au plan, menée par l'origine, a pour équations :

$$x = \frac{A}{C} z , \qquad y = \frac{B}{C} z ;$$

or cette droite fait avec la droite donnée un angle complémentaire de l'angle θ, formé par celle-ci avec le plan donné. On a donc :

$$\sin \theta = \frac{Aa + Bb + C}{\sqrt{A^2 + B^2 + C^2} \ \sqrt{a^2 + b^2 + 1}},$$

et

$$\cos \theta = \frac{\sqrt{(A - Ca)^2 + (B - Cb)^2 + (Ab - Ba)^2}}{\sqrt{A^2 + B^2 + C^2} \ \sqrt{a^2 + b^2 + 1}}.$$

Remarque. La condition, pour que la droite donnée soit parallèle au plan donné, est

$$Aa + Bb + C = 0;$$

c'est la même que nous avons trouvée déjà par d'autres considérations.

On retrouve aussi les conditions de perpendicularité, en égalant à zéro le numérateur de $\cos\theta$; savoir :

$$A - Ca = 0, \quad B - Cb = 0.$$

EXERCICES.

Questions à résoudre.

I. Trouver la plus courte distance de deux droites données par leurs équations.

Pour avoir la grandeur de cette plus courte distance, on fera passer par les deux droites données deux plans parallèles, et on cherchera la plus courte distance de ces deux plans. Pour avoir les équations de la droite sur laquelle est située cette plus courte distance, on mènera par chacune des deux droites données des plans perpendiculaires aux deux premiers.

II. Trouver l'équation d'une sphère dont le centre et le rayon sont donnés.

III. Étant donnée l'équation d'une sphère (coordonnées rectangulaires), trouver l'équation du plan tangent en un point donné de cette sphère.

IV. Trouver l'équation générale des plans tangents à une sphère, menés par un point extérieur. En déduire l'équation du plan qui passe par les points de contact de cette sphère avec tous les plans tangents.

CHAPITRE IV.

SURFACES DU SECOND DEGRÉ.

ELLES SE DIVISENT EN DEUX CLASSES : LES UNES ONT UN CENTRE, LES AUTRES N'EN ONT PAS. COORDONNÉES DU CENTRE.

521. On nomme centre d'une surface un point qui divise en deux parties égales toutes les cordes qui y passent.

THÉORÈME. *Si un centre d'une surface est pris pour origine des coordonnées rectilignes, l'équation de cette surface ne change pas lorsqu'on y remplace x, y, z par* —x, —y, —z.

Réciproquement, *si l'équation d'une surface ne change pas lorsqu'on y remplace x, y, z par* —x, —y, —z, *l'origine des coordonnées est un centre de la surface.*

1° Supposons que l'origine O (fig. 158) soit un centre d'une surface; joignons dn point quelconque M de la surface au centre O, et prolongeons OM d'une quantité OM′ = OM; le point M′ sera aussi un point de la surface. De plus, si l'on mène les cooruonnées MP, MP′ parallèles à l'axe des z, PQ, P′Q′ parallèles à

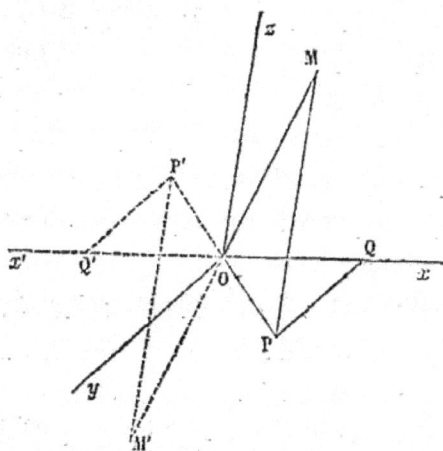

fig. 158.

l'axe des y, enfin que l'on joigne OP et OP', les points P, O, P' seront en ligne droite et les triangles MOP, M'OP' seront égaux. Cela montre d'abord que les coordonnées z des points M et M' sont égales et de signes contraires, puis que OP et OP' sont égales. Alors les triangles PQO, P'Q'O sont égaux ; d'où il suit que les coordonnées x et y du point M sont égales et de signes contraires à celles du point M'. On voit par là que, si l'équation de la surface admet une solution telle que $x=\alpha$, $y=6$, $z=\gamma$, elle admettra aussi la solution $x=-\alpha$, $y=-6$, $z=-\gamma$; en d'autres termes, cette équation, et celle qu'on en déduit par le changement de x, y, z en $-x, -y, -z$, admettront les mêmes solutions ; ce qui démontre la première partie du théorème énoncé.

2° Supposons que l'équation d'une surface ne soit pas altérée par le changement de x, y, z en $-x, -y, -z$. Si cette équation admet la solution $x=\alpha$, $y=6$, $z=\gamma$, elle admettra aussi, par hypothèse, la solution $x=-\alpha$, $y=-6$, $z=-\gamma$. Soient M et M' (fig. 158) les deux points qui ont respectivement pour coordonnées α, 6, γ, et $-\alpha$, -6, $-\gamma$; menons MP, M'P' parallèles à Oz, PQ, P'Q' parallèles à Oy, tirons enfin OP et OP', OM et OM'. Il est aisé de voir que les triangles PQO, P'Q'O sont égaux ; d'où l'on conclut que OP $=$ OP' et que POP' est une ligne droite. D'après cela, les triangles MOP, M'OP' sont égaux ; d'où il suit que OM $=$ OM' et que MOM' est une ligne droite ; ce qui démontre la deuxième partie du théorème énoncé.

Remarque. Si, en particulier, un centre d'une surface algébrique est pris pour origine des coordonnées, les degrés des termes que renferme l'équation de cette surface seront tous pairs ou tous impairs et réciproquement. Ceci suppose, bien entendu, que l'équation soit préparée de manière que l'un

de ses membres soit nul, et que l'autre membre soit une
fonction entière des coordonnées.

322. D'après le théorème qu'on vient d'établir, il suffira,
pour trouver le centre ou les centres d'une surface, de transporter les axes parallèlement à eux-mêmes, de manière que
l'origine prenne une position indéterminée, puis de disposer
des coordonnées de cette origine pour satisfaire, s'il est possible, à la condition que nous avons reconnue être nécessaire
et suffisante. Nous allons faire l'application de cette théorie
aux surfaces du second degré.

323. L'équation la plus générale du second degré à trois
variables peut être mise sous la forme

$$(1) \quad Ax^2 + A'y^2 + A''z^2 + 2Byz + 2B'xz + 2B''xy + 2Cx$$
$$+ 2C'y + 2C''z + K = 0.$$

Si l'on transporte les axes parallèlement à eux-mêmes, de
manière que l'origine soit en un point indéterminé (x', y', z');
il faudra remplacer dans l'équation (1) x par $x + x'$, y par
$y + y'$ et z par $z + z'$; cette équation devient alors :

$$(2) \quad Ax^2 + A'y^2 + A''z^2 + 2Byz + 2B'xz + 2B''xy + 2C_1 x$$
$$+ 2C'_1 y + 2C''_1 z + K_1 = 0,$$

en faisant, pour abréger,

$$C_1 = Ax' + B'z' + B''y' + C,$$
$$C'_1 = A'y' + Bz' + B''x' + C',$$
$$C''_1 = A''z' + By' + B'x' + C'',$$
$$K_1 = Ax'^2 + A'y'^2 + A''z'^2$$
$$+ 2By'z' + 2B'x'z' + 2B''x'y' + 2Cx' + 2C'y' + 2C''z' + K.$$

Pour que la nouvelle origine soit un centre de la surface, il
faut et il suffit (n° 321) que l'on ait :

$$C_1 = 0, \quad C'_1 = 0, \quad C''_1 = 0;$$

c'est-à-dire que les coordonnées x', y', z' satisfassent aux trois équations :

$$(3) \quad \begin{cases} Ax + B'z + B''y + C = 0, \\ B''x + A'y + Bz + C' = 0, \\ B'x + By + A''z + C'' = 0. \end{cases}$$

Ces équations, qui déterminent les coordonnées du centre, peuvent s'obtenir, comme il est aisé de s'en assurer, en égalant à zéro les dérivées du premier membre de l'équation (1) prises par rapport à x, à y et à z.

Résolvons les équations (3) par rapport à x, y, z, on aura :

$$x = \frac{N}{D}, \quad y = \frac{N'}{D}, \quad z = \frac{N''}{D};$$

en faisant pour abréger

$$D = AB^2 + A'B'^2 + A''B''^2 - AA'A'' - 2BB'B'',$$
$$N = C(A'A'' - B^2) + C'(BB' - B''A'') + C''(BB'' - B'A'),$$
$$N' = C'(AA'' - B'^2) + C''(B'B'' - BA) + C(BB' - B''A''),$$
$$N'' = C''(AA' - B''^2) + C(BB'' - B'A') + C'(B'B'' - BA).$$

Trois cas peuvent se présenter.

1° Si le dénominateur D est différent de zéro, les valeurs de x, y, z sont réelles et finies; par suite la surface, représentée par l'équation (1), admet un centre unique.

2° Si le dénominateur D est nul, et que les numérateurs N, N', N'' ne soient pas nuls tous trois, l'une au moins des coordonnées du centre est infinie et par suite la surface représentée par l'équation (1) n'a pas de centre.

3° Si le dénominateur D et les trois numérateurs N, N', N''

sont nuls, les valeurs de x, y, z se présentent sous la forme $\dfrac{0}{0}$; par suite les équations (3) se réduisent à deux équations dis-tinctes, ou même à une seule; et alors la surface repré-sentée par l'équation (1) admet une infinité de centres.

324. Lorsque les équations (3) se réduisent à deux équa-tions distinctes, la surface représentée par l'équation (1) est un cylindre à base elliptique ou hyperbolique. En effet, dans le cas dont il s'agit, la surface (1) a une infinité de centres situés sur une ligne droite. Soient AB cette droite (fig. 159) et M un

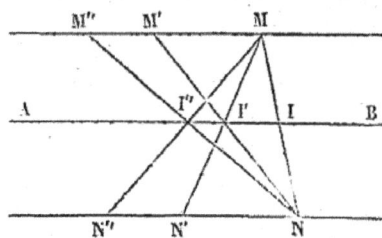

fig 159.

point quelconque de la surface représentée par l'équation (1). Joignons le point M aux diffé-rents points I, I',... de AB et prolongeons les droites ainsi obtenues en N, N',... de ma-nière que l'on ait MI=IN... les points N, N'... seront sur une ligne droite parallèle à AB et cette droite sera évidemment tout entière sur la surface que nous considérons. Si l'on joint de même un point quelconque N de NN' aux différents points I, I'... de AB et que l'on pro-longe ces lignes de quantités égales, les points M, M'... ainsi obtenus formeront une seconde droite parallèle à AB et qui sera tout entière sur la surface. Il résulte de là que tout plan, mené par AB, coupe la surface (1) suivant deux droites paral-lèles à AB et qui en sont équidistantes. La surface que nous considérons est donc un cylindre dont les génératrices sont parallèles à AB. Enfin je dis que la base de ce cylindre est une ellipse ou une hyperbole; en effet, si l'on mène par un point quelconque I de AB un plan quelconque, qui ne contienne pas AB, ce plan coupera la surface suivant une courbe du second degré qui aura évidemment le point I pour centre.

325. Si les équations (3) se réduisent à une seule, la surface représentée par l'équation (1) est formée de deux plans
parallèles. En effet, dans ce cas, la surface (1) a une infinité
de centres, qui sont situés dans un même plan P. Soit M
(fig. 160) un point quelconque de la surface représentée par

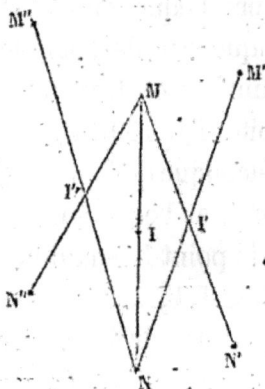

fig. 160.

l'équation (1); joignons ce point aux
différents points I, I′, I″,... du plan P
et prolongeons les droites MI, MI′,
MI″,... de quantités égales IN, I′N′,
I″N″...., les points N, N′, N″,... seront
dans un même plan R parallèle au
plan P et ce plan fera évidemment
partie de la surface (1). Si l'on joint
de même un point quelconque N du
plan R aux différents points I, I′,
I″,..., du plan P et que l'on prolonge
de quantités égales les droites NI, NI′,

NI″..... les points M, M′, M″,..., ainsi obtenus seront sur un
second plan Q parallèle au plan P et qui fera partie de la
surface représentée par l'équation (1). Je dis de plus que
cette surface ne peut avoir aucun point situé hors des plans Q
ou R; car, si un pareil point existait, en menant par ce
point une droite coupant les plans Q et R, cette droite rencon-
trerait la surface en trois points, sans y être contenue tout
entière, ce qui est impossible. On voit en résumé que l'équation (1) représente deux plans, parallèles au plan qui contient
les centres et équidistants de celui-ci.

DES PLANS DIAMÉTRAUX.

326. On nomme plan diamétral d'une surface, un plan
qui divise en deux parties égales toutes les cordes parallèles

a une même droite. Nous allons démontrer que, dans une surface du second degré, il existe un plan diamétral pour chaque
système de cordes parallèles ; nous donnerons en même temps
le moyen de trouver son équation.

Soit

$$Ax^2 + A'y^2 + A''z^2 + 2Byz + 2B'xz + 2B''xy + 2Cx$$
$$+ 2C'y + 2C''z + K = 0,$$

ou, pour abréger,

$$(1) \qquad f(x, y, z) = 0,$$

l'équation d'une surface du second degré ; soient

$$x = mz, \qquad y = nz,$$

les équations d'une droite, menée par l'origine, parallèlement aux cordes que nous voulons considérer. Désignons
par x', y', z' les coordonnées du milieu de cette corde. Si l'on
transporte les axes parallèlement à eux-mêmes, de manière
que l'origine coïncide avec ce point milieu, l'équation de
notre surface deviendra :

$$(2) \qquad f(x + x', y + y', z + z') = 0,$$

et celles de la corde, que nous considérons, seront évidemment :

$$(3) \qquad x = mz, \qquad y = nz.$$

Il suit de là que l'équation du second degré en z

$$(4) \qquad f(mz + x', nz + y', z + z') = 0,$$

qu'on obtient en éliminant x et y entre (2) et (3), aura pour
racines les coordonnées z des points d'intersection de la sur-

face et de la corde ; mais, comme ces coordonnées sont égales et de signes contraires, l'équation (4) ne doit pas renfermer la première puissance de z. Égalant donc à zéro le coefficient du terme du premier degré dans l'équation (4), on obtiendra une équation en x', y', z', m et n qui représentera le lieu des milieux des cordes parallèles à la direction donnée. On trouve, en faisant le calcul, que cette équation est :

$$(\mathrm{A}m + \mathrm{B}' + \mathrm{B}''n)x' + (\mathrm{A}'n + \mathrm{B} + \mathrm{B}''m)y' + (\mathrm{A}'' + \mathrm{B}n + \mathrm{B}'m)z'$$
$$+ \mathrm{C}m + \mathrm{C}'n + \mathrm{C}'' = 0,$$

ou, en supprimant les accents,

$$(\mathrm{A}m + \mathrm{B}' + \mathrm{B}''n)x + (\mathrm{A}'n + \mathrm{B} + \mathrm{B}''m)y + (\mathrm{A}'' + \mathrm{B}n + \mathrm{B}'m)z$$
$$+ \mathrm{C}m + \mathrm{C}'n + \mathrm{C}'' = 0.$$

Cette équation est du premier degré ; elle représente donc un plan, comme on l'avait annoncé.

527. Si l'on représente par X, Y et Z les dérivées du premier membre de l'équation (1) par rapport à x, y, z, l'équation que nous venons de trouver prend la forme très-simple :

$$(5) \qquad m\mathrm{X} + n\mathrm{Y} + \mathrm{Z} = 0 ;$$

c'est l'équation générale des plans diamétraux.

Les plans diamétraux, qui correspondent aux cordes parallèles aux axes des x, des y et des z, s'obtiendront en faisant $\dfrac{n}{m} = 0$ et $\dfrac{1}{m} = 0$, puis $\dfrac{m}{n} = 0$ et $\dfrac{1}{n} = 0$, puis enfin $m = 0$, $n = 0$. Il vient ainsi :

$$\mathrm{X} = 0, \qquad \mathrm{Y} = 0, \qquad \mathrm{Z} = 0 ;$$

ces trois dernières équations sont précisément celles qui dé-

erminent les coordonnées du centre; lorsqu'elles sont satis-
aites, l'équation générale des plans diamétraux est également
atisfaite, quels que soient *m* et *n*. Il s'ensuit que, dans les
urfaces à centre, tous les plans diamétraux passent par le
entre. Il est facile de démontrer que réciproquement tout
lan qui passe par le centre est un plan diamétral.

Dans les surfaces dénuées de centre, les équations

(6) $X=0,$ $Y=0,$ $Z=0$

eprésentent trois plans qui se coupent en un point situé à
'infini. Si deux de ces trois plans se coupent, leur intersec-
ion est parallèle au troisième; par suite ils sont parallèles à
ne même droite; dans le cas contraire ils sont parallèles à
n même plan.

Supposons le premier cas et soit D la droite à laquelle les
lans (6) sont parallèles. Je dis que tous les plans diamétraux
eront parallèles à la droite D. En effet, les valeurs de $x, y, z,$
qui satisfont à l'équation (5) et à deux quelconques des équa-
ions (6), sont infinies; car autrement on satisferait aux équa-
ions (6) par des valeurs finies de x, y, z. Le plan (5) est
lonc parallèle à la droite D qui est représentée par deux des
quations (6).

Si au contraire les plans (6) sont parallèles, il est clair que
ous les plans (5) le sont aussi, puisque les coefficients des
ariables x, y, z dans les équations (5) et (6) sont propor-
ionnels.

Des plans principaux.

328. On nomme *plan principal* un plan diamétral qui est
erpendiculaire aux cordes qu'il divise en deux parties égales;
elles-ci sont dites *cordes principales*. Nous allons établir que,

dans toute surface du second degré, il existe au moins un plan principal.

Soit

$$(1) \quad Ax^2 + A'y^2 + A''z^2 + 2Byz + 2B'xz + 2B''xy + 2Cx$$
$$+ 2C'y + 2C''z + K = 0,$$

l'équation d'une surface du second degré, rapportée à trois axes que nous supposerons ici rectangulaires.

Soient

$$(2) \qquad x = mz, \qquad y = nz,$$

les équations d'une droite quelconque. L'équation du plan diamétral, correspondant à cette droite, sera :

$$(3) \quad (Am + B' + B''n)x + (A'n + B + B''m)y + (A'' + Bn + B'm)z$$
$$+ Cm + C'n + C'' = 0.$$

Les conditions de perpendicularité de la droite (2) et du plan (3) sont :

$$(4) \quad \frac{Am + B' + B''n}{m} = \frac{A'n + B + B''m}{n} = \frac{A'' + Bn + B'm}{1};$$

désignons par s la valeur commune de ces trois rapports, on aura :

$$(5) \quad \begin{cases} (A - s)m + B''n + B' = 0, \\ B''m + (A' - s)n + B = 0, \\ B'm + Bn + (A'' - s) = 0. \end{cases}$$

Si l'on élimine m et n entre ces trois équations, il vient :

$$(s - A)(s - A')(s - A'') - B^2(s - A) - B'^2(s - A')$$
$$- B''^2(s - A'') - 2BB'B'' = 0,$$

ou, en développant,

$$(6) \quad s^3 - (A + A' + A'')s^2 + (AA' - B''^2 + AA'' - B'^2 + A'A'' - B^2)s$$
$$+ (AB^2 + A'B'^2 + A''B''^2 - AA'A'' - 2BB'B'') = 0.$$

Cette équation (6), qui est du troisième degré, a nécessairement une racine réelle s. A cette racine correspondent des
valeurs réelles de m et de n qu'on peut tirer de deux quelconques des équations (5). On obtient ainsi l'équation d'un
plan principal qui est, en se rappelant que chacun des rapports (4) a pour valeur s :

$$s(mx + ny + z) + Cm + C'n + C'' = 0.$$

Si $\alpha, 6, \gamma$ désignent les angles que forment la droite (2) avec
les axes, l'équation du même plan peut s'écrire

$$s(x\cos\alpha + y\cos 6 + z\cos\gamma) + C\cos\alpha + C'\cos 6 + C''\cos\gamma = 0.$$

L'existence d'un plan principal est ainsi démontrée pour tous
les cas; cela suffit pour l'objet que nous avons en vue; les
détails importants, qu'il reste à faire connaître, se déduiront
de la manière la plus simple des considérations qui vont
suivre. Remarquons toutefois que le plan principal, trouvé
précédemment, peut être situé à une distance infinie de l'origine des coordonnées; mais ceci ne peut avoir lieu que chez
les surfaces dénuées de centre; car, dans les autres, tous les
plans diamétraux passent par le centre.

SIMPLIFICATION DE L'ÉQUATION GÉNÉRALE DU SECOND DEGRÉ PAR LA TRANSFORMATION DES COORDONNÉES.

Surfaces à centre.

529. Considérons une surface du second degré à centre,

et rapportons-la à trois axes rectangulaires quelconques. L'é-
quation de cette surface aura la forme :

$$(1) \quad Ax^2 + A'y^2 + A''z^2 + 2Byz + 2B'xz + 2B''xy$$
$$+ 2Cx + 2C'y + 2C''z + K = 0.$$

On peut faire disparaître les termes du premier degré, en
transportant les axes parallèlement à eux-mêmes au centre de
la surface ou à l'un de ses centres, si elle en a une infinité.
Son équation prend alors la forme :

$$(2) \quad Ax^2 + A'y^2 + A''z^2 + 2Byz + 2B'xz + 2B''xy + K_1 = 0.$$

Cela posé, effectuons une nouvelle transformation de coordonnées ; prenons trois nouveaux axes rectangulaires, ayant
même origine que les précédents et tels que le nouveau plan
xy coïncide avec le plan principal dont nous avons reconnu
l'existence (n° 328). Il est évident que la nouvelle équation de
la surface doit être telle que les deux valeurs de z, qu'on en
déduit, soient égales et de signes contraires ; par suite cette
équation ne renfermera pas les rectangles xz et yz. Enfin on
pourra faire disparaître le troisième rectangle xy, en faisant
tourner les axes des x et des y dans leur plan, sans altérer
leur perpendicularité. Alors la surface que nous considérons
sera représentée par une équation de la forme :

$$(3) \quad Px^2 + P'y^2 + P''z^2 = H,$$

où x, y, z désignent des coordonnées rectangulaires. Cette
équation comprend toutes les surfaces qui ont un centre ou
une infinité de centres.

330. Il existe une infinité de systèmes d'axes obliques, pour
lesquels l'équation d'une surface à centre est de la forme :

$$Px^2 + P'y^2 + P''z^2 = H.$$

En effet, si l'on prend trois axes quelconques passant par le centre de la surface, l'équation ne renfermera pas de termes du premier degré; si, en outre, on fait coïncider l'axe des z avec la direction des cordes que le plan xy divise en parties égales, il est évident qu'on fera disparaître les rectangles xz et yz. Enfin on fera disparaître le dernier rectangle xy, en déplaçant convenablement les axes des x et des y dans leur plan; ce qui démontre la proposition énoncée. Lorsque l'équation d'une surface à centre est ainsi réduite, les trois plans coordonnés forment un système de plans *diamétraux conjugués*; le plan qui contient deux quelconques des axes divise en deux parties égales les cordes parallèles au troisième axe.

Surfaces dénuées de centre.

331. Soit

$$(1) \qquad Ax^2 + A'y^2 + A''z^2 + 2Byz + 2B'xz + 2B''xy$$
$$+ 2Cx + 2C'y + 2C''z + K = 0,$$

l'équation d'une surface dénuée de centre, que nous supposerons rapportée à trois axes rectangulaires.

Nous savons que tous les plans diamétraux sont parallèles à une même droite ou sont parallèles entre eux, et ce dernier cas est évidemment compris dans le premier. Or, si l'on a choisi pour axe des x la direction de la droite à laquelle sont parallèles les plans diamétraux de la surface que nous considérons, l'équation de celle-ci ne contiendra ni le carré x^2, ni les rectangles xy et xz. En effet, si l'on égale à zéro les dérivées du premier membre de l'équation proposée par rapport à x, y et z, il vient :

$$(2) \quad \begin{cases} Ax + B'z + B''y + C = 0, \\ A'y + Bz + B''x + C' = 0, \\ A''z + By + B'x + C'' = 0; \end{cases}$$

ces équations (2) représentent trois plans parallèles à l'axe des x, ce qui exige que l'on ait :

$$A = 0, \, B' = 0, \, B'' = 0.$$

On peut donc ainsi ramener l'équation de la surface proposée à la forme :

$$(3) \quad A'y^2 + A''z^2 + 2Byz + 2Cx + 2C'y + 2C''z + K = 0.$$

On peut en second lieu faire disparaître le dernier rectangle yz, en déplaçant les axes des y et des z dans leur plan, sans altérer leur perpendicularité. Par cette transformation, l'équation de la surface prendra la forme :

$$(4) \quad A'y^2 + A''z^2 + 2Cx + 2C'y + 2C''z + K = 0.$$

Enfin, si l'on transporte les axes parallèlement à eux-mêmes en un point convenablement choisi, transformation qui n'offre aucune difficulté, on fera disparaître les termes du premier degré en y et z avec le terme indépendant des variables. Notre équation se réduira donc en définitive à la forme :

$$P'y^2 + P''z^2 = Qx.$$

Cette équation, où x, y, z désignent des coordonnées rectangulaires, comprend toutes les surfaces dénuées de centre.

532. Il existe une infinité de systèmes d'axes obliques, pour lesquels l'équation d'une surface dénuée de centre a la forme :

$$P'y^2 + P''z^2 = Qx.$$

Effectivement, si l'on prend l'axe des x parallèle aux plans diamétraux, quels que soient les deux autres axes, l'équation de la surface ne contiendra pas les termes en x^2, en xy et en xz ; on pourra ensuite, comme dans le cas des axes rectangulaires, faire disparaître le rectangle yz en déplaçant convenablement les axes des y et des z dans leur plan ; enfin, par une translation de ces nouveaux axes, on pourra faire évanouir les termes du premier degré en y et z avec le terme indépendant ; ce qui démontre la proposition énoncée.

ÉQUATIONS LES PLUS SIMPLES DE L'ELLIPSOÏDE, DES HYPERBOLOÏDES A UNE ET A DEUX NAPPES, DES PARABOLOÏDES ELLIPTIQUE ET HYPERBOLIQUE, DES CÔNES ET DES CYLINDRES DU SECOND DEGRÉ.

Discussion des surfaces à centre.

333. Les surfaces à centre sont toutes comprises, comme on l'a vu, dans l'équation :

$$(1) \qquad Px^2 + P'y^2 + P''z^2 = H,$$

où x, y, z désignent des coordonnées rectangulaires. Elles forment plusieurs genres distincts que nous allons examiner. Nous supposerons d'abord qu'aucun des coefficients P, P', P'' et H ne soit égal à zéro ; et nous supposerons en outre H positif, ce qui est permis puisqu'on peut changer les signes de tous les termes de l'équation.

334. ELLIPSOÏDE. Lorsque P, P', P'' ont le même signe, la surface, que représente l'équation (1), prend le nom d'*Ellip-soïde*. Si ces coefficients sont négatifs, l'équation (1) n'admet aucune solution réelle et l'on dit qu'elle représente un *ellip-soïde imaginaire*.

Supposons donc P, P′, P″ positifs. Pour avoir les points où la surface rencontre les axes, il faut égaler à zéro y et z, puis x et z, enfin x et y; on obtient ainsi :

$$x = \pm \sqrt{\frac{\mathrm{H}}{\mathrm{P}}}, \; y = \pm \sqrt{\frac{\mathrm{H}}{\mathrm{P}'}}, \; z = \pm \sqrt{\frac{\mathrm{H}}{\mathrm{P}''}}.$$

Posons :

$$\sqrt{\frac{\mathrm{H}}{\mathrm{P}}} = a, \; \sqrt{\frac{\mathrm{H}}{\mathrm{P}'}} = b, \; \sqrt{\frac{\mathrm{H}}{\mathrm{P}''}} = c,$$

l'équation de la surface devient :

$$(2) \qquad \frac{x^2}{a^2} + \frac{y^2}{b^2} + \frac{z^2}{c^2} = 1.$$

Si l'on prend $\mathrm{OA} = \mathrm{OA}' = a$ sur l'axe des x (fig. 161); $\mathrm{OB} = \mathrm{OB}' = b$ sur l'axe des y; $\mathrm{OC} = \mathrm{OC}' = c$ sur l'axe des z, les six points A, A′, B, B′, C, C′ appartiendront à la surface; les droites AA′, BB′, CC′ sont dites les *longueurs des axes* de l'el-lipsoïde; leurs extrémités sont les *sommets*.

Chacun des plans coordon-nés est évidemment un plan principal de la surface, et coupe la surface suivant une ellipse dite *section principale*. Ces el-lipses ont respectivement pour

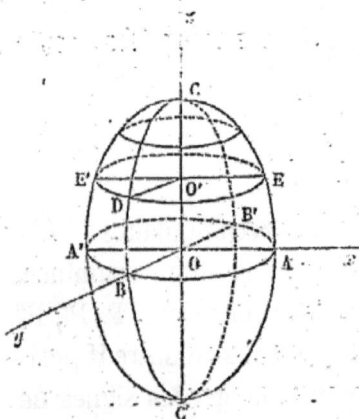

fig. 161.

axes $2a$ et $2b$, $2a$ et $2c$, $2b$ et $2c$.

On déduit de l'équation de l'ellipsoïde un mode de génération très-simple de cette surface. Effectivement, si l'on coupe l'ellipsoïde par un plan parallèle à l'un des plans coordonnés, au plan xy, par exemple, il est clair que l'intersection sera représentée par deux équations de la forme :

$$z = z', \quad \frac{x^2}{a^2} + \frac{y^2}{b^2} = 1 - \frac{z'^2}{c^2}.$$

La courbe définie par les équations précédentes est une ellipse dont les axes sont $2a\sqrt{1 - \frac{z'^2}{c^2}}$, $2b\sqrt{1 - \frac{z'^2}{c^2}}$. Cette ellipse est réelle si z' est compris entre $-c$ et $+c$; on voit en outre que si z' varie d'une manière continue entre ces limites $-c$ et $+c$, l'ellipse dont nous parlons, en variant de grandeur et de position, engendrera l'ellipsoïde. Il faut remarquer que le rapport des axes de l'ellipse génératrice est constant et égal à $\frac{a}{b}$; ces axes varient l'un de $2a$ à zéro, l'autre de $2b$ à zéro. Il s'ensuit évidemment que l'ellipsoïde est une surface fermée dans tous les sens.

535. Dans le cas général l'ellipsoïde est dit *à trois axes inégaux*; dans le cas particulier où deux de ses axes sont égaux, la surface est de révolution autour du troisième axe. Supposons par exemple $a = b$, l'équation de l'ellipsoïde devient :

$$x^2 + y^2 + \frac{a^2}{c^2} z^2 = a^2;$$

les sections parallèles au plan xy sont représentées par deux équations telles que :

$$z = z', \quad x^2 + y^2 = a^2 \left(1 - \frac{z'^2}{c^2} \right)$$

Il s'ensuit que la surface peut être engendrée par un cercle de rayon variable, dont le plan reste parallèle au plan xy, et dont le centre se meut sur l'axe des z. En d'autres termes, la surface est de révolution autour de l'axe des z. La méridienne de cette surface de révolution est une ellipse dont on aura l'équation, dans le plan xz, en faisant $y=0$ dans celle de la surface. L'équation de cette méridienne est donc :

$$\frac{x^2}{a^2} + \frac{z^2}{c^2} = 1.$$

336. Enfin, si les trois axes $2a$, $2b$, $2c$ sont égaux entre eux, l'équation de la surface se réduit à

$$x^2 + y^2 + z^2 = a^2 ;$$

cette équation exprime que la distance de chaque point de la surface à l'origine est constante et égale à a. La surface de la sphère est, comme on le voit, un cas particulier de l'ellipsoïde.

337. Hyperboloïde a une nappe. Si l'un des coefficients P, P', P'' est négatif, et que les deux autres soient positifs, la surface représentée par l'équation (1) est dite un *Hyperboloïde à une nappe*. Nous supposerons P et P' positifs, P'' négatif; les points où la surface rencontre les axes sont donnés par les équations :

$$x = \pm \sqrt{\frac{H}{P}}, \quad y = \pm \sqrt{\frac{H}{P'}}, \quad z = \pm \sqrt{\frac{H}{P''}}.$$

posons :

$$\sqrt{\frac{H}{P}} = a, \quad \sqrt{\frac{H}{P'}} = b, \quad \sqrt{\frac{H}{P''}} = c\sqrt{-1} ;$$

l'équation de la surface devient :

$$(3) \qquad \frac{x^2}{a^2} + \frac{y^2}{b^2} - \frac{z^2}{c^2} = 1.$$

Si l'on prend $OA = OA' = a$ (fig. 162) sur l'axe des x, $OB = OB' = b$ sur l'axe des y ; $OC = OC' = c$ sur l'axe des z ; les quatre points A, A', B, B' appartiendront à la surface ; les droites AA', BB' et CC' sont dites les *longueurs des axes* de l'hyperboloïde ; les deux premières qui rencontrent la surface prennent le nom d'*axes réels*, la troisième est dite *axe imaginaire*. Les extrémités des axes réels sont les *sommets* de la surface. Chacun des plans coordonnés est un plan principal de la surface et coupe celle-ci suivant une courbe dite *section principale*. La section principale, située dans le plan xy, est une ellipse ; les deux autres sont des hyperboles. Les axes de ces trois courbes sont respectivement $2a$ et $2b$, $2a$ et $2c$, $2b$ et $2c$.

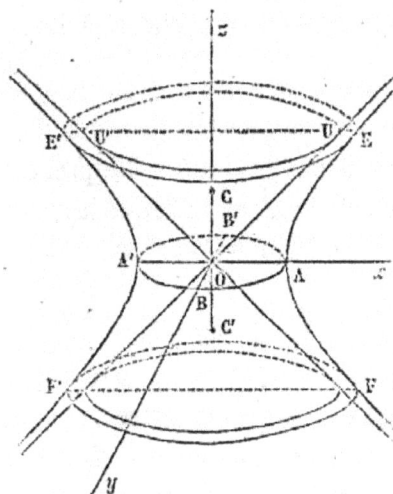

fig. 162.

L'hyperboloïde à une nappe est susceptible d'un mode de génération analogue à celui de l'ellipsoïde. Si, en effet, on coupe cette surface par un plan parallèle au plan xy, l'intersection sera représentée par deux équations de la forme :

$$z = z', \qquad \frac{x^2}{a^2} + \frac{y^2}{b^2} = 1 + \frac{z'^2}{c^2}.$$

La courbe définie par les équations précédentes est une

ellipse dont les axes sont $2a \sqrt{1 + \dfrac{z'^2}{c^2}}$, $2b \sqrt{1 + \dfrac{z'^2}{c^2}}$. Cette ellipse est réelle quel que soit z'. On voit en outre que, si z' varie d'une manière continue de $-\infty$ à $+\infty$, l'ellipse, dont nous parlons, en variant de grandeur et de position, engendrera l'hyperboloïde. Le rapport des axes de l'ellipse génératrice est constant et égal à $\dfrac{a}{b}$. Ces axes varient l'un de l'infini à $2a$, l'autre de l'infini à $2b$ quand z' varie de $-\infty$ à zéro, ou de $+\infty$ à zéro. Les valeurs *minima* de ces axes ont lieu lorsque l'ellipse mobile est située dans le plan xy, et alors elle prend le nom d'*Ellipse de gorge*. Il suit évidemment de là que la surface, dont nous nous occupons, s'étend à l'infini et n'est formée que d'une seule *nappe* continue.

558. Lorsque les deux axes réels $2a$, $2b$ sont égaux, l'hyperboloïde à une nappe est de révolution autour de l'axe imaginaire. Effectivement, les sections perpendiculaires à cet axe sont des circonférences dont il renferme les centres. On obtient l'équation de la méridienne dans le plan xz, en faisant $y = 0$ dans l'équation de la surface. On trouve ainsi l'hyperbole :

$$\frac{x^2}{a^2} - \frac{z^2}{c^2} = 1.$$

559. HYPERBOLOÏDE A DEUX NAPPES. Si deux des coefficients P, P', P'' sont négatifs, et que le troisième soit positif, la surface représentée par l'équation (1) est dite un *Hyperboloïde à deux nappes*. Nous supposerons P positif, P' et P'' négatifs. Les points où la surface rencontre les axes sont donnés par les équations :

$$x = \pm \sqrt{\frac{H}{P}}, \ y = \pm \sqrt{\frac{H}{P'}}, \ z = \pm \sqrt{\frac{H}{P''}}.$$

Posons :

$$\sqrt{\frac{H}{P}} = a, \quad \sqrt{\frac{H}{P'}} = b\sqrt{-1}, \quad \sqrt{\frac{H}{P''}} = c\sqrt{-1};$$

l'équation de la surface devient :

$$(4) \qquad \frac{x^2}{a^2} - \frac{y^2}{b^2} - \frac{z^2}{c^2} = 1.$$

Si l'on prend $OA = OA' = a$ (fig. 163) sur l'axe des x;
$OB = OB' = b$ sur l'axe des y, $OC = OC' = c$ sur l'axe des z, les

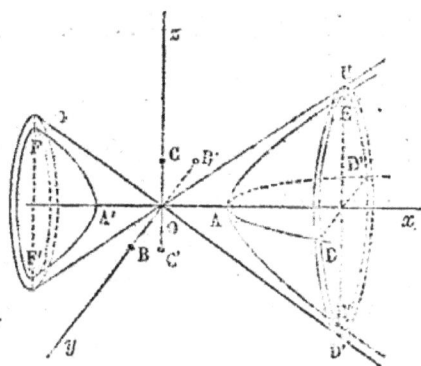

points A et A' appartien-
dront à la surface; les
droites AA', BB', CC' sont
dites les *longueurs des
axes* de l'hyperboloïde;
le premier, qui seul ren-
contre la surface est l'*axe
réel*; les deux autres sont
les *axes imaginaires*; la
surface n'a que deux *som-*

fig. 163.

mets qui sont les extrémités A et A' de l'axe réel. Chacun des
plans coordonnés est un plan principal de la surface; les
plans xz et xy coupent cette surface suivant deux hyperboles
qui prennent le nom de *sections principales;* la surface n'a
aucun point dans le plan principal yz.

L'hyperboloïde à deux nappes peut être engendré de la
même manière que l'ellipsoïde et l'hyperboloïde à une nappe;
si en effet on coupe cette surface par un plan parallèle au
plan yz, l'intersection sera représentée par deux équations
de la forme

$$x = x', \qquad \frac{y^2}{b^2} + \frac{z^2}{c^2} = \frac{x'^2}{a^2} - 1.$$

La courbe, définie par les équations précédentes, est une ellipse dont les axes sont $2b \sqrt{\dfrac{x'^2}{a^2} - 1}$, $2c \sqrt{\dfrac{x'^2}{a^2} - 1}$.

Cette ellipse est réelle, à moins que x' ne soit compris entre $-a$ et $+a$. Si x' varie de $-\infty$ à $-a$ ou de $+a$ à $+\infty$, l'ellipse dont nous parlons, en variant de grandeur et de position, engendrera deux nappes distinctes dont la réunion forme l'hyperboloïde. Le rapport des axes de l'ellipse génératrice est constant et égal à $\dfrac{b}{c}$; ces axes varient l'un et l'autre de l'infini à zéro, quand x' varie de $-\infty$ à $-a$ ou de $+\infty$ à $+a$.

540. Lorsque les deux axes imaginaires $2b$ et $2c$ sont égaux, l'hyperboloïde est de révolution autour de l'axe réel; car les sections perpendiculaires à cet axe sont des circonférences dont il renferme les centres; on obtient l'équation de la méridienne dans le plan xz en faisant $y = 0$ dans l'équation de la surface; on trouve ainsi l'équation

$$\frac{x^2}{a^2} - \frac{z^2}{c^2} = 1.$$

541. Cônes du second degré. Pour compléter l'étude des surfaces du second degré qui ont un centre unique, il nous reste à examiner le cas où le second membre H de l'équation (1) est nul, les coefficients P, P', P'' étant toujours différents de zéro. Alors l'équation (1) se réduit à

$$(1) \qquad Px^2 + P'y^2 + P''z^2 = 0.$$

Si P, P' et P'' sont tous trois de même signe, cette équation ne représente évidemment que le seul point réel:

$$x = 0, \quad y = 0, \quad z = 0;$$

elle donne alors une variété de l'ellipsoïde. Si, au contraire, l'un des coefficients P, P′, P″ est de signe contraire aux deux autres, l'équation que nous considérons représentera un *Cône* du second degré, surface que l'on doit considérer comme une variété de l'hyperboloïde à une nappe ou de l'hyperboloïde à deux nappes. Pour le démontrer, soient

$$(2) \qquad x = mz, \qquad y = nz$$

les équations d'une droite passant par l'origine; on peut éliminer x, y, z entre les équations (1) et (2), il vient ainsi :

$$(3) \qquad Pm^2 + P'n^2 + P'' = 0;$$

si cette équation est satisfaite, la droite (2) sera sur la surface (1); et, si l'on fait varier m et n de manière que cette même équation ait toujours lieu, la droite (2) tournera autour de l'origine et engendrera la surface. Il suit de là que l'équation (1) représente un cône du second degré.

Cette surface peut être considérée comme un hyperboloïde à une nappe dont l'ellipse de gorge se réduit à un point, ou comme un hyperboloïde à deux nappes dont l'axe réel se réduit à zéro.

342. CYLINDRES ELLIPTIQUE ET HYPERBOLIQUE. Nous n'avons plus à considérer que le cas où quelqu'un des coefficients P, P′, P″ est nul dans l'équation

$$Px^2 + P'y^2 + P''z^2 = H.$$

Supposons, par exemple, $P'' = 0$; l'équation se réduit à

$$Px^2 + P'y^2 = H,$$

et elle représente (n° 287), un *Cylindre* dont les génératrices

sont parallèles à l'axe des z. Si P et P' sont de même signe,
la base de ce cylindre est une ellipse; cette ellipse peut être
imaginaire ou se réduire à un point; dans ce dernier cas, la
surface se réduit à l'axe des z. Mais si P et P' sont de signes
contraires, la base du cylindre est une hyperbole; cette hyperbole peut se réduire à deux droites qui se coupent et,
dans ce cas, la surface est composée de deux plans qui se
coupent.

343. Si l'on a en même temps P'$=0$, P''$=0$, l'équation
de la surface se réduit à

$$Px^2 = H;$$

elle représente alors le système de deux plans parallèles, qui
se réduisent à un seul si H est nul.

Discussion des surfaces dénuées de centre.

344. Les surfaces dénuées de centre sont toutes comprises, comme on l'a vu, dans l'équation

$$(1) \qquad P'y^2 + P''z^2 = Qx,$$

où x, y, z désignent des coordonnées rectangulaires et où le
coefficient Q est différent de zéro. Nous supposerons d'abord
P' et P'' différents de zéro. Si P' est négatif, on pourra
le rendre positif, en changeant les signes de tous les
termes de l'équation; cela étant, on peut supposer Q positif, car, s'il ne l'est pas, on le rendra tel en changeant
la direction des x positifs, ce qui revient à changer x
en $-x$. Nous supposerons donc P' et Q positifs, et nous

aurons à examiner le cas de P″ positif et celui de P″ négatif.

545. PARABOLOÏDE ELLIPTIQUE. Si les trois coefficients P′, P″ et Q sont positifs, la surface que représente l'équation (1) est dite un *Paraboloïde ellipti-que.* Cette surface ne coupe les axes qu'à l'origine des coor-données, les plans xy et xz sont évidemment deux plans principaux; l'axe des x est dit l'*axe* du paraboloïde. Les deux plans principaux coupent la

fig. 164.

surface suivant deux paraboles AOA′, BOB′ (fig. 164), dites *sections principales* et qui ont pour équations :

$$z = 0, \qquad y^2 = \frac{Q}{P'} x,$$

$$y = 0, \qquad z^2 = \frac{Q}{P''} x.$$

Si l'on désigne par p et p' les paramètres de ces deux para-boles, on a :

$$\frac{Q}{P'} = 2p, \qquad \frac{Q}{P''} = 2p',$$

et l'équation de la surface devient :

$$(2) \qquad \frac{y^2}{p} + \frac{z^2}{p'} = 2x.$$

Le paraboloïde elliptique est susceptible d'une génération analogue à celle que nous avons constatée pour les surfaces à

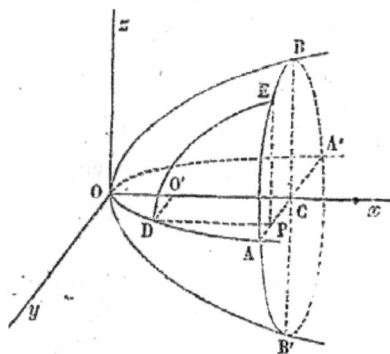

centre; en effet, si l'on coupe la surface par un plan parallèle au plan yz, l'intersection est représentée par deux équations de la forme :

$$x = x', \qquad \frac{y^2}{p} + \frac{z^2}{p'} = 2x'.$$

Cette courbe est une ellipse dont les axes sont $\sqrt{2px'}$ et $\sqrt{2p'x'}$;
elle est réelle si x' est positif; et, si x' varie d'une manière continue de zéro à l'infini, cette ellipse engendrera le paraboloïde. Le rapport des axes de l'ellipse génératrice est constant et

égal à $\sqrt{\dfrac{p}{p'}}$; ces axes varient l'un et l'autre de zéro à l'infini.

Il s'ensuit que le paraboloïde elliptique est une surface formée
d'une nappe qui s'étend à l'infini dans un sens seulement.

Remarque. Si l'on a $p = p'$, l'ellipse génératrice se réduit
à un cercle, et le paraboloïde est de révolution.

546. Paraboloïde hyperbolique. Les coefficients P' et Q
étant positifs, si P'' est négatif, la surface que représente
l'équation (1) est dite un *Paraboloïde hyperbolique.* Cette
surface, comme la précédente,
ne coupe les axes qu'à l'origine des coordonnées. Les
plans xz et xy sont des plans
principaux; l'axe des x est dit
l'*axe* du paraboloïde. Les deux
plans principaux coupent la
surface suivant deux paraboles AOA', BOB' (fig. 165), dites
sections principales et qui ont
pour équations :

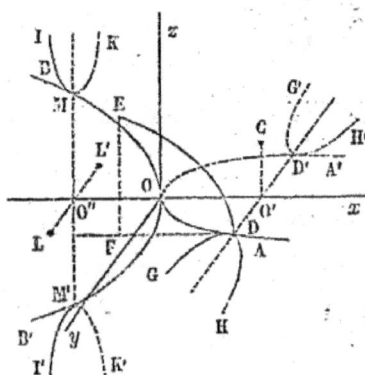

fig. 165.

$$z = 0, \qquad y^2 = 2px,$$
$$y = 0, \qquad z^2 = -2p'x.$$

En faisant $\dfrac{Q}{P'} = 2p$, $\dfrac{Q}{P''} = -2p'$, l'équation du paraboloïde peut s'écrire ainsi :

$$(3) \qquad \frac{y^2}{p} - \frac{z^2}{p'} = 2x.$$

Le paraboloïde hyperbolique est susceptible d'une génération analogue à celle des autres surfaces du second degré ; seulement ici la génératrice, au lieu d'être une ellipse, est une hyperbole ; en effet, si l'on coupe la surface par un plan parallèle au plan yz, l'intersection est représentée par deux équations de la forme :

$$x = x', \qquad \frac{y^2}{p} - \frac{z^2}{p'} = 2x'.$$

Cette courbe est une hyperbole dont les axes sont $\sqrt{\pm 2px'}$ et $\sqrt{\pm 2p'x'}$. Cette hyperbole est toujours réelle ; l'axe imaginaire et l'axe réel se changent l'un dans l'autre, quand x' passe du positif au négatif ; elle se réduit à deux droites, dans le cas intermédiaire de $x' = 0$. On voit que, si x' varie d'une manière continue de $-\infty$ à $+\infty$, l'hyperbole mobile engendrera la surface qui s'étend à l'infini dans tous les sens.

547. Les deux paraboloïdes sont susceptibles d'une génération commune ; on a en effet ce théorème :

Étant données deux paraboles, dont les plans sont perpendiculaires, dont les sommets coïncident et dont les axes sont placés sur la même ligne droite ; si l'une des deux paraboles se meut de manière que son axe et son plan restent parallèles à eux-mêmes, que son sommet soit constamment sur l'autre parabole, la surface engendrée sera un paraboloïde. Le para-

*boloïde sera elliptique, si l'axe de la parabole mobile est dirigé
dans le même sens que celui de la parabole fixe; il sera hyperbolique, dans le cas contraire.*

En effet, soient

$$z = 0, \qquad y^2 = 2px,$$

les équations de la parabole fixe, AOA' (fig. 164 et 165),

$$y = 0, \qquad z^2 = \pm 2p'x$$

celles de la parabole mobile BOB', lorsque celle-ci est dans le
plan xz; pour un point quelconque D de la parabole fixe,
on a :

$$x = x', \quad y = y', \quad z = 0,$$

et

$$y'^2 = 2px'.$$

Lorsque la parabole mobile a pour sommet le point D, ses
équations sont évidemment

$$y = y', \quad z^2 = \pm 2p'(x - x'),$$

et on aura l'équation de la surface engendrée, en éliminant
x', y' entre les trois équations précédentes; il vient ainsi :

$$\frac{y^2}{p} \pm \frac{z^2}{p'} = 2x.$$

548. Cylindre parabolique. Un seul cas reste à examiner,
celui où l'un des coefficients P' ou P″ est nul dans l'équation

$$P'y^2 + P''z^2 = Qx.$$

Supposons, par exemple, P″ = 0; l'équation se réduit à

$$(4) \qquad P'y^2 = Qx.$$

Elle représente un cylindre dont les génératrices sont parallèles à l'axe des z et dont la trace sur le plan xy est une parabole ; la surface que nous considérons est donc un *Cylindre parabolique*.

Remarque. Si l'on a $P'=0$, $P''=0$; l'équation de la surface se réduit à $x=0$ et représente le plan yz ; elle n'appartient plus proprement au second degré.

Résumé.

549. En résumé les surfaces, contenues dans l'équation du second degré, sont les suivantes :

1° Surfaces qui ont un centre unique : *L'Ellipsoïde* (il peut être imaginaire ou se réduire à un point); *l'Hyperboloïde à une nappe ; l'Hyperboloïde à deux nappes; les Cônes du second degré* (ils forment une variété de l'hyperboloïde à une ou à deux nappes);

2° Surfaces qui ont une infinité de centres en ligne droite. *Le Cylindre elliptique* (pouvant se réduire à une simple droite); *le Cylindre hyperbolique* (pouvant se réduire au système de deux plans qui se coupent);

3° Surfaces qui ont une infinité de centres dans un même plan. *Système de deux Plans parallèles* (pouvant se réduire à un seul);

4° Surfaces dénuées de centre. *Le Paraboloïde elliptique; le Paraboloïde hyperbolique; le Cylindre parabolique.*

NATUR E DES SECTIONS PLANES DES SURFACES DU SECOND DEGRÉ.

550. Toute section plane d'une surface du second degré est, comme on l'a vu (n° 297), une courbe du second degré. Il nous reste à examiner quel est le genre des courbes du second degré que l'on obtient, en coupant par des plans chacune des diverses surfaces étudiées précédemment.

Remarquons d'abord que la projection orthogonale ou oblique d'une courbe du second degré sur un plan est une courbe du second degré de même espèce. En d'autres termes, si la section d'un cylindre par un plan, non parallèle aux arêtes, est une courbe du second degré C; toute autre section, non parallèle aux arêtes, sera une courbe du second degré de même espèce. En effet, si l'on prend pour plan xy le plan de la courbe C et pour axe des z une droite parallèle aux génératrices du cylindre, il est évident que l'équation de ce cylindre sera du second degré entre les deux seules variables x, y; car cette équation est la même que celle de la courbe C dans le plan xy. Le cylindre que nous considérons étant une surface du second degré, toute section C' non parallèle aux arêtes sera une courbe du second degré. En outre, si la courbe C est fermée, il est évident que la courbe C' sera aussi fermée; si au contraire la courbe C a deux ou quatre branches infinies, la courbe C' aura également deux ou quatre branches infinies. Il s'ensuit que les courbes C et C' sont de même espèce.

On voit par là que, pour connaître la nature d'une courbe du second degré dans l'espace, il suffit de savoir quelle est la nature de sa projection sur l'un des trois plans coordonnés.

551. Cela posé, nous allons étudier successivement les sections planes des surfaces à centre et celles des deux paraboloïdes, le cas des cylindres pouvant être mis de côté d'après ce qui précède.

ELLIPSOÏDE. Prenons l'équation de l'ellipsoïde sous la forme :

$$(1) \qquad \frac{x^2}{a^2} + \frac{y^2}{b^2} + \frac{z^2}{c^2} = 1$$

et coupons la surface par le plan

(2) $$z = mx + ny + k.$$

Si l'on élimine z entre les équations (1) et (2), il vient

(3) $$\left(\frac{1}{a^2} + \frac{m^2}{c^2}\right) x^2 + \frac{2mn}{c^2}\, xy + \left(\frac{1}{b^2} + \frac{n^2}{c^2}\right) y^2 + \ldots = 0.$$

Désignons par D la différence entre le carré de la moitié du coefficient du rectangle xy et le produit des coefficients de x^2 et de y^2, on aura :

$$D = -\frac{1}{a^2 b^2} - \frac{m^2}{b^2 c^2} - \frac{n^2}{a^2 c^2}.$$

On voit que la quantité D est constamment négative; par conséquent l'équation (3) représente une ellipse. Il s'ensuit que toutes les sections planes de l'ellipsoïde sont des ellipses.

HYPERBOLOIDE A UNE NAPPE. On passe de l'ellipsoïde à l'hyperboloïde à une nappe, en changeant, dans ce qui précède, c^2 en $-c^2$. Ainsi l'intersection de l'hyperboloïde

$$\frac{x^2}{a^2} + \frac{y^2}{b^2} - \frac{z^2}{c^2} = 1,$$

et du plan

$$z = mx + ny + k,$$

sera une ellipse, une parabole ou une hyberbole, suivant que la quantité D sera négative, nulle ou positive. Cette quantité a ici pour valeur :

$$D = -\frac{1}{a^2 b^2} + \frac{m^2}{b^2 c^2} + \frac{n^2}{a^2 c^2}.$$

On peut évidemment choisir les quantités m et n, de manière que D soit négatif, nul ou positif. Il s'ensuit qu'on peut obtenir toutes les courbes du second degré, en coupant un hyperboloïde à une nappe par des plans.

HYPERBOLOÏDE A DEUX NAPPES. On passe du cas qui précède à celui de l'hyperboloïde à deux nappes, en changeant partout b^2 en $-b^2$. L'équation de la surface est :

$$\frac{x^2}{a^2} - \frac{y^2}{b^2} - \frac{z^2}{c^2} = 1.$$

La nature de son intersection par le plan

$$z = mx + ny + k,$$

dépendra du signe de la quantité D, qui a ici pour valeur :

$$D = \frac{1}{a^2b^2} - \frac{m^2}{b^2c^2} + \frac{n^2}{a^2c^2}.$$

Cette quantité peut être négative, nulle ou positive; d'où il suit que l'hyperboloïde à deux nappes donne pour sections toutes les courbes du second degré.

PARABOLOÏDE ELLIPTIQUE. L'équation du paraboloïde elliptique est :

$$\frac{y^2}{p} + \frac{z^2}{p'} = 2x.$$

La projection sur le plan xy de l'intersection de cette surface par le plan

$$z = mx + ny + k$$

a pour équation :

$$\frac{m^2}{p'} x^2 + \frac{2mn}{p'} xy + \left(\frac{1}{p} + \frac{n^2}{p'}\right) y^2 + \ldots = 0.$$

La quantité D a pour valeur:

$$D = -\frac{m^2}{pp'};$$

par suite elle ne pourra être que négative ou nulle; il s'en-suit que les sections planes du paraboloïde elliptique sont des ellipses, sauf celles qui sont parallèles à l'axe et qui sont des paraboles.

PARABOLOÏDE HYBERBOLIQUE. On passe du paraboloïde ellip-tique au paraboloïde hyperbolique, en changeant p' en $-p'$. On peut donc conclure de ce qui précède que toutes les sec-tions planes du paraboloïde hyperbolique appartiennent au genre hyperbole, à l'exception des sections parallèles à l'axe, lesquelles sont des paraboles.

CÔNE ASYMPTOTE D'UN HYPERBOLOÏDE.

352. On nomme *Cône asymptote* d'un hyperboloïde à une ou à deux nappes, le lieu des asymptotes de toutes les hyper-boles que l'on obtient en coupant l'hyperboloïde par des plans passant par son centre.

Proposons-nous de former, d'après cette définition, l'équa-tion du cône asymptote de l'hyperboloïde

$$(1) \qquad Px^2 + P'y^2 + P''z^2 = H;$$

si l'on coupe la surface par le plan

$$(2) \qquad z = mx + ny,$$

la projection de l'intersection sur le plan xy aura pour équa-tion:

$$Px^2 + P'y^2 + P'' (mx + ny)^2 = H;$$

supposons que cette courbe soit une hyperbole, les projections des asymptotes seront évidemment représentées par l'équation

$$P x^2 + P' y^2 + P'' (mx + ny)^2 = 0.$$

Or ces asymptotes sont dans le plan (2), donc elles sont aussi sur le cône

$$P x^2 + P' y^2 + P'' z^2 = 0,$$

qui est, par suite, le cône asymptote.

Et généralement, si un hyperboloïde est rapporté à trois axes quelconques passant par son centre, de manière que l'équation de la surface ait la forme :

$$A x^2 + A' y^2 + A'' z^2 + 2By z + 2B' xz + 2B'' xy + K = 0,$$

l'équation du cône asymptote sera :

$$A x^2 + A' y^2 + A'' z^2 + 2By z + 2B' xz + 2B'' xy = 0.$$

Il suffit, pour le démontrer, de répéter textuellement le raisonnement que nous venons de faire.

553. Il est facile de démontrer que les points de l'hyperboloïde s'approchent indéfiniment du cône asymptote, à mesure qu'ils s'éloignent à l'infini. Nous entendons que les distances des points de l'hyperboloïde au cône asymptote sont comptées suivant des droites parallèles à l'un des axes des coordonnées. Supposons l'équation de l'hyperboloïde ramenée à la forme :

$$P x^2 + P' y^2 + P'' z^2 = H;$$

l'équation du cône asymptote sera :

$$P x^2 + P' y^2 + P'' z^2 = 0.$$

Soient (x, y, z), (x, y, z_1) deux points appartenant l'un à l'hyperboloïde, l'autre au cône asymptote, on aura :

$$Px^2 + P'y^2 + P''z^2 = H,$$
$$Px^2 + P'y^2 + P''z_1^2 = 0 ;$$

retranchant il vient :

$$P''(z^2 - z_1^2) = H$$

et

$$z - z_1 = \frac{H}{P''(z + z_1)}.$$

Si x et y deviennent infinies, z et z_1 seront aussi infinies; on peut d'ailleurs les supposer de même signe, d'où il suit que $z - z_1$ tend vers zéro. Cela prouve que la surface du cône s'approche indéfiniment de la surface de l'hyperboloïde.

354. *Si l'on coupe par un plan un hyperboloïde et son cône asymptote, on obtient deux courbes de même genre.*

En effet, soient

$$Px^2 + P'y^2 + P''z^2 = H,$$
$$Px^2 + P'y^2 + P''z^2 = 0,$$

les équations d'un hyperboloïde et du cône asymptote. Si l'on coupe ces surfaces par le plan

$$z = mx + ny + k,$$

les équations des projections sur le plan xy des deux courbes obtenues ne différeront que par les termes du premier degré et par le terme indépendant des variables. Il s'ensuit évidemment que ces courbes sont de même genre. On peut même ajouter qu'elles sont *semblables*, si l'on se reporte aux considérations que nous avons développées dans l'*appendice* à la géométrie analytique à deux dimensions.

SECTIONS RECTILIGNES DE L'HYPERBOLOÏDE A UNE NAPPE. — ON PEUT, SUR LA SURFACE DE L'HYPERPOLOÏDE A UNE NAPPE, TRACER DEUX DROITES PAR CHACUN DE SES POINTS; D'OÙ RÉSULTENT DEUX SYSTÈMES DE GÉNÉRATRICES RECTILIGNES DE L'HYPERBOLOÏDE. — DEUX DROITES PRISES DANS UN MÊME SYSTÈME NE SE RENCONTRENT PAS, ET DEUX DROITES DE SYSTÈMES DIFFÉRENTS SE RENCONTRENT TOUJOURS. — TOUTES LES DROITES SITUÉES SUR L'HYPERBOLOÏDE ÉTANT TRANSPORTÉES AU CENTRE, PARALLÈLEMENT A ELLES-MÊMES, S'APPLIQUENT EXACTEMENT SUR LE CÔNE ASYMPTOTE. — TROIS DROITES D'UN MÊME SYSTÈME NE SONT JAMAIS PARALLÈLES A UN MÊME PLAN. — L'HYPERBOLOÏDE A UNE NAPPE PEUT-ÊTRE ENGENDRÉ PAR UNE DROITE QUI SE MEUT EN S'APPUYANT SUR TROIS DROITES FIXES, NON PARALLÈLES A UN MÊME PLAN; ET, RÉCIPROQUEMENT, LORSQU'UNE LIGNE DROITE GLISSE SUR TROIS DROITES FIXES, NON PARALLÈLES A UN MÊME PLAN, ELLE ENGENDRE UN HYPERBOLOÏDE A UNE NAPPE.

355. Soit:

$$(1) \qquad \frac{x^2}{a^2} + \frac{y^2}{b^2} - \frac{z^2}{c^2} = 1 ,$$

l'équation d'un hyperboloïde à une nappe; on peut l'écrire comme il suit :

$$\frac{y^2}{b^2} - \frac{z^2}{c^2} = 1 - \frac{x^2}{a^2}$$

ou

$$\left(\frac{y}{b} + \frac{z}{c}\right)\left(\frac{y}{b} - \frac{z}{c}\right) = \left(1 + \frac{x}{a}\right)\left(1 - \frac{x}{a}\right).$$

On voit que cette équation peut s'obtenir par l'élimination de l'indéterminée λ entre les deux équations :

(2) $\quad \dfrac{y}{b}+\dfrac{z}{c}=\lambda\left(1+\dfrac{x}{a}\right), \qquad \dfrac{y}{b}-\dfrac{z}{c}=\dfrac{1}{\lambda}\left(1-\dfrac{x}{a}\right);$

ou, par l'élimination de μ entre les deux équations :

(3) $\quad \dfrac{y}{b}+\dfrac{z}{c}=\mu\left(1-\dfrac{x}{a}\right), \qquad \dfrac{y}{b}-\dfrac{z}{c}=\dfrac{1}{\mu}\left(1+\dfrac{x}{a}\right).$

En considérant λ et μ comme des paramètres variables, les équations (2) et (3) représenteront deux systèmes de droites qui seront toutes situées sur l'hyperboloïde.

556. *Deux droites d'un même système ne sont pas dans un même plan.*

Soient :

$$\dfrac{y}{b}+\dfrac{z}{c}=\lambda\left(1+\dfrac{x}{a}\right), \qquad \dfrac{y}{b}-\dfrac{z}{c}=\dfrac{1}{\lambda}\left(1-\dfrac{x}{a}\right)$$

les équations d'une droite du système (λ). Si l'on ajoute ces équations, après avoir multiplié l'une d'elles par une indéterminée m, on aura l'équation générale des plans qui passent par la droite que nous considérons, savoir :

$$\dfrac{y}{b}+\dfrac{z}{c}-\lambda\left(1+\dfrac{x}{a}\right)+m\left(\dfrac{y}{b}-\dfrac{z}{c}\right)-\dfrac{m}{\lambda}\left(1-\dfrac{x}{a}\right)=0.$$

Si l'on élimine y et z entre cette équation et les équations

$$\dfrac{y}{b}+\dfrac{z}{c}=\lambda'\left(1+\dfrac{x}{a}\right), \qquad \dfrac{y}{b}-\dfrac{z}{c}=\dfrac{1}{\lambda'}\left(1-\dfrac{x}{a}\right)$$

d'une seconde droite appartenant au système (λ), il viendra :

$$(\lambda'-\lambda)\left(1+\dfrac{x}{a}\right)+m\left(\dfrac{1}{\lambda'}-\dfrac{1}{\lambda}\right)\left(1-\dfrac{x}{a}\right)=0;$$

pour que la droite soit tout entière contenue dans le plan, il
faut que la précédente équation soit identique quel que soit x,
en particulier pour $x = a$; ce qui donne $\lambda' = \lambda$. Cela prouve
que les deux droites (λ) et (λ') ne peuvent être dans un même
plan.

On démontrerait de la même manière que deux droites du
système (μ) ne sont jamais dans un même plan.

*Deux droites de systèmes différents sont toujours dans un
même plan.*

En effet, soient les deux droites :

$$\frac{y}{b} + \frac{z}{c} = \lambda \left(1 + \frac{x}{a} \right), \qquad \frac{y}{b} - \frac{z}{c} = \frac{1}{\lambda} \left(1 - \frac{x}{a} \right);$$

et

$$\frac{y}{b} + \frac{z}{c} = \mu \left(1 - \frac{x}{a} \right), \qquad \frac{y}{b} - \frac{z}{c} = \frac{1}{\mu} \left(1 + \frac{x}{a} \right);$$

l'équation générale des plans qui passent par la droite (λ) est :

$$\left(\frac{y}{b} + \frac{z}{c} \right) - \lambda \left(1 + \frac{x}{a} \right) + m \left(\frac{y}{b} - \frac{z}{c} \right) - \frac{m}{\lambda} \left(1 - \frac{x}{a} \right) = 0.$$

Si l'on élimine y et z entre cette équation et celle de la
droite (μ), il vient :

$$\left(\mu - \frac{m}{\lambda} \right) \left(1 - \frac{x}{a} \right) + \left(\frac{m}{\mu} - \lambda \right) \left(1 + \frac{x}{a} \right) = 0;$$

or, pour rendre cette équation identique, il suffit de prendre
$m = \lambda\mu$; d'où il suit que les deux droites que nous considérons sont dans un même plan.

557. Par chaque point (x', y', z') de l'hyperboloïde, on
peut tracer sur la surface une droite du système (λ) et une

droite du système (μ). En effet, puisqu'on a, par hypothèse :

$$\frac{x'^2}{a^2} + \frac{y'^2}{b^2} - \frac{z'^2}{c^2} = 1,$$

on pourra trouver une valeur de λ et une valeur de μ, telles
que l'on ait à la fois :

$$\frac{y'}{b} + \frac{z'}{c} = \lambda \left(1 + \frac{x'}{a}\right), \qquad \frac{y'}{b} - \frac{z'}{c} = \frac{1}{\lambda} \left(1 - \frac{x'}{a}\right),$$

et

$$\frac{y'}{b} + \frac{z'}{c} = \mu \left(1 - \frac{x'}{a}\right), \qquad \frac{y'}{b} - \frac{z'}{c} = \frac{1}{\mu} \left(1 + \frac{x'}{a}\right).$$

Les paramètres λ et μ étant ainsi déterminés, les équations :

$$\frac{y}{b} + \frac{z}{c} = \lambda \left(1 + \frac{x}{a}\right), \qquad \frac{y}{b} - \frac{z}{c} = \frac{1}{\lambda} \left(1 - \frac{x}{a}\right);$$

et

$$\frac{y}{b} + \frac{z}{c} = \mu \left(1 - \frac{x}{a}\right), \qquad \frac{y}{b} - \frac{z}{c} = \frac{1}{\mu} \left(1 + \frac{x}{a}\right),$$

seront celles de deux droites situées sur la surface et passant
par le point (x', y', z').

558. Il est important d'établir que toute droite tracée sur
l'hyperboloïde appartient nécessairement à l'un des deux systèmes dont nous venons de constater l'existence. Supposons
en effet qu'une droite AB située sur la surface n'appartienne
ni au système (λ) ni au système (μ). Par un point A de AB, menons une droite AL du système (λ); puis, par chacun des
points de AB, menons une droite du système (μ); chacune de
ces droites rencontrera AL et, par suite, elles seront toutes dans
un même plan, ce que nous avons démontré être impossible.

359. Les deux systèmes de droites, qu'on peut tracer sur l'hyperboloïde

$$\frac{x^2}{a^2} + \frac{y^2}{b^2} - \frac{z^2}{c^2} = 1,$$

ont, comme on vient de voir, pour équations :

$$\frac{y}{b} + \frac{z}{c} = \lambda\left(1 + \frac{x}{a}\right), \qquad \frac{y}{b} - \frac{z}{c} = \frac{1}{\lambda}\left(1 - \frac{x}{a}\right);$$

$$\frac{y}{b} + \frac{z}{c} = \mu\left(1 - \frac{x}{a}\right), \qquad \frac{y}{b} - \frac{z}{c} = \frac{1}{\mu}\left(1 + \frac{x}{a}\right).$$

Si l'on transporte ces droites parallèlement à elles-mêmes au centre de la surface, leurs équations deviennent évidemment :

$$\frac{y}{b} + \frac{z}{c} = \lambda\frac{x}{a}, \qquad \frac{y}{b} - \frac{z}{c} = \frac{1}{\lambda}\frac{x}{a};$$

$$\frac{y}{b} + \frac{z}{c} = \mu\frac{x}{a}, \qquad \frac{y}{b} - \frac{z}{c} = \frac{1}{\mu}\frac{x}{a}.$$

Éliminant λ entre les deux premières, ou μ entre les deux dernières, il vient :

$$\frac{x^2}{a^2} + \frac{y^2}{b^2} - \frac{z^2}{c^2} = 0.$$

Il résulte de là que :

Toutes les droites situées sur l'hyperboloïde, étant transportées au centre parallèlement à elles-mêmes, s'appliquent exactement sur le cône asymptote.

D'où l'on peut conclure immédiatement que :

Trois droites situées sur l'hyperboloïde ne sont jamais parallèles à un même plan.

Car, autrement, il y aurait trois génératrices du cône asymptote dans un même plan.

Il est très-aisé de reconnaître, soit par le calcul, soit par des considérations géométriques fort simples, que les projections des droites (λ) et (μ) sur les plans coordonnés sont tangentes aux sections principales.

560. Si, par l'une des droites qu'on peut tracer sur l'hyperboloïde, on fait passer un plan, ce plan coupera la surface suivant une seconde droite, puisque les sections planes des surfaces du second degré sont des courbes du second degré. Les sections ainsi obtenues sont dites *sections rectilignes.*

Les mêmes droites prennent aussi le nom de *génératrices rectilignes*, parce qu'elles peuvent être considérées comme étant les diverses positions d'une droite mobile, qui dans son mouvement, engendre la surface. En effet, soient L, L′, L″ trois génératrices du système (λ) ; par chaque point de L on peut mener une droite M du système (μ), laquelle rencontrera les droites L′ et L″. Le mouvement de la droite M est déterminé par la condition qu'elle rencontre les droites L, L′, L″; et il est clair que, dans ce mouvement, cette droite mobile engendrera la surface.

561. Nous allons démontrer que réciproquement :

Lorsqu'une droite glisse sur trois droites fixes, non situées deux à deux dans un même plan et non parallèles à un même plan, elle engendre un hyperboloïde.

Soient A, B, C les trois droites données (fig. 166) ; menons par chacune d'elles deux plans respectivement parallèles aux deux autres ; ces six plans détermineront un parallélipipède dont nous prendrons le centre O pour origine des coordonnées ; quant aux directions Ox, Oy, Oz des trois axes, nous les choisirons parallèles aux droites A, B, C respectivement. Cela posé, en désignant par $2a$, $2b$, $2c$ les longueurs des arêtes du parallélipipède, les équations des droites données seront :

(A) $\begin{cases} y = -b. \\ z = c. \end{cases}$ (B) $\begin{cases} x = a. \\ z = -c. \end{cases}$ (C) $\begin{cases} x = -a. \\ y = b. \end{cases}$

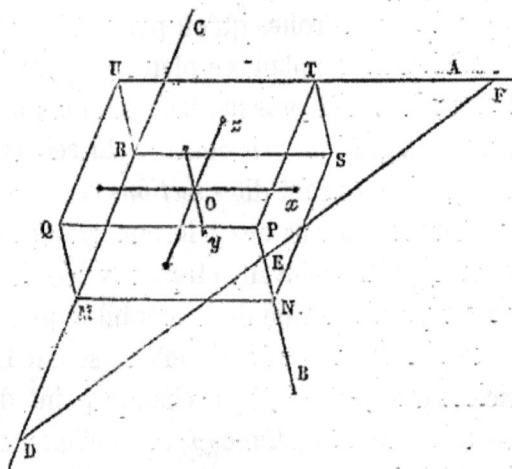

fig. 166.

Soient :

$$(1) \quad x = mz + p, \qquad (2) \quad y = nz + q,$$

les équations d'une droite G qui rencontre A, B, C. Les conditions, pour qu'il y ait rencontre, sont :

$$(3) \quad -b = nc + q,$$

$$(4) \quad a = -mc + p,$$

$$(5) \quad \frac{-a-p}{m} = \frac{b-q}{n}.$$

On aura évidemment l'équation de la surface engendrée par la droite G, en éliminant m, n, p, q entre les cinq équations (1), (2), (3), (4), (5); l'élimination de p et q donne d'abord :

$$y + b = n(z - c), \quad x - a = m(z + c), \quad n(x + a) = m(y - b);$$

enfin, éliminant m et n entre ces trois dernières équations, il vient :

$$(x + a)(y + b)(z + c) - (x - a)(y - b)(z - c) = 0.$$

ou

$$ayz + bxz + cxy + abc = 0.$$

Cette équation est du second degré et elle a un centre unique ; c'est donc un hyperboloïde à une nappe, car il est évident que l'ellipsoïde et l'hyperboloïde à deux nappes ne peuvent pas admettre de génératrices rectilignes.

562. Il est bon de remarquer le cas particulier de l'hyperboloïde de révolution à une nappe ; cette surface peut évidemment être engendrée, en faisant tourner autour de l'axe de révolution l'une quelconque des droites contenues dans la surface. Ici l'ellipse de gorge se réduit à un cercle et le cône asymptote est un cône droit.

Il est aisé de démontrer que : réciproquement, *si une droite tourne autour d'un axe fixe non situé avec elle dans un même plan, cette droite mobile engendrera un hyperboloïde de révolution à une nappe.*

En effet, prenons pour axe des z l'axe de la surface, pour axes des x et des y deux droites rectangulaires, situées dans le plan que décrit la plus courte distance de la génératrice à l'axe. Soient MP l'une des génératrices et M le point où cette génératrice rencontre le plan xy. Désignons par r la longueur donnée OM qui est la plus courte distance de la génératrice à l'axe ; par ω l'angle variable MOx ; enfin, par α, β, γ les angles formés par la génératrice avec les axes ; l'angle γ est constant, les angles α et β sont variables.

Les coordonnées du point M sont :

$$x = r\cos\omega \ , \ y = r\sin\omega \ , \ z = 0 ;$$

par suite les équations de la droite MP sont :

$$\frac{x - r\cos\omega}{\cos\alpha} = \frac{y - r\sin\omega}{\cos 6} = \frac{z}{\cos\gamma}.$$

Cela posé, on a :

$$\cos^2\alpha + \cos^2 6 + \cos^2\gamma = 1 ;$$

en outre, la droite MP étant perpendiculaire sur OM, qui fait avec les axes des angles dont les cosinus sont $\cos\omega$, $\sin\omega$ et zéro, on a :

$$\cos\alpha\cos\omega + \cos 6\sin\omega = 0 ,$$

ou

$$\frac{\cos\alpha}{\sin\omega} = \frac{\cos 6}{\cos\omega} = \frac{\sqrt{\cos^2\alpha + \cos^2 6}}{1} = \pm\sin\gamma ;$$

par suite,

$$\cos\alpha = \pm\sin\gamma\sin\omega, \qquad \cos 6 = \mp\sin\gamma\cos\omega.$$

Les équations de la génératrice deviennent alors :

$$x = \pm z\,\text{tang}\gamma\sin\omega + r\cos\omega,$$
$$y = \mp z\,\text{tang}\gamma\cos\omega + r\sin\omega ;$$

elles ne renferment plus que le seul paramètre variable ω. On élimine ω entre ces équations, en les élevant au carré et ajoutant ensuite ; il vient ainsi :

$$x^2 + y^2 - z^2\,\text{tang}^2\gamma = r^2,$$

équation qui est celle d'un hyperboloïde à une nappe, dont les

axes réels sont égaux à $2r$ et dont l'axe imaginaire est $\dfrac{2r}{\tan\gamma}$.

SECTIONS RECTILIGNES DU PARABOLOIDE HYBERBOLIQUE. — ON PEUT, SUR LA SURFACE DU PARABOLOIDE HYPERBOLIQUE, TRACER DEUX DROITES PAR CHACUN DE SES POINTS; D'OU RÉSULTE LA GÉNÉRATION DU PARABOLOÏDE PAR DEUX SYSTÈMES DE DROITES. — DEUX DROITES D'UN MÊME SYSTÈME NE SE RENCONTRENT PAS, MAIS DEUX DROITES DE SYSTÈMES DIFFÉRENTS SE RENCONTRENT TOUJOURS. — TOUTES LES DROITES D'UN MÊME SYSTÈME SONT PARALLÈLES A UN MÊME PLAN. — LE PARABOLOÏDE HYPERBOLIQUE PEUT ÊTRE ENGENDRÉ PAR LE MOUVEMENT D'UNE DROITE QUI GLISSE SUR TROIS DROITES FIXES PARALLÈLES A UN MÊME PLAN; OU BIEN PAR UNE DROITE QUI GLISSE SUR DEUX DROITES FIXES, EN RESTANT TOUJOURS PARALLÈLE A UN PLAN DONNÉ. RÉCIPROQUEMENT, TOUTE SURFACE RÉSULTANT DE L'UN DE CES DEUX MODES DE GÉNÉRATION EST UN PARABOLOÏDE HYPERBOLIQUE.

365. Soit

$$(1) \qquad \frac{y^2}{p} - \frac{z^2}{p'} = 2x,$$

l'équation d'un paraboloïde hyperbolique; on peut l'écrire comme il suit :

$$\left(\frac{y}{\sqrt{p}} + \frac{z}{\sqrt{p'}}\right)\left(\frac{y}{\sqrt{p}} - \frac{z}{\sqrt{p'}}\right) = 2x;$$

on voit alors qu'elle peut s'obtenir par l'élimination de l'indéterminée λ entre les deux équations :

$$(2) \qquad \frac{y}{\sqrt{p}} + \frac{z}{\sqrt{p'}} = 2\lambda x, \qquad \frac{y}{\sqrt{p}} - \frac{z}{\sqrt{p'}} = \frac{1}{\lambda},$$

ou par l'élimination de μ entre les deux équations :

$$(3) \qquad \frac{y}{\sqrt{p}} + \frac{z}{\sqrt{p'}} = \mu, \qquad \frac{y}{\sqrt{p}} - \frac{z}{\sqrt{p'}} = \frac{2x}{\mu}.$$

En considérant λ et μ comme deux paramètres variables, les équations (2) et (3) représenteront deux systèmes de droites qui seront toutes situées sur le paraboloïde.

364. *Deux droites d'un même système ne sont pas dans un même plan.*

Soient :

$$\frac{y}{\sqrt{p}} + \frac{z}{\sqrt{p'}} = 2\lambda x, \qquad \frac{y}{\sqrt{p}} - \frac{z}{\sqrt{p'}} = \frac{1}{\lambda},$$

les équations d'une droite du système (λ). L'équation générale des plans qui passent par cette droite sera :

$$\left(\frac{y}{\sqrt{p}} + \frac{z}{\sqrt{p'}} - 2\lambda x \right) + m \left(\frac{y}{\sqrt{p}} - \frac{z}{\sqrt{p'}} - \frac{1}{\lambda} \right) = 0.$$

Si l'on élimine y et z entre cette équation et les équations :

$$\frac{y}{\sqrt{p}} + \frac{z}{\sqrt{p'}} = 2\lambda' x, \qquad \frac{y}{\sqrt{p}} - \frac{z}{\sqrt{p'}} = \frac{1}{\lambda'},$$

d'une seconde droite appartenant au système (λ), il viendra :

$$2x(\lambda' - \lambda) + m \left(\frac{1}{\lambda'} - \frac{1}{\lambda} \right) = 0;$$

pour que la droite soit tout entière contenue dans le plan, il faut que la précédente équation ait lieu quel que soit x; cela exige que l'on ait $\lambda' = \lambda$. Il s'ensuit que deux droites du système (λ) ne sont pas dans un même plan.

On démontrerait de la même manière que deux droites du système (μ) ne sont jamais dans un même plan et, par suite, qu'elles ne peuvent jamais se rencontrer.

Deux droites de systèmes différents sont toujours dans un même plan.

En effet, soient les deux droites :

$$\frac{y}{\sqrt{p}} + \frac{z}{\sqrt{p'}} = 2\lambda x, \quad \frac{y}{\sqrt{p}} - \frac{z}{\sqrt{p'}} = \frac{1}{\lambda};$$

$$\frac{y}{\sqrt{p}} + \frac{z}{\sqrt{p'}} = \mu, \quad \frac{y}{\sqrt{p}} - \frac{z}{\sqrt{p'}} = \frac{2x}{\mu}.$$

L'équation générale des plans qui passent par la droite (λ) est :

$$\left(\frac{y}{\sqrt{p}} + \frac{z}{\sqrt{p'}} - 2\lambda x \right) + m \left(\frac{y}{\sqrt{p}} - \frac{z}{\sqrt{p'}} - \frac{1}{\lambda} \right) = 0.$$

Si l'on élimine y et z entre cette équation et celle de la droite (μ), il vient :

$$2x \left(\frac{m}{\mu} - \lambda \right) + \left(\mu - \frac{m}{\lambda} \right) = 0;$$

or, pour que cette équation soit identique, il suffit de prendre $m = \lambda\mu$; d'où il suit que les deux droites que nous considérons sont dans un même plan.

565. *Par chaque point* (x', y', z') *du paraboloïde on peut tracer une droite du système* (λ) *et une droite du système* (μ). En effet, puisqu'on a, par hypothèse :

$$\frac{y'^2}{p} - \frac{z'^2}{p'} = 2x',$$

on pourra trouver une valeur de λ et une valeur de μ telles que l'on ait :

$$\frac{y'}{\sqrt{p}} + \frac{z'}{\sqrt{p'}} = 2\lambda x', \qquad \frac{y'}{\sqrt{p}} - \frac{z'}{\sqrt{p'}} = \frac{1}{\lambda};$$

$$\frac{y'}{\sqrt{p}} + \frac{z'}{\sqrt{p'}} = \mu, \qquad \frac{y'}{\sqrt{p}} - \frac{z'}{\sqrt{p'}} = \frac{2x'}{\mu}.$$

Les paramètres λ et μ étant ainsi déterminés, les équations

$$\frac{y}{\sqrt{p}} + \frac{z}{\sqrt{p'}} = 2\lambda x, \qquad \frac{y}{\sqrt{p}} - \frac{z}{\sqrt{p'}} = \frac{1}{\lambda};$$

$$\frac{y}{\sqrt{p}} + \frac{z}{\sqrt{p'}} = \mu, \qquad \frac{y}{\sqrt{p}} - \frac{z}{\sqrt{p'}} = \frac{2x}{\mu}$$

seront celles de deux droites tracées sur la surface et passant par le point (x', y', z').

Toute droite tracée sur le paraboloïde appartient nécessairement à l'un des deux systèmes dont nous venons de constater l'existence; on s'en assure en répétant textuellement le raisonnement que nous avons fait au sujet de l'hyperboloïde (n° 358).

566. Les droites, que l'on peut tracer sur le paraboloïde

$$\frac{y^2}{p} - \frac{z^2}{p'} = 2x,$$

forment ainsi deux systèmes; celles de l'un des systèmes sont évidemment parallèles au plan

$$\frac{y}{\sqrt{p}} - \frac{z}{\sqrt{p'}} = 0,$$

et celles de l'autre système au plan

$$\frac{y}{\sqrt{p}} + \frac{z}{\sqrt{p'}} = 0.$$

Soient L, L′, L″ trois droites appartenant au même système ; toutes les génératrices de l'autre système les rencontreront. Or, si une droite mobile est assujettie à rencontrer trois droites fixes, le mouvement de cette droite est déterminé ; d'où il suit que le paraboloïde hyperbolique peut être engendré par une droite qui se meut en s'appuyant sur trois droites données parallèles à un même plan.

Si au lieu de trois droites appartenant au même système, on en considère deux seulement L et L′, les droites du second système qui les rencontrent toutes deux sont en outre parallèles à un plan fixe. Or le mouvement d'une droite est déterminé par la condition que cette droite rencontre deux droites fixes et reste parallèle à un plan fixe. Donc le paraboloïde hyperbolique peut être engendré par une droite mobile qui s'appuie sur deux droites fixes et reste parallèle à un plan fixe.

Le plan fixe est appelé *plan directeur*, les droites fixes *directrices* et les droites mobiles *génératrices*. Aussi emploie-t-on la dénomination de *génératrices rectilignes* pour désigner les droites qu'on peut tracer sur la surface du paraboloïde hyperbolique. On leur donne aussi le nom de *sections rectilignes*, parce que deux droites appartenant à deux systèmes différents constituent la section du paraboloïde par un plan.

367. Nous allons démontrer les réciproques des propositions que nous venons d'établir.

Lorsqu'une droite glisse sur trois droites fixes, parallèles à un même plan, elle engendre un paraboloïde hyperbolique.

Soient Ox, AB et CD (fig. 167) les trois droites données parallèles à un même plan; nous prendrons pour axe des z une droite qui rencontre les trois droites données, pour axe des x l'une de ces droites, Ox par exemple, et pour axe des y une droite Oy parallèle à l'une des deux autres droites données AB; la droite CD sera, par hypothèse, parallèle au plan xy; les équations des droites données seront :

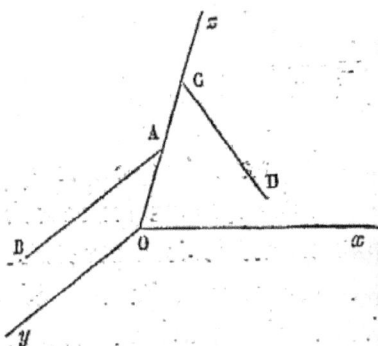

fig. 167.

$$(Ox)\ \begin{cases} y=0, \\ z=0, \end{cases} \quad (AB)\ \begin{cases} x=0, \\ z=h, \end{cases} \quad (CD)\ \begin{cases} y=ax, \\ z=k. \end{cases}$$

Soient en outre :

$$x=mz+p, \quad y=nz+q$$

les équations d'une droite G qui s'appuie sur les trois droites données. Les conditions pour qu'il y ait rencontre sont :

$$q=0, \quad mh+p=0, \quad a(mk+p)=nk+q.$$

Si l'on élimine m, n, p, q entre ces équations et celles de la génératrice, on obtiendra l'équation de la surface engendrée, savoir :

$$kyz-a\,(k-h)\,xz-khy=0.$$

Cette équation est du second degré, et on voit immédiatement que la surface qu'elle représente n'a pas de centre; il s'ensuit que cette surface est un paraboloïde hyperbolique.

Effectivement il est clair qu'on ne peut tracer aucune droite sur le paraboloïde elliptique, et d'ailleurs toutes les droites tracées sur le cylindre parabolique sont parallèles.

568. *Lorsqu'une droite glisse sur deux droites fixes et reste parallèle à un plan fixe, elle engendre un paraboloïde hyperbolique.*

Soient AP et BQ les deux droites données (fig. 168). Nous prendrons pour plan xy un plan parallèle au plan directeur donné; pour axe des y la droite qui joint les points d'intersection P et Q de ce plan avec les droites données; pour origine le milieu O de PQ; pour plan xz le plan mené par O parallèlement aux

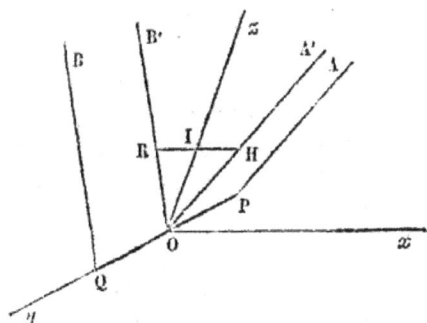

fig. 168.

deux droites données, ce qui détermine l'axe des x; enfin menant OA' et OB' parallèles respectivement aux droites données AP et BQ, puis coupant ces parallèles aux points R et H par une droite RH parallèle à Ox, nous prendrons pour axe des z la droite OI qui passe par le milieu de RH. Cela posé, les équations des droites données seront:

$$\text{(AP)} \begin{cases} y = h, \\ x = az, \end{cases} \quad \text{(BQ)} \begin{cases} y = -h, \\ x = -az. \end{cases}$$

La génératrice étant parallèle au plan xy, ses équations seront:

$$z = k, \quad y = mx + n,$$

pour que cette droite rencontre les deux droites données, il faut que l'on ait

$$h = mak + n, \quad -h = -mak + n;$$

d'où

$$n = 0, \quad h = mak.$$

Éliminant m, n et k entre ces deux équations et celles de la génératrice, il vient pour l'équation de la surface :

$$yz = \frac{h}{a} x.$$

Cette équation est celle d'une surface du second degré dénuée de centre et qui ne peut être qu'un paraboloïde hyperbolique.

EXERCICES.

Questions à résoudre.

I. Reprendre l'étude des plans principaux d'après les équations réduites. Les surfaces à centre n'ont que trois plans principaux. Le cas des surfaces de révolution fait seul exception. Les deux paraboloïdes n'ont que deux plans principaux; il n'y a exception que pour le paraboloïde elliptique de révolution. Enfin le cylindre parabolique n'a qu'un seul plan principal.

II. Si l'on fait passer deux surfaces du second degré par une même courbe du second degré, ces deux surfaces se coupent suivant une seconde courbe qui est plane et qui est du second degré.

III. Étant donnée une surface du second degré à centre, si on la coupe par une sphère concentrique, on peut choisir le rayon de la sphère de manière que les points d'intersection soient placés sur deux plans. Il en résulte que cette intersection est composée de deux cercles réels ou imaginaires. Déduire de là que les surfaces à centre admettent deux systèmes de sections circulaires.

IV. Montrer qu'on peut considérer le paraboloïde elliptique comme la limite d'une série d'ellipsoïdes.

Trouver, par cette considération, les deux systèmes de sections circulaires qu'admet le paraboloïde elliptique.

V. Trouver le lieu géométrique des sommets des angles trièdres-trirectangles circonscrits à une surface du second degré.

VI. Trouver l'équation du plan tangent en un point donné d'une surface du second degré.

VII. Trouver l'équation générale des plans tangents à une surface du second degré, menés par un point extérieur. Démontrer que ces plans sont tangents à la surface d'un cône qui a pour sommet le point extérieur et qui touche la surface suivant une courbe plane.

VIII. Démontrer que les trois équations

$$\frac{x^2}{\rho^2} + \frac{y^2}{\rho^2 - b^2} + \frac{z^2}{\rho^2 - c^2} = 1,$$

$$\frac{x^2}{\mu^2} + \frac{y^2}{\mu^2 - b^2} - \frac{z^2}{c^2 - \mu^2} = 1,$$

$$\frac{x^2}{\nu^2} - \frac{y^2}{b^2 - \nu^2} - \frac{z^2}{c^2 - \nu^2} = 1,$$

représentent un système triple de surfaces orthogonales. b et c

sont des constantes données; ρ, μ, ν des paramètres variables; on suppose $b < c < \rho$; $b < \mu < c$; $\nu < b < c$. La première équation représente des ellipsoïdes, la deuxième des hyperboloïdes à une nappe et la troisième des hyperboloïdes à deux nappes. Ces surfaces sont dites *homofocales*, parce que leurs sections principales ont mêmes foyers.

IX. Les mêmes choses étant posées que dans la question précédente, on propose d'exprimer les coordonnées x, y, z en fonction des paramètres ρ, μ, ν.

CHAPITRE V.

COMPLÉMENT DE LA THÉORIE DES SURFACES DU SECOND DEGRÉ.

DISCUSSION D'UNE ÉQUATION DU SECOND DEGRÉ A TROIS VARIABLES.

569. Nous nous proposons de montrer, dans ce chapitre, comment on peut déterminer la nature de la surface représentée par une équation numérique du second degré à trois variables.

Soit à étudier la surface représentée par l'équation :

$$Ax^2 + A'y^2 + A''z^2 + 2Byz + 2B'xz + 2B''xy$$
$$+ 2Cx + 2C'y + 2C''z + K = 0.$$

On commencera par former les équations qui déterminent les coordonnées du centre ; trois cas peuvent se présenter :

1° Il y a un centre unique ; la surface est alors un ellipsoïde, un hyperboloïde à une ou deux nappes ou un cône ;

2° Il y a un nombre infini de centres en ligne droite ou situés sur un même plan ; la surface est alors un cylindre à base elliptique ou hyperbolique, ou le système de deux plans parallèles ;

3° Il n'y a pas de centre. La surface est alors un paraboloïde elliptique ou hyperbolique ou un cylindre parabolique.

Nous examinerons successivement ces trois cas.

Surfaces qui ont un centre.

570. Lorsqu'on se sera assuré qu'il existe un centre unique, pour connaître la nature de la surface, on résoudra l'équation proposée par rapport à l'une des coordonnées dont le carré figure dans l'équation; si z est, par exemple, cette coordonnée, on aura une expression de la forme :

$$z = mx + ny + p \pm \sqrt{ay^2 + bxy + cx^2 + dy + ex + f}.$$

Les points du plan xy, sur lesquels se projette la surface, sont définis par l'inégalité :

$$ay^2 + bxy + cx^2 + dy + ex + f > 0.$$

L'espace recouvert par ces points est séparé du reste du plan par la courbe dont l'équation est

$$ay^2 + bxy + cx^2 + dy + ex + f = 0.$$

Trois cas peuvent se présenter :
1° Cette courbe est une ellipse;
2° Cette courbe est une hyperbole;
3° Cette courbe est imaginaire.

Il est évident qu'elle ne peut jamais être une parabole; car les coordonnées x et y de son centre sont les mêmes que les coordonnées x et y du centre de la surface.

571. *Si la courbe est une ellipse*, la surface se projette à l'intérieur ou à l'extérieur d'une ellipse; on saura lequel de ces cas se présente en cherchant si, pour les valeurs de x et de y qui correspondent au centre de la surface, la valeur de z est réelle ou imaginaire : or il est clair qu'une surface du second degré à centre, qui se projette dans l'intérieur d'une ellipse, est un *ellipsoïde ;* et une surface, qui se projette à l'extérieur d'une ellipse, est évidemment un *hyperboloïde à une nappe.*

Si la courbe est une hyperbole, la surface se projette à l'intérieur ou dans la partie extérieure à l'hyperbole (nous nommons partie extérieure à l'hyperbole celle qui est du même côté que le centre); on saura lequel de ces cas se présente en cherchant si, pour les valeurs de x et de y qui correspondent au centre de la surface, la valeur de z est réelle ou imaginaire. Or, il est évident qu'une surface du second degré à centre, qui se projette sur la partie du plan extérieure à une hyperbole, est un *hyperboloïde à une nappe ;* et que celle, qui se projette sur la partie intérieure, est un *hyperboloïde à deux nappes.*

Si la courbe est imaginaire, l'expression qui, dans la valeur de z, figure sous un radical, est toujours positive ou toujours négative, quelles que soient les valeurs de x et de y. Dans le premier cas, la surface se compose de deux nappes distinctes séparées par le plan diamétral $z = mx + ny + p ;$ elle est un hyperboloïde à deux nappes. Dans le second cas la surface est imaginaire.

Dans la discussion qui précède nous avons omis deux cas particuliers qu'il est bon d'indiquer.

L'ellipse, à l'extérieur ou à l'intérieur de laquelle la surface se projette, peut se réduire à un point; la surface est alors un cône ou un point.

L'hyperbole, qui sert de limite à la projection, peut se réduire à deux droites; la surface est alors un cône.

572. Mais il existe un dernier cas qui reste en dehors de notre discussion et que nous devons traiter actuellement. C'est celui où l'équation, ne renfermant le carré d'aucune coordonnée, ne pourrait fournir, pour aucune d'elles, une expression de la forme admise plus haut. L'équation proposée est alors de la forme :

$$2Byz + 2B'xz + 2B''xy + 2Cx + 2C'y + 2C''z + F = 0.$$

Dans ce cas, si l'on résout l'équation par rapport à z, on obtient une expression rationnelle, et par suite toujours réelle, et la surface recouvre le plan xy de sa projection; car, pour toutes les valeurs de x et de y, on aura une valeur réelle de z. L'ellipsoïde ne pouvant évidemment présenter ce caractère, nous avons à décider entre l'hyperboloïde à une ou à deux nappes.

Or, c'est ce que l'on peut faire au moyen du théorème suivant :

THÉORÈME. *Toute droite qui ne rencontre qu'en un seul point un hyperboloïde à une nappe est parallèle à une génératrice rectiligne de la surface.*

Prenons l'équation de l'hyperboloïde à une nappe sous la forme

$$\frac{x^2}{a^2} + \frac{y^2}{b^2} - \frac{z^2}{c^2} = 1 ;$$

soient

$$x = mz + p, \qquad y = nz + q ,$$

les équations d'une droite. En éliminant x et y entre les équations de cette droite et celle de la surface, il vient :

$$\left(\frac{m^2}{a^2} + \frac{n^2}{b^2} - \frac{1}{c^2} \right) z^2 + \ldots = 0.$$

La condition pour que la droite rencontre la surface en un seul point est :

$$\frac{m^2}{a^2} + \frac{n^2}{b^2} - \frac{1}{c^2} = 0 ;$$

or cette équation exprime évidemment que la droite qui a pour équations :

$$x = mz, \qquad y = nz,$$

est située sur le cône

$$\frac{x^2}{a^2} + \frac{y^2}{b^2} - \frac{z^2}{c^2} = 0.$$

Donc lorsqu'une droite ne rencontre l'hyperboloïde qu'en un point, elle est parallèle à l'une des génératrices du cône asymptote et par suite à une génératrice de l'hyperboloïde.

On déduit immédiatement de ce théorème que :

Si une équation du second degré, qui ne renferme pas le carré de z, représente un hyperboloïde à une nappe, l'axe des z est parallèle à l'une des génératrices rectilignes de la surface.

D'après ce qui précède, pour savoir si l'équation

$$2Byz + 2B'xz + 2B''xy + 2Cx + 2C'y + 2C''z + F = 0,$$

représente un hyperboloïde à une nappe, on cherchera si elle peut être satisfaite identiquement en y supposant $x = \alpha$, $y = \beta$, et choisissant convenablement les constantes α et β. Il faudra exprimer qu'après cette substitution le terme en z est nul ainsi que le terme indépendant de z; et l'on aura :

$$B\beta + B'\alpha + C'' = 0,$$
$$2B''\alpha\beta + 2C\alpha + 2C'\beta + F = 0.$$

Ces deux équations fourniront pour α et β des valeurs réelles ou imaginaires. Dans le premier cas, la surface sera un hyperboloïde à une nappe; et, dans le second, un hyperboloïde à deux nappes.

Remarque. La discussion, que nous venons de faire, n'exige pas que l'on change les axes des coordonnées; nous devons avertir cependant qu'il sera presque toujours plus commode de commencer par transporter l'origine des coordonnées au centre. Lorsque cette transformation sera faite, on apercevra immédiatement si la surface considérée est un cône; la condition, nécessaire et suffisante pour.cela, est que l'équation devienne homogène et, par suite, que le terme indépendant des variables disparaisse de l'équation transformée. En effet, les génératrices du cône ayant des équations de la forme :

$$x = mz, \quad y = nz,$$

après l'élimination de x et de y entre ces équations et celle de la surface, z aura aussi disparu ; ce qui ne peut arriver que si l'équation de la surface est homogène. Au surplus, le cône est compris dans l'hyperboloïde à une nappe ; en cherchant les génératrices rectilignes, d'après la méthode qui sera indiquée plus bas, on saura immédiatement si la surface proposée est un cône.

Surfaces qui ont un nombre infini de centres.

373. La discussion de ces surfaces résulte de ce qui a été dit (n°s 324-325) à l'occasion de la théorie du centre. S'il existe une droite dont tous les points sont des centres, la surface est un cylindre à base elliptique ou hyperbolique; on distinguera ces deux cas l'un de l'autre, en faisant une section parallèle à l'un des plans coordonnés.

S'il existe un plan dont tous les points soient des centres, la surface se réduit à deux plans parallèles.

Surfaces dénuées de centre.

574. Lorsqu'une surface du second degré n'a pas de centre, elle peut appartenir à l'un des genres suivants :

Paraboloïde elliptique,

Paraboloïde hyperbolique,

Cylindre parabolique.

On pourra toujours distinguer quel est celui de ces trois genres auquel appartient la surface proposée, en cherchant la nature des courbes suivant lesquelles elle est coupée par les plans parallèles aux trois plans coordonnés.

Si, parmi ces courbes, se trouve une ellipse, la surface est un paraboloïde elliptique; car le paraboloïde elliptique est la seule surface, privée de centre, qui admette une section elliptique.

Si, parmi les trois sections, on trouve une hyperbole, la surface est un paraboloïde hyperbolique; car, parmi les trois surfaces privées de centre, le paraboloïde hyperbolique est la seule qui admette des sections hyperboliques.

Si enfin les trois sections sont trois paraboles, la surface est un cylindre parabolique; car les paraboloïdes n'admettent pour sections paraboliques que celles dont les plans sont parallèles à l'axe, et les trois plans coordonnés ne peuvent pas être parallèles à une même droite.

Recherche des génératrices rectilignes.

375. Nous avons vu, dans le chapitre précédent, qu'on obtient immédiatement les génératrices d'une surface du second degré, lorsque l'équation de celle-ci peut être préparée de manière que chacun de ses membres se décompose en deux facteurs linéaires. Si, par exemple, il s'agit d'une surface ayant pour équation

$$(ax + by + cz + d)(a'x + b'y + c'z + d')$$
$$= (Ax + By + Cz + D)(A'x + B'y + C'z + D'),$$

les équations des deux systèmes de génératrices seront

$$ax + by + cz + d = \lambda (Ax + By + Cz + D),$$
$$a'x + b'y + c'z + d' = \frac{1}{\lambda} (A'x + B'y + C'z + D');$$

et

$$ax + by + cz + d = \mu (A'x + B'y + C'z + D'),$$
$$a'x + b'y + c'z + d' = \frac{1}{\mu} (Ax + By + Cz + D);$$

mais il est souvent difficile de préparer l'équation de la manière que nous venons d'indiquer; aussi convient-il de donner ici une méthode, au moyen de laquelle on puisse aisément, dans tous les cas, obtenir les génératrices rectilignes.

Désignons, pour abréger, par

$$(1) \qquad F(x, y, z) = 0,$$

l'équation d'une surface du second degré, admettant des génératrices rectilignes; soit

$$(2) \qquad y = ax + b,$$

l'équation de la projection sur le plan xy de l'une de ces génératrices (G). Le plan

$$y = ax + b,$$

coupera la surface suivant une ligne du second degré dont la génératrice (G) fait partie; cette ligne se composera donc de la génératrice (G) et d'une autre génératrice (G'). Ce système de génératrices (G) et (G') se projettera sur le plan xz suivant un système semblable, dont l'équation sera évidemment :

$$(3) \qquad F(x, \, ax + b, \, z) = 0.$$

Exprimant donc que cette équation représente deux droites, on aura une équation entre a et b,

$$(4) \qquad f(a, \, b) = 0,$$

qui sera la condition nécessaire pour que la surface proposée admette des génératrices rectilignes.

L'équation (4) donnera en général deux valeurs pour b : $b = \varphi(a)$, $b = \varphi_1(a)$; on aura donc toutes les génératrices rectilignes au moyen des deux systèmes

$$y = ax + \varphi(a), \qquad F(x, \, ax + \varphi(a), \, z) = 0;$$
$$y = ax + \varphi_1(a), \qquad F(x, \, ax + \varphi_1(a), \, z) = 0.$$

Il faut observer que, dans chaque système, la seconde équation est décomposable en deux facteurs linéaires; il semblerait qu'il y ait lieu de distinguer alors quatre systèmes de génératrices, mais il résulte de ce qui a été dit précédemment, que ces quatre systèmes se réduisent à deux distincts. On trouvera, dans ce qui va suivre, une application de cette méthode générale.

Applications.

1° Soit l'équation

$$(1) \quad x^2 + y^2 + z^2 + 2xy + 2xz - 8x - 6y - 4z + 8 = 0;$$

en cherchant les coordonnées x', y', z' du centre, on trouve:

$$x' = 1, \qquad y' = 2, \qquad z' = 1,$$

et, si l'on transporte l'origine à ce point sans changer la direction des axes, l'équation devient:

$$(2) \qquad x^2 + y^2 + z^2 + 2xy + 2xz = 4;$$

si on la résout par rapport à z, on trouve:

$$z = -x \pm \sqrt{-y^2 - 2xy + 4};$$

la portion du plan des xy, sur laquelle la surface se projette, est donc définie par l'inégalité

$$(3) \qquad -y^2 - 2xy + 4 > 0;$$

les points, dont les coordonnées satisfont à cette condition, sont limités par l'hyperbole

$$-y^2 - 2xy + 4 = 0;$$

et, comme le centre de cette hyperbole ($x = 0$, $y = 0$) satisfait à la condition (3), la surface se projette sur la partie du plan extérieure à l'hyperbole; elle est, par conséquent, un hyperboloïde à une nappe.

2° Soit l'équation

$$xy + xz - 2yz + 1 = 0;$$

en cherchant les coordonnées du centre, on trouve:

$$y' + z' = 0, \qquad x' - 2z' = 0, \qquad x' - 2y' = 0;$$

d'où l'on tire:

$$x'=0, \qquad y'=0, \qquad z'=0.$$

La surface a donc un centre unique, qui est à l'origine; en outre, cette équation, ne contenant pas les carrés des variables, représente un hyperboloïde; et l'on sait que, s'il est à une nappe, il existe une génératrice parallèle à l'axe des z; cherchons donc si une droite, ayant pour équations

$$x=\alpha, \qquad y=\beta,$$

peut être située en entier sur cette surface. Si nous remplaçons x et y par ces valeurs, l'équation de la surface devient :

$$\alpha\beta + \alpha z - 2\beta z + 1 = 0;$$

et, pour qu'elle soit satisfaite identiquement, on doit avoir :

$$\alpha - 2\beta = 0, \qquad \alpha\beta + 1 = 0;$$

or on déduit de ces équations :

$$2\beta^2 + 1 = 0,$$

ce qui ne se peut. La surface n'admet pas, par conséquent, de génératrice rectiligne parallèle à l'axe des z; elle est donc un hyperboloïde à deux nappes.

3° Soit l'équation

$$(1) \qquad yz + xz + xy = -k;$$

en cherchant les coordonnées du centre, on trouve :

$$x'+y'=0, \qquad x'+z'=0, \qquad y'+z'=0;$$

d'où l'on tire :

$$x'=0, \qquad y'=0, \qquad z'=0.$$

La surface a donc un centre unique, qui est à l'origine; en outre, comme son équation ne renferme aucun carré, elle ne peut représenter qu'un hyperboloïde. Pour connaître la nature de cet hyperboloïde, posons :

$$x = \alpha, \qquad y = 6;$$

en substituant, il vient :

$$(\alpha + 6)z + \alpha 6 = - k;$$

pour que cette équation ait lieu quel que soit z, il faut qu'on ait :

$$\alpha + 6 = 0, \quad \alpha 6 = - k, \quad \text{d'où} \quad \alpha^2 = k;$$

il suit de là que l'équation proposée représentera un hyperboloïde à une nappe, un cône ou un hyperboloïde à deux nappes suivant que k sera positif, nul ou négatif.

Supposons k positif et cherchons les génératrices rectilignes de la surface. Conformément à la méthode exposée plus haut, nous poserons :

$$(2) \qquad y = ax + b;$$

et, en portant cette valeur de y dans l'équation proposée, il vient :

$$(3) \quad z[(a+1)x + b] + ax^2 + bx + k = 0;$$

pour que cette équation représente deux droites, il faut et il suffit que $ax^2 + bx + k$ soit divisible par $(a+1)x + b$ et par suite qu'il s'annule pour $x = - \dfrac{b}{a+1}$; cette condition donne :

$$b = \pm (a+1)\sqrt{k}.$$

L'équation (3) se décompose alors dans les deux facteurs

$$(a+1)z + ax \pm \sqrt{k} = 0 \quad \text{et} \quad x \pm \sqrt{k} = 0;$$

si l'on prend les deux équations

$$y = ax \pm (a+1)\sqrt{k}$$
$$(a+1)z + ax \pm \sqrt{k} = 0,$$

on aura les équations des deux systèmes de génératrices, lesquels correspondent respectivement aux signes $+$ et $-$ du radical $\sqrt{k}$; si, au contraire, on prend le système

$$y = ax \pm (a+1)\sqrt{k},$$
$$x \pm \sqrt{k} = 0,$$

on obtient seulement les deux génératrices parallèles à l'axe des z et qui ont respectivement pour équations

$$x = \pm \sqrt{k}, \quad y = \mp \sqrt{k}.$$

EXERCICES.

Questions à résoudre.

I. Démontrer que si une surface du second degré représente deux plans parallèles, les termes du second degré forment, à un facteur numérique près, le carré de la somme des termes du premier degré.

II. Démontrer que, si une équation du second degré à trois variables représente un cylindre parabolique, l'ensemble des termes du second degré forme un carré.

III. Démontrer que, si l'équation

$$Ax^2 + A'y^2 + A''z^2 + 2Byz + 2B'xz + 2B''xy = H$$

représente une surface de révolution; en retranchant de son premier membre $\alpha(x^2 + y^2 + z^2)$, on pourra, pour une valeur convenable de α, obtenir l'équation de deux plans parallèles.

IV. Lorsqu'on résout, par rapport à z, une équation du second degré à trois variables, et que la valeur obtenue est de la forme :

$$z = mx + ny + p \pm \sqrt{ay^2 + bxy + cx^2 + dy + ex + f},$$

le centre de la courbe, représentée par l'équation

$$ay^2 + bxy + cx^2 + dy + ex + f = 0,$$

est la projection du centre de la surface. (Nous avons admis ce théorème sans démonstration n° 370.)

CHAPITRE VI.

DES SURFACES CONIQUES ET CYLINDRIQUES.

TROUVER L'ÉQUATION GÉNÉRALE DES SURFACES CONIQUES ET DES SURFACES CYLINDRIQUES.

576. On nomme généralement *Cône ou surface conique* la surface engendrée par une droite qui passe constamment par un point donné et qui s'appuie sur une ligne donnée. Le point donné est le *sommet* du cône, la ligne donnée est dite *directrice* et la droite mobile est la *génératrice*.

577. Proposons-nous de trouver l'équation d'un cône dont on donne le sommet et la directrice. Soient x', y', z' les coordonnées du sommet, relatives à trois axes rectilignes quelconques et

$$(1) \qquad f(x,\ y,\ z) = 0, \qquad F(x,\ y,\ z) = 0,$$

les équations qui représentent la directrice.

Les équations de la génératrice auront la forme :

$$(2) \quad x - x' = a\ (z - z'), \quad y - y' = b\ (z - z').$$

Pour que cette droite rencontre effectivement la directrice, il faut que les équations (1) et (2) aient une solution commune, c'est-à-dire que l'équation, résultant de l'élimination de x, y, z entre (1) et (2), ait lieu identiquement.

Représentons par

$$(3) \qquad\qquad \varphi(a, \ b) = 0,$$

cette équation de condition. Il est évident qu'on aura l'équation du cône demandée, en éliminant a et b entre les équations (2) et (3). Cette équation est donc

$$(4) \qquad \varphi\left(\frac{x - x'}{z - z'}, \ \frac{y - y'}{z - z'}.\right) = 0.$$

Réciproquement l'équation (4), où φ désigne une fonction quelconque, est celle d'une surface conique dont le sommet a pour coordonnées x', y', z'; en effet, il est évident que la droite (2) est tout entière sur la surface représentée par l'équation (4), pourvu que a et b satisfassent à l'équation (3); d'ailleurs cette droite passe constamment par le point (x', y', z'); donc elle engendre un cône qui a ce point pour sommet.

Remarque. Si le sommet du cône est pris pour origine des coordonnées, l'équation de la surface se réduit à la forme:

$$\varphi\left(\frac{x}{z}, \ \frac{y}{z}\right) = 0 ;$$

C'est la forme générale des équations homogènes. Il suit de là que : *Toute équation homogène entre x, y et z représente un cône ayant l'origine pour sommet; et réciproquement.*

378. Pour faire une application de ce qui précède, proposons-nous de chercher l'équation générale, en coordonnées rectangulaires, des cônes obliques à base circulaire.

La directrice est ici un cercle; ce cercle sera déterminé si l'on donne: 1° les coordonnées x_1, y_1, z_1 de son centre, 2° le rayon r, 3° les angles α, $\mathfrak{6}$, γ que forme l'axe du cercle avec les axes des coordonnées. Nous prendrons pour les équations du cercle en question: 1° celle de son plan, 2° celle d'une sphère ayant même centre et même rayon que lui. Ces équations seront évidemment

$$(1) \quad \begin{cases} (x-x_1)\cos\alpha + (y-y_1)\cos\mathfrak{6} + (z-z_1)\cos\gamma = 0, \\ (x-x_1)^2 + (y-y_1)^2 + (z-z_1)^2 = r^2. \end{cases}$$

Les coordonnées du sommet étant x', y', z', les équations de la génératrice sont

$$(2) \quad x-x' = q\,(z-z'), \quad y-y' = b\,(z-z').$$

La première équation (1) et les équations (2) donnent :

$$x-x_1 = x'-x_1 - \frac{a\mathrm{H}}{a\cos\alpha + b\cos\mathfrak{6} + \cos\gamma},$$

$$y-y_1 = y'-y_1 - \frac{b\mathrm{H}}{a\cos\alpha + b\cos\mathfrak{6} + \cos\gamma},$$

$$z-z_1 = z'-z_1 - \frac{\mathrm{H}}{a\cos\alpha + b\cos\mathfrak{6} + \cos\gamma},$$

en faisant, pour abréger,

$$\mathrm{H} = (x'-x_1)\cos\alpha + (y'-y_1)\cos\mathfrak{6} + (z'-z_1)\cos\gamma;$$

portant maintenant ces valeurs de $x-x_1$, $y-y_1$, $z-z_1$ dans la seconde des équations (1), il vient :

$$r^2 = (x'-x_1)^2 + (y'-y_1)^2 + (z'-z_1)^2$$
$$-2\mathrm{H}\,\frac{a(x'-x_1) + b(y'-y_1) + (z'-z_1)}{a\cos\alpha + b\cos\mathfrak{6} + \cos\gamma}$$
$$+\frac{(a^2+b^2+1)\,\mathrm{H}^2}{(a\cos\alpha + b\cos\mathfrak{6} + \cos\gamma)^2}$$

On aura l'équation générale des cônes obliques à base circulaire, en remplaçant dans celle-ci a et b respectivement par $\dfrac{x-x'}{z-z'}$ et $\dfrac{y-y'}{z-z'}$.

379. On nomme *Cylindre* ou *surface cylindrique* la surface engendrée par une droite, qui reste constamment parallèle à elle-même et qui s'appuie sur une ligne donnée. La ligne donnée est dite *directrice*, la droite mobile est la *génératrice*.

380. Proposons-nous de trouver l'équation d'un cylindre, connaissant la directrice et la direction de la génératrice. Soient :

$$(1) \qquad f(x, y, z) = 0, \qquad F(x, y, z) = 0,$$

les équations de la directrice;

$$x = az, \qquad y = bz,$$

celles d'une droite donnée à laquelle la génératrice doit rester parallèle. Les équations de cette génératrice seront :

$$(2) \qquad x = az + p, \qquad y = bz + q;$$

si l'on élimine x, y, z entre les équations (1) et les équations (2), on obtiendra la condition

$$(3) \qquad \varphi(p, q) = 0,$$

qui exprime que la droite (2) rencontre effectivement la ligne (1); éliminant ensuite p et q entre les équations (2) et (3), l'équation résultante, savoir :

$$(4) \qquad \varphi(x - az, \ y - bz) = 0,$$

sera l'équation du cylindre.

Réciproquement, quelle que soit la fonction φ, l'équation (4) représente un cylindre, dont les arêtes sont parallèles à la droite

$$x = az, \quad y = bz\,;$$

en effet la droite, représentée par les équations (2), sera évidemment tout entière sur la surface (4), pourvu que p et q satisfassent à l'équation (3).

581. Pour faire une application de ce qui précède, proposons-nous de trouver l'équation d'un cylindre oblique à base circulaire. Prenons pour origine le centre du cercle qui sert de base au cylindre, pour axe des z une parallèle aux génératrices, pour axe des x l'intersection du plan du cercle avec le plan mené par l'origine perpendiculairement à l'axe des z; enfin pour axe des y une droite perpendiculaire aux deux autres axes. Cela posé, désignons par r le rayon du cercle et par γ l'angle que fait son plan avec le plan xy. Les équations du cercle seront :

$$(1) \qquad z = y\,\mathrm{tang}\,\gamma, \qquad x^2 + y^2 + z^2 = r^2\,;$$

les équations de la génératrice seront :

$$(2) \qquad\qquad x = p, \qquad y = q.$$

Pour avoir l'équation du cylindre, il faudrait éliminer x, y et z entre les équations (1) et (2), puis éliminer p et q entre la résultante et les mêmes équations (2); cela revient évidemment à éliminer la seule variable z entre les équations (1); il vient ainsi :

$$x^2 + \frac{y^2}{\cos^2\gamma} = r^2.$$

Le résultat auquel, nous venons de parvenir, prouve que, si

l'on projette un cercle de rayon r sur un plan qui fasse avec le plan du cercle un angle γ, on obtient une ellipse dont les axes sont $2r$ et $2r \cos \gamma$; résultat qu'il est bon de connaître.

Du Cône droit.

382. Le cône droit peut être considéré comme engendré par une droite qui tourne autour d'une droite fixe, en passant constamment par un même point de celle-ci. On peut ainsi trouver très-simplement l'équation générale des cônes droits. Supposons les axes des coordonnées rectangulaires; soient (x', y', z') le sommet; θ l'angle du cône; $\alpha, \mathfrak{b}, \gamma$, les angles formés par l'axe avec les axes des coordonnées; $\alpha', \mathfrak{b}', \gamma'$ les angles formés par une génératrice avec les mêmes axes; les équations de cette génératrice seront :

$$\frac{x-x'}{\cos \alpha'} = \frac{y-y'}{\cos \mathfrak{b}'} = \frac{z-z'}{\cos \gamma'} = \sqrt{(x-x')^2+(y-y')^2+(z-z')^2}.$$

On a d'ailleurs :

$$\cos \theta = \cos \alpha \cos \alpha' + \cos \mathfrak{b} \cos \mathfrak{b}' + \cos \gamma \cos \gamma'.$$

Éliminant $\alpha', \mathfrak{b}', \gamma'$ entre les équations précédentes, il vient :

$$\sqrt{(x-x')^2+(y-y')^2+(z-z')^2}\cos \theta$$
$$= (x-x')\cos\alpha + (y-y')\cos \mathfrak{b} + (z-z')\cos\gamma.$$

Telle est l'équation générale des cônes droits. Elle renferme six constantes ou paramètres indéterminés, savoir : x', y', z'; θ et deux des trois angles $\alpha, \mathfrak{b}, \gamma$.

Du Cylindre droit.

383. On peut aussi trouver très-simplement l'équation générale des cylindres droits. Soient :

$$x = az + p, \quad y = bz + q ;$$

les équations de l'axe, rapporté à des axes rectangulaires, r le rayon du cylindre. Désignons par x, y, z les coordonnées d'un point quelconque du cylindre ; comme la distance de ce point à l'axe est égale à r, on aura (n° 315) :

$$r^2(a^2+b^2+1)=(x-az-p)^2+(y-bz-q)^2+(ay-bx+bp-aq)^2;$$

telle est l'équation générale des cylindres droits. Elle renferme cinq constantes ou paramètres indéterminés : r, a, b, p, q.

EXERCICES.

Questions à résoudre.

1° Reconnaître si un cône, donné par son équation, est un cône droit ;

2° Trouver le lieu des sommets des cônes droits, qui passent par une conique donnée.

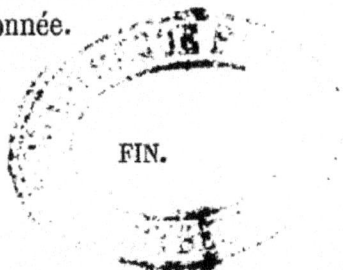

FIN.

Paris. — Imprimé par E. THUNOT et Cᵉ, rue Racine, 28.

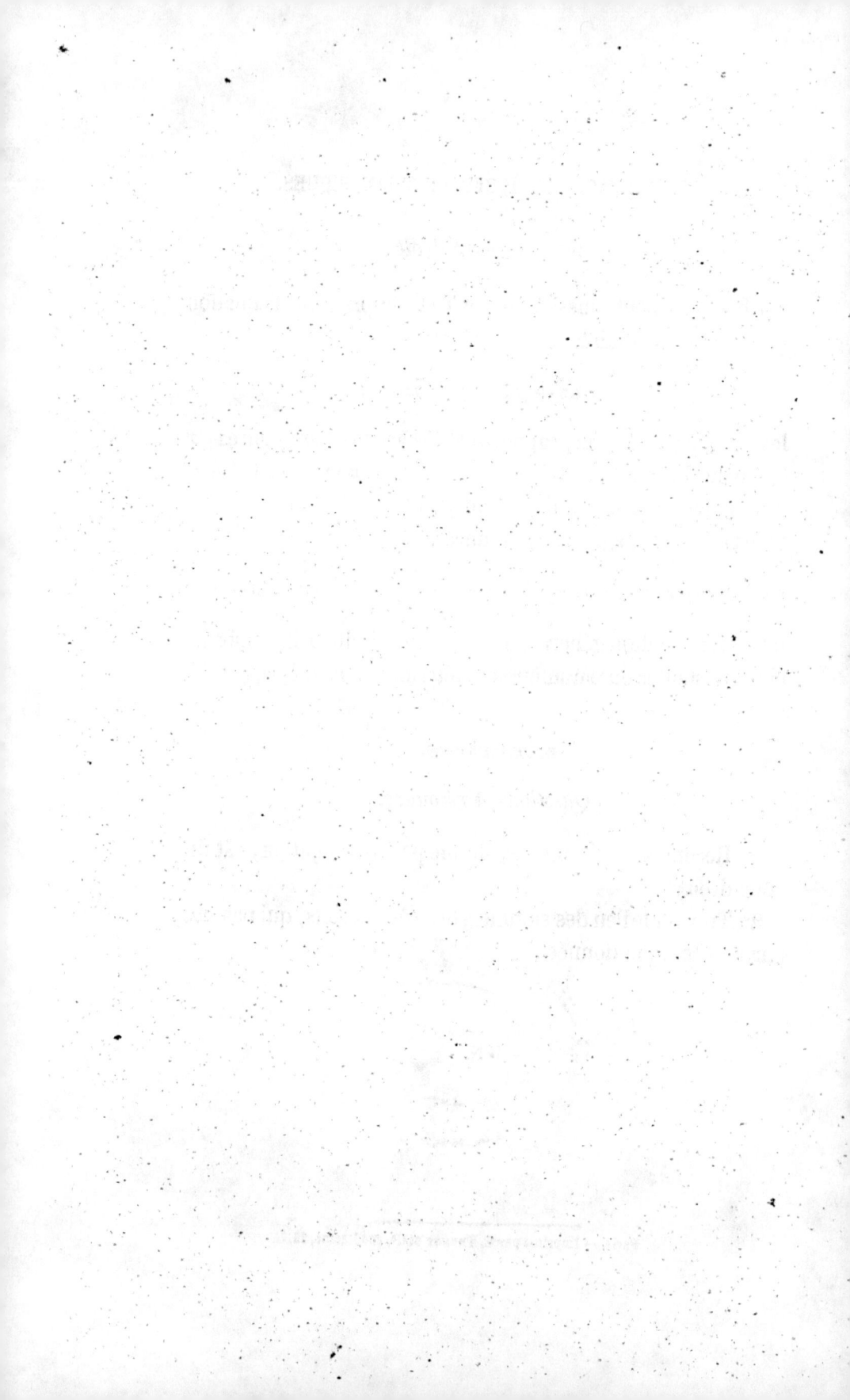

www.ingramcontent.com/pod-product-compliance
Lightning Source LLC
Chambersburg PA
CBHW031612210326
41599CB00021B/3155